中国矿业大学“十三五”品牌专业建设工程资助

化工制图及CAD

万永周　肖　雷　主　编
周志伟　孟献梁　周　敏　副主编

中国矿业大学出版社
·徐州·

内容提要

本书首先介绍了工程制图的基本知识、基本原理，在此基础上，详细讲解了化工设备图、化工工艺流程图、设备布置图、管道布置图的绘制方法及步骤、遵循的规范、识图方法和步骤等化工工程图样的基本知识，以及在制图和识图过程中的一些窍门，同时还介绍了有关AutoCAD的基础知识及其在化工制图中的应用。

本书可作为高等院校化学化工类专业的教材，亦可作为从事化工工艺及化工设备设计、制造和使用部门工程技术人员的参考书。

图书在版编目(CIP)数据

化工制图及CAD / 万永周，肖雷主编. —徐州 ：中国矿业大学出版社，2020.5

ISBN 978-7-5646-4741-4

Ⅰ.①化… Ⅱ.①万…②肖… Ⅲ.①化工机械—机械制图—AutoCAD软件—高等学校—教材 Ⅳ.①TQ050.2—39

中国版本图书馆CIP数据核字(2020)第073269号

书　　名 化工制图及CAD
主　　编 万永周　肖　雷
责任编辑 耿东锋
出版发行 中国矿业大学出版社有限责任公司
（江苏省徐州市解放南路　邮编221008）
营销热线 (0516)83884103　83885105
出版服务 (0516)83995789　83884920
网　　址 http://www.cumtp.com　**E-mail**：cumtpvip@cumtp.com
印　　刷 江苏凤凰数码印务有限公司
开　　本 787 mm×1092 mm　1/16　**印张** 12.25　**字数** 313千字
版次印次 2020年5月第1版　2020年5月第1次印刷
定　　价 35.00元

前　言

化工图样是化学化工领域工程技术上用来表达设计思想和进行技术交流的主要载体，是企业组织生产和施工的重要工具，被喻为化工技术工作者交流技术思想的“无声语言”。任何工程项目或设备的施工制作及检验、维修等必须以图样为依据。作为化工领域工作者和工程技术人员，能够看懂和识读一般化工设备图和工艺流程图是其开展相关工作的基本要求。本书就是为了适应这一需要，按照化工图样的基本认知规律和教学基本要求编写的。在编写过程中从教学实际出发，考虑了当前化工制图课程教学中少学时的实际情况，在内容的处理上更侧重于相关知识、规范的实际应用，在化工图样绘制规范的介绍中，结合化工设备、化工流程的自身特点和表达要求而展开，同时辅以我们在实际教学中的实践经验，力求言简意赅、通俗易懂、图表并用、规范具体。在内容安排上，除了介绍化工制图相关规范、规定外，考虑到计算机绘图已成为辅助设计的重要而不可或缺的手段，本书相应介绍了AutoCAD绘图软件的基本内容，以及融入了我们在使用绘图软件中的一些使用技巧和心得体会，并在书末配备了部分针对性的上机练习题目，以方便初学者使用。本书的编写以“实用、适用、基本够用”为原则，并体现“通俗、精炼、可快速上手”的编写风格，以解决一些教材中存在的内容“杂、乱、多”，不方便初学者使用的实际问题。

本书在编写过程中，主要依据《技术制图 图纸幅面和格式》(GB/T 14689—2008)、《化工工艺设计施工图内容和深度统一规定》(HG/T 20519—2009)、《过程测量与控制仪表的功能标志及图形符号》(HG/T 20505—2014)、《化工装置设备布置设计规定》(HG/T 20546—2009)、《化工装置管道布置设计规定》(HG/T 20549—1998)、《化工设备设计文件编制规定》(HG/T 20668—2000)等技术规范和规定，并参考了国内外同类教材。

本书由万永周、肖雷任主编，周志伟、孟献梁、周敏任副主编。具体分工如下：第1章、第2章、第3章的部分内容及第7章的部分内容由万永周编写，第6章部分内容、第7章部分内容由肖雷编写，第4章和第5章由周志伟和孟献梁编写，周敏参与编写了第3章和第6章的部分内容。全书由万永周统稿。

本书在编写过程中，得到了南京工业大学周志伟、常州大学魏科年两位老师的帮助，他们提出了许多宝贵的意见，在此向两位老师表示诚挚的谢意。同时也向为本书编写做出贡献的其他教师表示感谢。

本书得到了中国矿业大学“十三五”品牌专业建设工程的资助，在此表示感谢。

由于学识水平和工程实践经验有限，书中难免存在不当之处，敬请读者批评指正。

编　者

2019年8月

目　录

第1章　绪　　论

1.1　化工制图的概念

工程图样是表达和交流技术思想的重要工具，是工程界的“无声语言”。在现代工业生产中，无论是设计、施工，还是设备的制造、安装，或生产过程中的试车、检修、技术改造，均离不开工程图样。化工图样是石油、化工以及与之相近的环境、医药、生物、食品、轻工等领域工程技术部门用来指导和维持工业生产的重要技术文件，任何工程实践的开展都必须以此为依据。化工制图属于制图学中的专业制图范畴，是高等学校化学化工类专业学生的一门必修专业基础课，是在工程制图课程学习画法几何、机械制图等基本绘图规范的基础上，充分研究化工生产的自有特点而提出的一门专业绘图学。其结合行业生产过程，图样的绘制有着特有的规定和方法，具有十分明显的专业特征。化工制图就是专门研究化工图样的绘制和识读的一门课程。

1.2　化工图样的总体分类

化工图样总体可以分为三大类：化工机器图、化工设备图和化工工艺图。化工机器主要是指压缩机、离心机、鼓风机、泵和搅拌装置等机器，可以简单称为动设备。化工机械图样的绘制主要由机械设计专业完成，并遵从机械制图的一般规定。化工设备泛指化工企业中使物料进行各种反应和各种单元操作，如用于换热、吸收、蒸馏、反应等过程的设备和装置。常用的典型化工设备有反应罐（釜）、塔器、换热器、贮罐（槽）等。由于化工生产不同于一般生产过程，化工设备图样的绘制与化工机械图有着明显的不同，有其自有特征，是化工制图主要研究的内容之一。化工工艺图是反映化工产品生产流程及其特性的图样，也是化工制图主要研究的内容之一。化工工艺图的绘制以化工工艺专业为主导，根据生产过程及主要技术数据和资料绘制完成，其主要包括化工工艺流程图、设备布置图、管道布置图。化工工艺人员以此为依据，向过程设备设计人员，土建、采暖通风、给排水、电气、过程控制及仪表等专业的人员提出要求，以实现协调一致、密切配合，共同完成化工厂设计。

1.3　本书的主要内容

本书主要介绍化工图样识读、绘制的方法步骤及遵循的规范和计算机辅助绘图两大部分。首先在工程制图基本规定的基础上，概括化工制图的基本知识，介绍化工图样的基本格式，主要包括化工制图基本规范和化工图示的特性；学习如何阅读和识图，重点讲解化工设备图和化工工艺图包含的基本内容和绘制规范。在学习有关制图知识的基础上，考虑到计算机辅助制图技术的普及，本书以AutoCAD 2008绘图软件为基础平台，对AutoCAD的基本使用操作进行介绍，使读者能利用AutoCAD绘图软件来绘制常见化工图样。

第 2 章　制图的基本知识

【本章要求】

了解制图相关国家标准的基本原则、规定；理解几何作图的原理和尺寸标注的规定；掌握平面图形的分析和绘制方法；能够正确标注尺寸。

为了便于图样的管理和交流，国家相关部门颁布了《技术制图》和《机械制图》系列国家技术标准，统一规定了生产和设计部门共同遵守的画图规则。国家标准简称国标，其代号是"GB"。我国于 1959 年首次发布了《机械制图》国家标准，而后又根据时代的不断发展和对外技术交流的需要，先后修订和发布了与工程图样相关的若干标准。本章简要介绍图纸幅面及格式、比例、字体、图线和尺寸标注等国家标准，为后续化工图样的绘制奠定基础。

2.1　图纸幅面和格式(GB/T 14689)

为了便于装订和管理，使图纸大小统一一致，符合缩微复制原件的要求，国标规定绘制技术图样时，应画在具有一定格式和幅面的图纸上，并优先选用基本幅面，基本幅面共 5 种。必要时可采用加长幅面，但其尺寸不能任意加长，必须是由基本幅面的短边成整数倍增后得到，如图 2-1 所示。绘图时应首先用细实线绘出图幅大小。

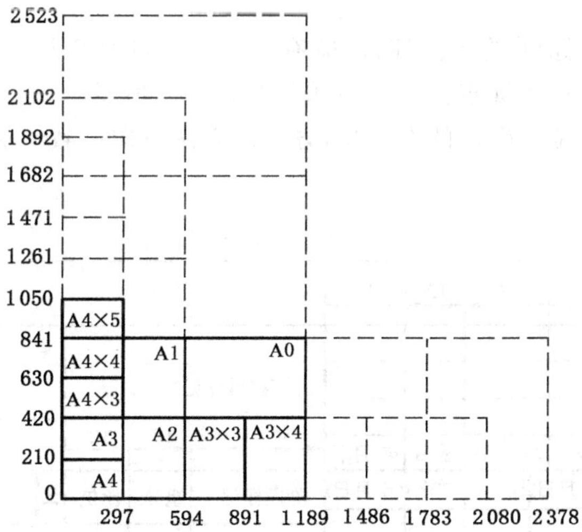

图 2-1　基本幅面及加长幅面

绘图时，在标准图幅内应画出图框，图框用粗实线画出，分为有装订边和无装订边两种格式。同一产品图样应采用同一种格式。具体尺寸见表 2-1，如图 2-2 所示。

表 2-1 图纸的幅面

幅面代号	A0	A1	A2	A3	A4
$B\times L$	841×1 189	594×841	420×594	297×420	210×297
e	20		10		
c	10				5
a	25				

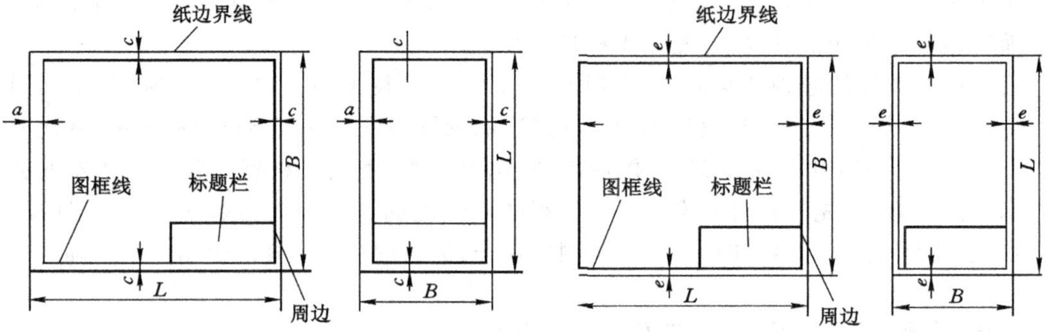

(a) 有装订边　　(b) 无装订边

图 2-2 图框格式

2.2 标题栏及方位(GB/T 10609.1)

每张图纸都必须有标题栏，装配图还应有明细表。GB/T 10609.1 对标题栏的基本要求、内容、格式和尺寸进行了规定。绘图可采用如图 2-3 所示形式，也可按实际情况进行增加或减少。标题栏一般位于图框的右下角，方向同看图方向一致。标题栏外框为粗实线，内部分栏线为细实线。

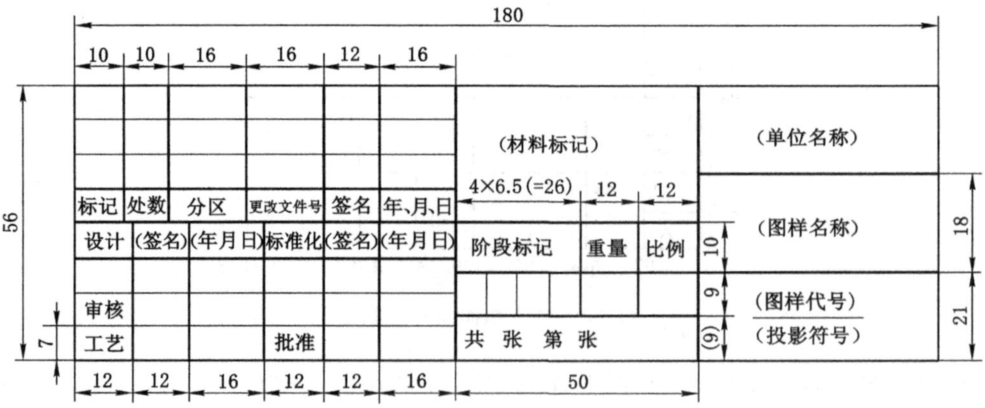

图 2-3 标题栏及方位

2.3　比例(GB/T 14690)

比例是指图样中的图形与其实物相应要素的线性尺寸之比。一般为了读图方便,可优先选用原值比例,这样可以从图样上直接反映实物大小。选用比例总的原则是既要清楚表达物体图形,又要考虑图纸的大小。绘图时采用的比例不能任意选取,应遵循国家标准,选用表 2-2 中的比例。

表 2-2　绘图的比例

种类	优先选用的比例	允许选用的比例
原值比例	1∶1	
放大比例	2∶1　5∶1　10^n∶1 2×10^n∶1　5×10^n∶1	2.5∶1　4∶1 2.5×10^n∶1　4×10^n∶1
缩小比例	1∶2　1∶5　1∶10^n 1∶2×10^n　1∶5×10^n	1∶1.5　1∶2.5　1∶3　1∶4　1∶6 1∶1.5×10^n　1∶2.5×10^n　1∶3×10^n 1∶4×10^n　1∶6×10^n

注:n 为正整数。

2.4　图线(GB/T 4457.4)

图样是由各种图线组成的。绘图时应采用国家标准规定的图线形式和画法。国家标准《机械制图 图样画法 图线》中规定了基本线型。化工图样中常用线型、线宽及主要应用见表 2-3。在绘图时,对于线宽的选择除了考虑基本线宽外,一般要综合考虑图形的复杂和疏密程度,对于复杂图形(线条较密),可采用较基本线宽小的线宽,以协调图形的美观程度。

表 2-3　常用线型及应用

名称	线型	代码 No.	线宽 d/mm		主要用途及线素长度	
粗实线		01.2	0.7	0.5	可见棱边线、可见轮廓线	
细实线		01.1			尺寸线、尺寸界线、剖面线、引出线、重合断面的轮廓线、过渡线	
波浪线		01.1			断裂处的边界线、视图与剖视图的分界线	
双折线		01.1			断裂处的边界线、视图与剖视图的分界线	
细虚线		02.1	0.35	0.25	不可见棱边线	画长 $12d$,短间隔长 $3d$
细点画线		04.1			轴线、对称中心线、分度圆(线)、孔系分布的中心线、剖切线	长画长 $24d$,短间隔长 $3d$,点长≤$0.5d$
细双点画线		05.1			相邻辅助零件的轮廓线、中断线	长画长 $24d$,短间隔长 $3d$,点长≤$0.5d$

图线的画法如下：

（1）同一图样中同类图线的宽度应基本一致；虚线、点画线及双点画线的线段长度和间隔应各自大致相等。

（2）用点画线绘制圆的中心线时，圆心应为线段的交点。点画线和双点画线的首末两端应是线段，而不是点。点画线、双点画线的点不是点，而是一个约 1 mm 的短画。

（3）在较小的图形上绘制点画线或双点画线有困难时，可用细实线代替。

下面的两点应特别注意：

（1）实线、虚线和点画线相交或连接处的画法：虚线与虚线相交时应以线段相交；虚线与点画线相交也应以线段相交；虚线、点画线如果是粗实线的延长线，应留有空隙；虚线与粗实线相交，不留空隙。

（2）线条的深浅程度要一致，不要粗线深细线浅。

2.5 图样上的汉字、字母和数字(GB/T 14691)

（1）图样中的汉字、字母、数字的书写应符合《技术制图 字体》的规定。汉字应写成长仿宋体，并采用国家正式公布推行的简化字。

国标中字体的号数有 2.5、3.5、5、7、10、14 等，“字体的号数”反映了字体的高度，如 5 号字字高为 5 mm。

一般化工设备图样中的字体号数按如下大小书写：

① 按 7 号字体书写的有：标题栏中的图名和图号，图形中的件号，局部放大图的序号，剖视、剖面、视图的字母代号和图形名称以及文字说明的标题（如技术要求、技术特性表、管口表等）。其中，图形中的件号，管口符号，局部放大图的序号及剖视、剖面、视图的字母代号应以粗体字书写。

② 按 5 号字体书写的有：文字说明及明细表、管口表、技术特性表中的汉字。

③ 按 3.5 号字体书写的有：表格中的数字和字母、图形中的管口符号字母、标注中的尺寸数字。

（2）管口符号采用小写英文字母，其中字母 i，l，o，q 不推荐使用。管口符号的标注次序是从主视图中左下方开始，按顺时针方向顺序排列。

（3）各计量单位、名称应符合《中华人民共和国法定计量单位》的规定。

（4）公差配合、形位公差、表面粗糙度、镀涂、热处理的代号及标注均应符合有关国家标准和规定。

（5）焊缝代号应符合国家标准、部颁标准或专业标准规定。

2.6 尺寸标注(GB/T 4458.4)

2.6.1 标注尺寸的基本规则

（1）机件的实际大小应以图样上所注的尺寸数值为依据，与图形的大小和绘图的准确度无关。

（2）图样中的尺寸以毫米为单位，不需将其代号或名称标出。若采用其他单位，则必须注明相应的计量单位代号或名称如 m(米)、℃(摄氏度)等。

(3) 图样中所注尺寸，为该图样所示机件的最后完工尺寸，否则要加以说明。

(4) 机件的每一个尺寸，一般只标注一次，并应标注在表示该结构最清晰的图形上。

2.6.2　尺寸的要素

如图 2-4(a)所示，一个完整的尺寸由尺寸界线、尺寸线、尺寸数字几个要素组成。尺寸线包括尺寸线终端。

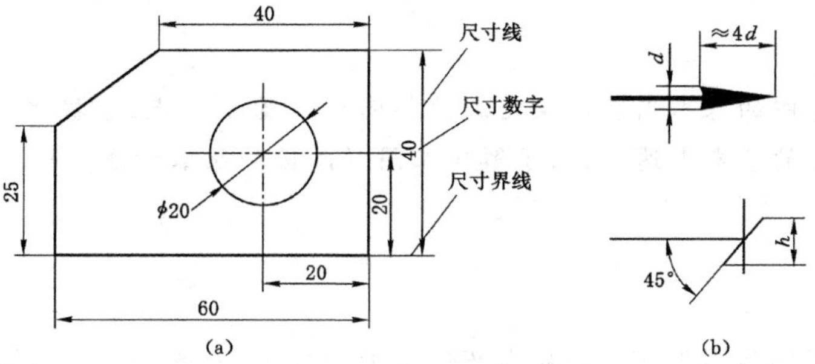

图 2-4　尺寸标注的组成

(1) 尺寸界线

尺寸界线表示该尺寸的度量范围，用细实线绘制。尺寸界线由图形的轮廓线、轴线或中心线处引出，也可利用这些线本身作为尺寸界线。尺寸界线一般要超出尺寸线 2～3 mm。

(2) 尺寸线

尺寸线表示该尺寸度量的方向，用细实线绘制。尺寸线必须单独绘出，不得用其他图线代替，也不得与其他图线重合或在其延长线上。尺寸线一般与尺寸界线垂直。标注线性尺寸时，尺寸线要与所标注的线段平行。尺寸线与尺寸线之间、尺寸线与尺寸界线之间应尽量避免交叉。因而，标注尺寸时，一般小尺寸在内，大尺寸在外。

尺寸线终端是尺寸线的重要组成部分，表示尺寸的起止。一般有箭头和斜线两种，同一图样上只能采取同一个样式(化工设备图中一般采用箭头形式，而布置图中可采用 45°斜线形式)。机械图样上一般采取箭头形式。箭头画法如图 2-4(b)所示。

(3) 尺寸数字

尺寸数字表示物体的实际大小。尺寸数字不能被任何图线穿过，必要时可将图线断开。线性尺寸数字的方向如图 2-5 所示。

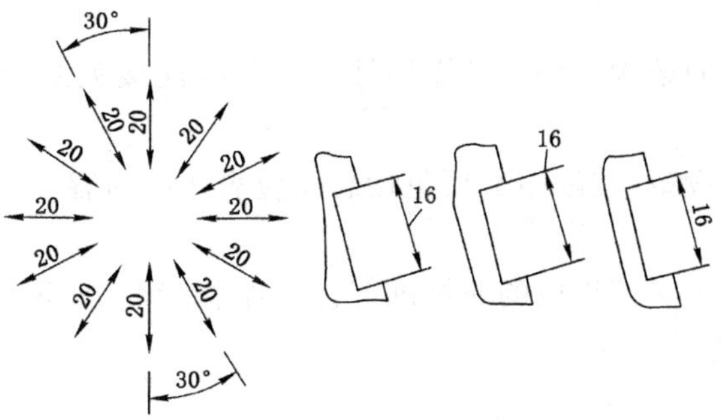

图 2-5　尺寸数字的方向

第 3 章　化工设备图

【本章要求】

掌握化工设备图的基本内容以及化工设备图样的图示特点；掌握化工制图中图线的使用以及化工通用件的基本表达知识；了解化工图样阅读的基本方法。

3.1　概述

化工设备是指那些用于化工产品生产过程中的合成、分离、干燥、结晶、过滤、吸收、澄清等生产单元的装置和设备，常用的典型化工设备有反应罐、塔器、换热器、贮罐等。一套完整的化工设备图通常包括如图 3-1 所示几种。

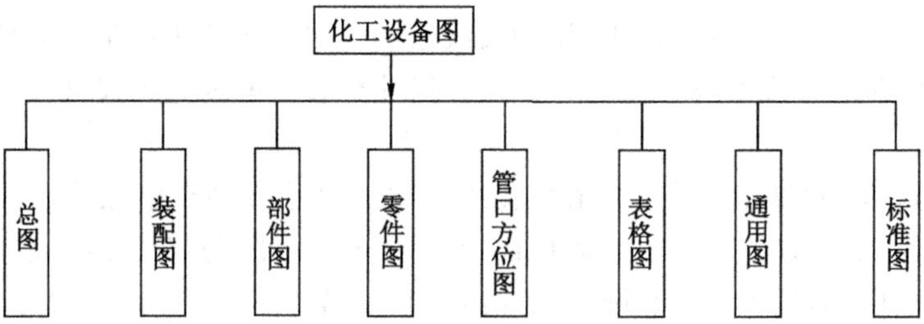

图 3-1　化工设备图的组成

（1）总图

它是表示化工设备以及附属装置的全貌、组成和特性的图样。

总图主要表达设备各主要部分的结构特征、装配连接关系、主要特征尺寸和外形尺寸，并写明技术要求、技术特性等。

若装配图能体现总图的内容，且不影响装配图的清晰，可以不画总图。

（2）装配图

它是表示化工设备的结构、尺寸，各零部件间的装配连接关系，并写明技术要求和技术特性等的图样。

对于不绘制总图的设备，装配图必须包括总图应表达的内容。

（3）部件图

它是用于表达由若干零件组成的非标准部件的结构形状、装配关系、必要的尺寸、加工要求、检验要求等的图样。

（4）零件图

它是用于表达标准零部件之外的每一零件的结构形状、尺寸大小以及技术要求等的图样。

（5）管口方位图

它是表示化工设备管口、梯子等方向位置，并注明管口与支座、地脚螺栓相对位置的简图。

管口一般采用单线条示意画法，其管口符号、大小、数量均应与装配图上管口表中的表达一致，且必须写明设备名称、设备图号及该设备在工艺流程图中的位号。

管口方位图必须经设备设计人员会签。

（6）表格图

它是对于那些结构形状相同、尺寸大小不同的化工设备、部件、零件（主要是零部件），用综合列表方式表达其尺寸大小的图样。

（7）标准图

它是经国家有关主管部门批准的标准化或系列化设备、部件或零件图样。

（8）通用图

它是经过生产考验，或结构成熟，能重复使用的系列化设备、部件和零件的图样。

化工设备的图示与一般机械设备的图示有许多相似和相同的地方，因此，化工设备图的绘制需要大量采用机械制图的相关规定和标准，如图线、比例、投影原理与视图等。但化工设备与机械设备相比较，无论从结构特征和用途上看，还是从结构原理、使用环境和加工制造的技术要求方面看，都存在较大差别。因此，化工设备的图示方法与图示要求均有特定的规范与要求。考虑到零件图及部件装配图的内容、表达、画法等与一般化工机械图样雷同，在不影响装配图的清晰且装配图能体现总图的内容时，通常可不画总图，而用化工设备装配图替代总图。故本章着重讨论化工设备装配图的表达特点及绘制、识读方法。为了方便起见，将化工设备装配图简称为化工设备图。

3.2　化工设备图的基本内容和要求

图 3-2 所示是一管壳式换热器装配图。从图中可以看出化工设备图通常包括以下几个基本内容：

（1）一组视图。用一组视图表示该设备的结构形状、各零部件之间的装配连接关系。视图是图样的主要内容。

（2）一组尺寸数据。在图样中标注表示设备总体大小、规格、装配和安装尺寸等的数据，为设备的制造、装配、安装、检验等提供依据。

（3）标题栏。用以填写该设备的名称、主要规格、作图比例、图样编号等。

（4）零部件件号及明细栏。组成该设备的所有零部件必须按顺时针方向依次编号，并在明细栏内填写每一件号所对应零部件的名称、规格、材料、数量、质量以及有关图号等。

（5）管口符号及管口表。管口表的作用是将本设备的各管口用代号在表中进行汇总，明确各管口的位置和规格等。设备上所有管口均需注出符号，并在管口表中列出各管口的有关数据和用途等。

（6）技术要求或注。用文字说明设备在制造、检验、安装、运输等方面的特殊要求。

（7）技术特性表。表中列出设备的主要工艺特性，如操作压力、操作温度、设计压力、设计温度、物料名称、容器类别、腐蚀裕量、焊缝系数等。

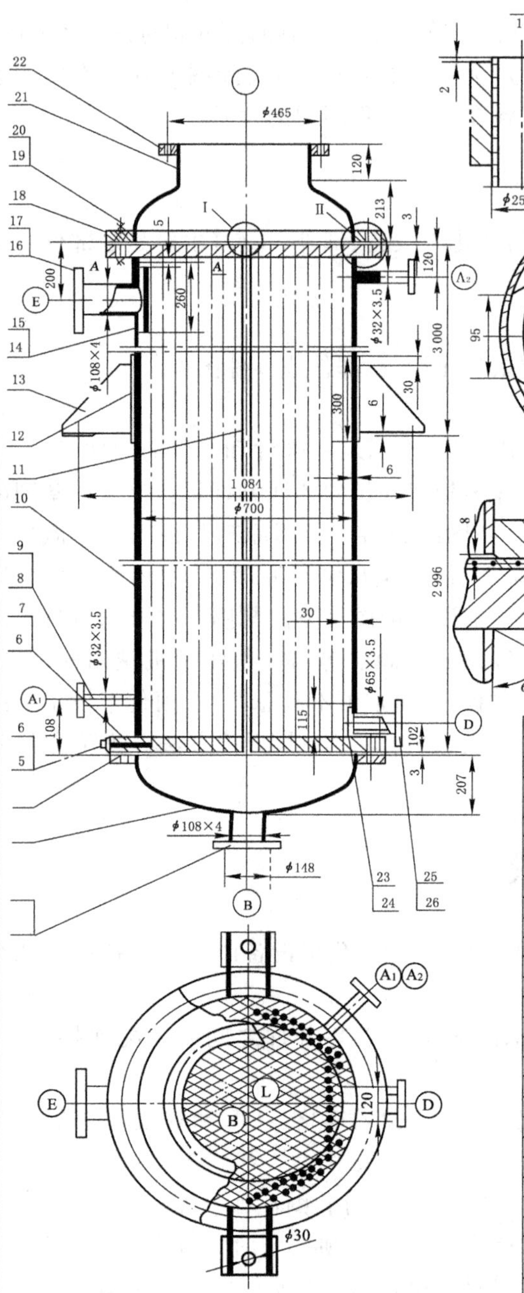

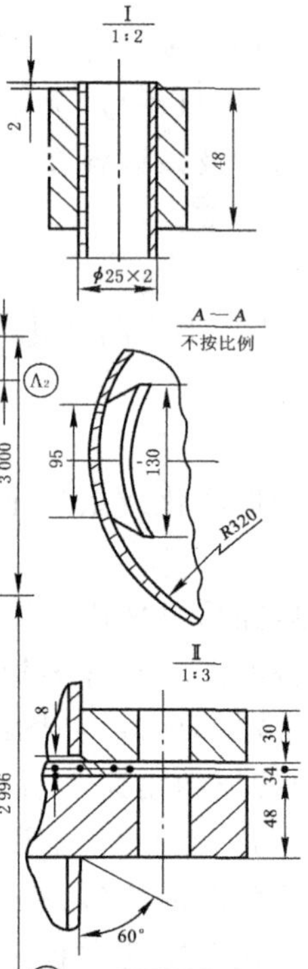

技术要求

1. 本设备按《热交换器》（GB/T 151—2014）中Ⅱ级进行制造、检验、验收，并按质量技术监督局颁发的《压力容器安全技术监察规程》的监督。
2. 焊接采用电弧焊，焊条牌号：碳钢之间采用 T422;16Mn之间及 16MnR 与碳钢之间采用 T507;不锈钢之间以及不锈钢与碳钢之间采用 A132。
3. 不锈钢材料和焊接接头应按GB/T 4334进行晶间腐蚀试验。
4. 容器上A、B类焊缝进行 20%射线探伤，并符合 GB 2323 规定的Ⅲ级为合格。
5. 设备制造完毕进行试压检验，管程以 0.13 MPa、壳程以 1.75 MPa进行水压试验。
6. 管口方位按管口方位图。

技术特性表

	管 程	壳 程
工作压力	-600 mmHg	1.3 MPa
工作温度/℃	160～140	190
设计压力/MPa	0.1	1.4
设计温度/℃	180	200
物料名称	(65%～72%)$Mg(NO_3)_2$	蒸汽
换热面积	176 mm²	
焊缝系数	0.85	
腐蚀裕度/mm	0	2
容器类别	一类	

管口表

符号	公称尺寸	连接尺寸与标准	连接面型式	用途或名称
A	DN25	PN1. 6, DN25, HG 20593—2009	FF	不凝气体出口
B	DN100	PN0. 25, DN100, HG 20593—2009	FF	硝镁液进口
C	DN40	PN. 25, DN40, HG 20593—2009	FF	蒸汽出口
D	DN100	PN1. 6, DN100, HG 20593—2009	FF	蒸汽入口
E	DN40	PN1. 6, DN40, HG 20593—2009	RF	冷凝水出口

序号	图号或标准号	名称	数量	材料	单重 (重量/kg)	总重 (重量/kg)	备注
26		接管ϕ45×3.5, L=122	1	10		0.44	
25	HGJ 45—91	法兰 40-1.6	1	Q235-A		2.00	
24		挡板 δ=3	1	Q235-AF		0.10	
23		挡板 δ=3	1	Q235-AF		0.15	
22	HGJ 45—91	法兰 400-0.25	1	1Cr18Ni9Ti		17.81	
21		接管ϕ426×4, L=140	1	1Cr18Ni9Ti		5.05	
20	GB 6170—86	螺母 M24	32	Q235-A	0.111	3.55	
19	JB 4707—92	螺栓 M24×110	32	35	0.495	15.84	
18		垫片ϕ775/ϕ714 δ=3	2	耐酸石棉板			
17		接管ϕ108×4, L=130	1	10		1.30	
16	HGJ 49—91	法兰 100-1.6	1	Q235-AF		4.00	
15		挡板	1	Q235-AF		0.30	
14		挡板	2	Q235-AF	0.20	0.40	
13	JB/T 4725—92	支座 B2	2	Q235-AF			
12		加强板 300×200, δ=6	2	Q235-AF	2.82	5.64	
11		列管ϕ25×2, L=6 000	379	1Cr18Ni9Ti	6.78	2569	
10		筒体 DN700×6, L=5 906	1	16MnR		620	
9		接管ϕ32×3.5, L=122	2	10	0.31	0.62	
8	HGJ 45—91	法兰 25-1.6	2	Q235-A	1.17	2.34	
7	H 24-0037—3	管板 δ=48	2	1Cr18Ni9Ti	141	282	
6		垫片	1	石棉橡胶板			
5	H 24-0037—2	丝堵 M16×1.5	1	Q235-AF		0.04	
4	JB 4701—92	法兰 C-PI 700-1.6	2	组合件	46.1	92.2	
3	JB/T 439—95	封头 DN 700×6	2	1Cr18Ni9Ti	28.3	56.6	
2		接管ϕ108×4, L=150	1	1Cr18Ni9Ti		1.50	
1	HGJ 45—91	法兰 100-0.25	1	Q235-AF		2.66	

标记	处数	分区	更改文件号	签名	年月日			管壳式换热器
设计			审定			阶段标记	重量/kg	比例	F=176 m²
制图			工艺						
校核			标准化						图号
审核			批准			共 张 第 张			

图纸目录

1. 装配图	H24-0037-1 1张
2. 丝堵零件图	H24-0037-2 1张
3. 管板零件图	H24-0037-3 1张

图 3-2 管壳式换热器装配图

（8）其他。如图纸目录、修改表、选用表、设备总量、特殊材料重量、压力容器设计许可证章等。

以上内容在图幅中的位置安排格式通常如图 3-3(a)所示。近年来，根据《压力容器安全技术监察规程》和吸收引进国外经验，通常将图样中的"技术特性表"改为"制造、检验主要数据表"，布置在装配图的右上方并将技术要求的内容也放在数据表内，当技术要求的内容在数据表内交代不清楚时，才另写技术要求进行详尽说明。采用制造、检验主要数据表时，其格式如图 3-3(b)所示。

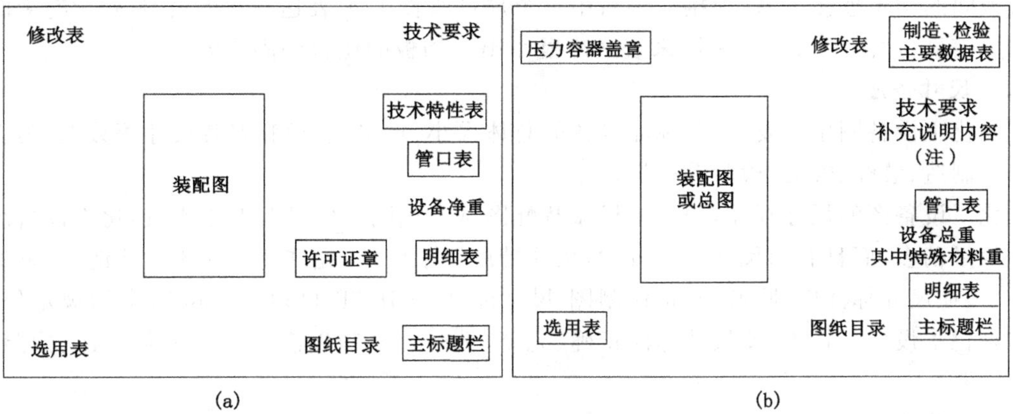

图 3-3　化工设备图的图面安排

3.2.1　视图的确定

用一组视图可以表示该设备的结构形状、各零部件之间的装配连接关系，视图是图样的主要内容。

与绘制机械装配图相同，在绘制化工设备图之前首先要确定其视图表达方案，包括选择主视图，确定视图数量和表达方法。在选择视图方案时，应考虑化工设备的结构特点，从准确、清晰、避免重复等几个方面综合考虑视图搭配。

3.2.1.1　选择主视图

确定表达方案，首先应确定主视图，一般应按设备的工作位置选择，并使主视图能充分表达其工作原理、主要装配关系及主要零部件的形状结构。通常情况下，主视图采用全剖视图或带若干局部剖视的正视图，以表达设备上各零部件的装配关系；同时结合其他表达方法，尽量把设备的完整信息表达出来。

图 3-2 中换热器的主视图依换热器工作位置（耳式支座，立式）特点，选择换热器主体轴线竖直放置，采用局部剖视将壳体与封头、换热器主体与各接管的内在装配关系及换热器厚度等情况表达清楚。

3.2.1.2　确定其他基本视图

主视图确定后，应根据设备的结构特点，确定基本视图数量及选择其他基本视图，用以补充表达设备的主要装配关系、形状、结构。

图 3-2 中换热器装配图除主视图外，选用了俯视图，以表达换热器上各接管的周向方位、支座的安装及支座的俯视外部形状结构、换热器内的换热管管束的排列形式等，补充了

主视图上对这些部分表达的不足。

3.2.1.3　选择辅助视图和各种表达方法

根据化工设备的结构特点，多采用局部放大图、×向视图，以及局部视图、局部剖视图和局部剖面图等各种表达方法来补充表达设备各零部件的详细结构、管口和法兰的连接、焊缝结构，以及其他因尺寸过小而无法在基本视图中表达清楚的各种装配关系和特殊结构形状。

图 3-2 中采用了三个局部放大图来表达相关结构，用一个局部Ⅰ放大图来表达换热管和管板间的固定连接关系（焊接连接）；用一个局部视图Ⅱ来表达封头和壳体法兰连接面间的相关信息；用一个 $A—A$ 视图来表达冷凝水出口挡板的位置和固定方式。

3.2.2　尺寸备注

在化工设备图中需要注写、标注设备的总体大小、规格、装配和安装尺寸等数据，为设备的加工制造、装配、安装、检验等提供依据。

化工设备图的尺寸标注，与一般机械装配图基本相同。但是两者相比较，化工设备图的尺寸数量稍多，而且有的尺寸数字较大，尺寸精度要求较低，允许注成封闭尺寸链（加近似符号～）。在尺寸标注中，除遵守《机械制图 尺寸注法》(GB/T 4458.4—2003)中的规定外，还要结合化工设备的特点，使尺寸标注正确、完整、清晰、合理，以满足化工设备制造、检验、安装的需要。

3.2.2.1　尺寸种类

化工设备图上需要标注的尺寸如图 3-4 所示，一般包括以下几类：

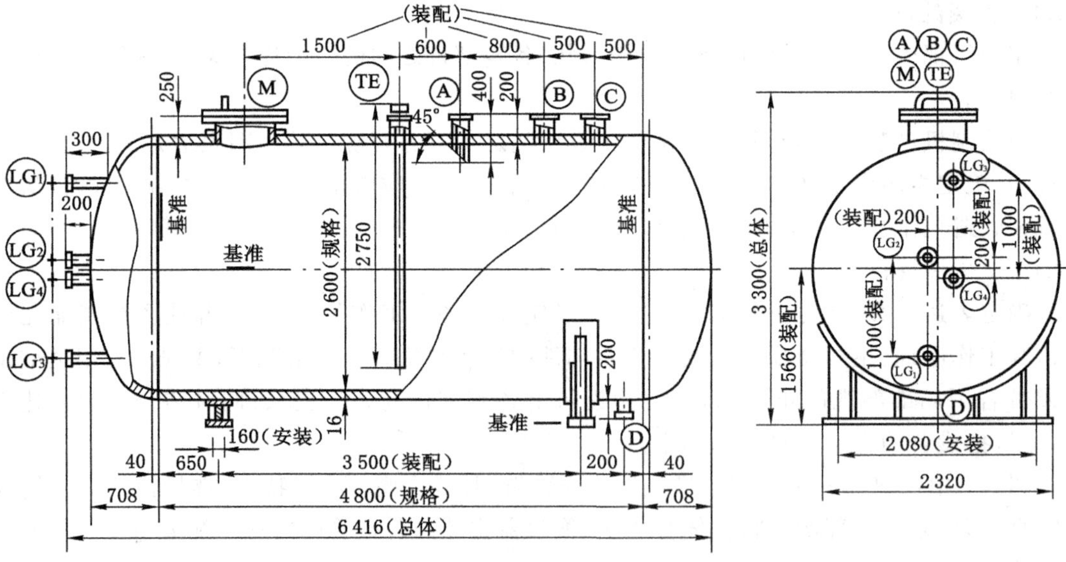

图 3-4　化工设备图的尺寸标注

(1) 规格性能尺寸

规格性能尺寸是反映化工设备的规格、性能、特征及生产能力的尺寸。这些尺寸是设备设计时确定的，是了解设备工作能力的重要依据。如图 3-4中，化工容器的容积尺寸——内径 ϕ2 600、筒体长度 4 800。

(2) 装配尺寸

装配尺寸是反映零部件间相对位置的尺寸。它们是制造化工设备的重要依据。如图3-4中接管的定位尺寸、接管的伸出长度尺寸、罐体与支座的定位尺寸等。

(3) 外形(总体)尺寸

外形尺寸是表示设备总长、总高、总宽(或外径)的尺寸。这类尺寸对于设备的包装、运输、安装及厂房设计等是十分必要的。如图3-4中,容器的总长6 416和总高3 300都是设备的总体尺寸。

(4) 安装尺寸

安装尺寸是化工设备安装在基础上或与其他设备及部件相连接时所需的尺寸。如图3-4中,支座的地脚螺栓的孔间距(2 080)等。

(5) 其他尺寸

① 零部件的规格尺寸,如接管尺寸应注写"外径×壁厚",瓷环尺寸应注写"外径×高×壁厚"。

② 不另行绘制图样的零部件的结构尺寸或某些重要尺寸。

③ 设计计算确定的尺寸,如主体厚度、搅拌轴直径等。

④ 焊缝的结构形式尺寸,一些重要焊缝在其局部放大图中,应标注横截面的形状尺寸。

3.2.2.2　尺寸基准

化工设备图中的尺寸标注,既要保证设备在制造安装时达到设计要求,又要便于测量和检验,因此应正确选择尺寸基准。如图3-5所示,化工设备图的尺寸基准一般为:

① 设备筒体和封头的轴线;

② 设备筒体与封头的环焊缝;

③ 设备法兰的连接面;

④ 设备支座、裙座的底面;

⑤ 接管轴线与设备表面交点。

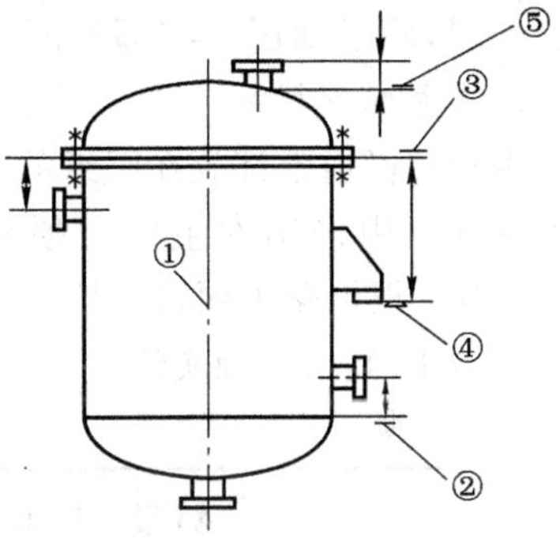

图 3-5　化工设备图的尺寸基准

3.2.2.3　典型结构的尺寸标注

(1) 筒体的尺寸标注

对于钢板卷焊成的筒体,一般标注内径、厚度和高(长)度;而对于使用无缝钢管的筒体,一般标注外径、厚度和高(长)度。

(2) 封头的尺寸标注

椭圆形封头,应标注内直径DN、厚度δ、总高H、直边高度h,如图3-6(a)所示。

碟形封头,应标注内直径DN、厚度δ、总高H、直边高度h,如图3-6(b)所示。

大端折边锥形封头,应标注锥壳大端直径DN、厚度δ、总高H、直边高度h、锥壳小端直径D_{is},如图3-6(c)所示。

半球形封头,应标注内直径DN、厚度δ,如图3-6(d)所示。

(3) 接管

接管的尺寸,一般标注"外径×壁厚"。

(4) 填料

化工设备中的填料,一般只注出总体尺寸,并注明堆放方法和填料规格尺寸。

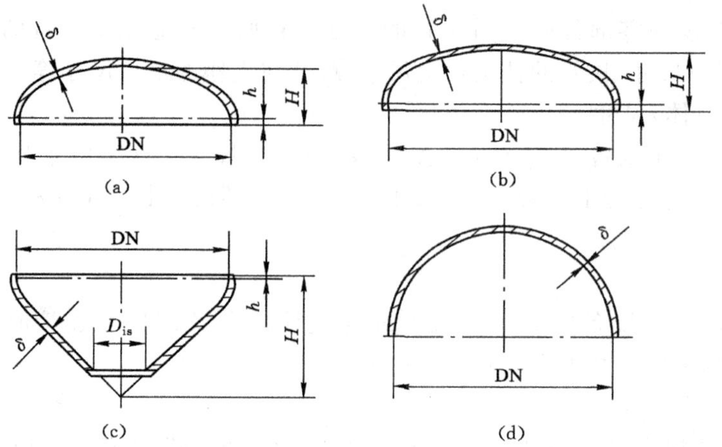

图 3-6　封头的尺寸标注

3.2.3　标题栏

化工设备图中的标题栏用以填写该设备的名称、主要规格、作图比例、图样编号等项内容。常用的标题栏一般有两种：主标题栏和简单标题栏，前者主要用于 A0、A1 和 A2 幅面的装配图，后者则用于零部件图纸。

3.2.3.1　主标题栏

主标题栏通常都放在图纸的右下角，紧接图框线，用于说明设备的名称及设计等内容。在化工设备图中采用的主标题栏格式可以是机械制图所学的标题栏格式（GB/T 10609.1—2008），但是根据化工项目的特点，现在多采用图 3-7 所示的标题栏尺寸和格式。主标题栏边框为粗实线，其余为细实线。

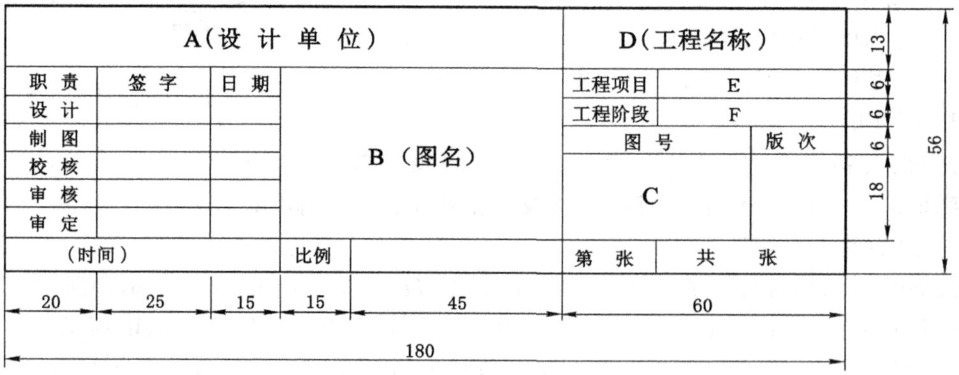

图 3-7　主标题栏格式

主标题栏的填写要求如下：

（1）A 栏，填写设计单位名称，推荐采用 10 号或 7 号字。

（2）B 栏，填写图样名称，推荐采用 7 号或 5 号字。该栏一般分三行填写，第一行为设备名称，第二行为设备的主要规格尺寸，第三行为图样或技术文件的名称，如图 3-8 所示。

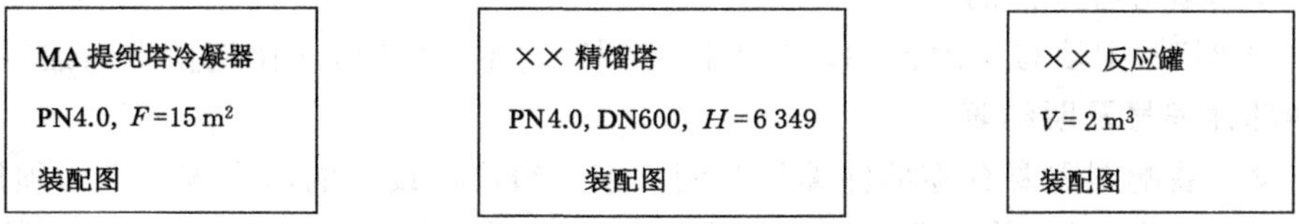

图 3-8　设备名称与规格数据的填写

化工设备的名称，通常以化工单元设备的名称作为基本名称，如图 3-8 中的冷凝器、精馏塔、反应罐等。为使设备名称能如实地表达图示设备，常常在基本名称前面冠以必要的设备特性或用途，如“MA 提纯塔冷凝器”“甲苯精馏塔”“皂化反应釜”“硫酸贮槽”等。化工设备的规格数据，对贮槽、反应釜，一般注写设备的公称容积“$V=2\ \mathrm{m}^3$”；对热交换器、蒸发器，一般注写设备的公称压力和换热面积“PN4.0，$F=15\ \mathrm{m}^2$”；塔设备则应标注公称压力、公称直径和塔高“PN4.0，DN600，$H=6\ 349$”。另外，如果是电解槽、电除尘器等设备，还应标注电流大小“$I=$××A”。

(3) C 栏，填写图样代号(图号)，推荐采用 5 号或 3.5 号字。图号编写的格式是“× ×-× × × ×-× ×”。

图号由各设计单位自行确定，但图号中应包含设备分类号，设备分类号参照《化工设备设计文件编制规定》(HG/T 20668—2000)中规定的设备分类号。

第一部分“× ×”是设备的分类代号。

第二部分“× × × ×”是设计文件的顺序号，即本单位同类设备文件的顺序号。

第三部分“× ×”是图纸的顺序号，可按“设备总图、装配图、部件图、零件图”的顺序编排，如设备总图 01、装配图 02、部件图 03、零件图 04……如果只有一张图纸，则不加尾号，只保留设计文件的顺序号即可。

例如：贮罐的分类号为 12，图示设备所在单位的顺序号为 8(即该设备本单位已经设计了 7 台，图示设备为设计的第 8 台)，本图为全套贮罐图纸的第 2 张，则本图纸的图号应编为“12-08-02”。

(4) D 栏推荐采用 5 号或 3.5 号字填写。

3.2.3.2　简单标题栏

简单标题栏主要用于部件图或零件图，说明图样的名称、比例、图号等内容。简单标题栏的格式及尺寸如图 3-9 所示，其边框为粗实线，其余为细实线。

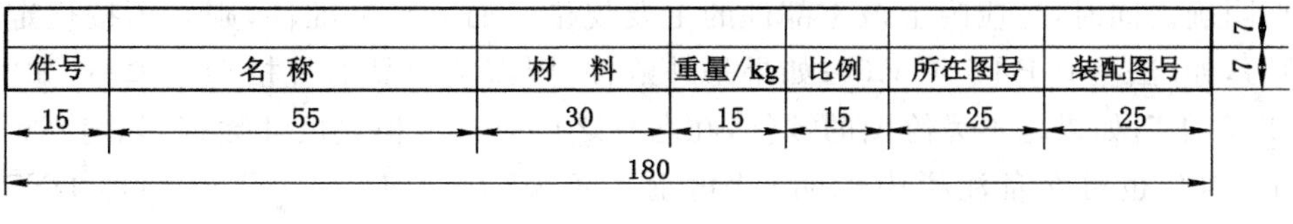

图 3-9　简单标题栏格式

简单标题栏一些项目的填写，应注意以下两点：

(1)“件号”“名称”“材料”“重量”各栏的填写均应与装配图明细栏中相应零件或部件内容一致。如果直属零件和部件中的零件，或不同的部件中都用同一个零件图，在标题栏的件号栏内应分别填写各零件的件号。

(2)“比例”栏中填写绘图比例。当不按比例绘制零件图时,在比例栏中画细斜线表示。

3.2.4 零部件编号及明细表

化工设备装配图需要有零部件编号及明细表。组成该设备的所有零部件必须按顺时针或逆时针方向依次编号,并在明细栏内填写每一编号零部件的名称、规格、材料、数量、重量以及有关图号等内容。

3.2.4.1 明细表

明细表用于装配图或部件图中,说明设备上所有零部件的名称、材料、数量、重量等内容,它是工程技术人员看图及图样管理的重要依据。明细表的格式及尺寸如图 3-10 所示。明细表的左、右、下边框为粗实线,其余为细实线。明细表位于标题栏的上方,当图样中的件号较多而上方空间又不够时,可按顺序将一部分放在标题栏的左边,此时该处明细表的表头不需要绘制,件号接前面从下到上顺序填写。表内文字推荐采用 5 号或 3.5 号。

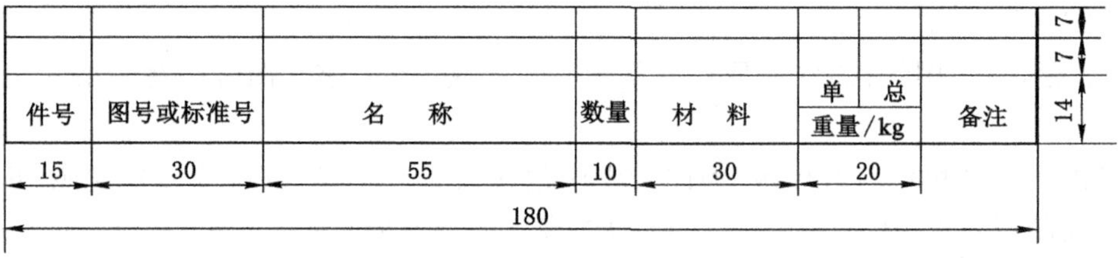

图 3-10 明细表的格式和尺寸

下面介绍明细表的填写(参见图 3-2)。

(1) 件号

本栏填写图示设备各零部件的顺序号。在表中填写的件号应与图中件号完全一致,且应由下而上按顺序填写。

(2) 图号或标准号

凡已绘制了零部件图的零部件都必须填写相应的图号(没有绘制图样的零部件,此栏可不填)。若为标准件,则必须填写相应的标准号(材料不同于标准时,此栏可不填);若为通用件,则必须填写相应的通用图图号。

(3) 名称栏

本栏填写零部件的名称与规格。填写时零部件的名称应尽可能采用公认的称谓,并力求简单、明确。同时,还应附上该零部件的主要规格。如果是标准件,则必须按规定的标注方法填写,如“法兰 C-PⅠ700-1.6”;如果是外购件,则需按商品的规格型号填写,如“减速器 BLC 125-5 Ⅰ”;如果是不另绘图的零件,在名称之后应给出相关尺寸数据,如“接管 $\phi108\times4$,$L=150$”(L 也可在备注栏内说明)、“角钢∠$50\times50\times5$,$L=500$”及“筒体 DN700×6,$H=5\ 906$”等。

(4) 数量栏

本栏填写图示设备上归属同一件号的零部件的全部件数。对于大量使用的填料、木材、耐火材料等可采用“m^3”计,而大面积的衬里、防腐、金属丝网等,则可采用“m^2”计,其采用的单位,在备注栏内可加以说明。

（5）材料栏

本栏填写各零部件所采用的材料名称或代号。材料名称或代号必须按国家标准或部颁标准所规定的名称或代号填写；无标准规定的材料，则应按工程习惯注写相应的名称；由国外企业或国内企业生产的有系列标准的定型材料，应同时注写材料名称和相应的材料代号，并在备注栏内做附加说明。如果该件号的部件由不同材料的零件构成，本栏可填写组合件；如果该件号的零部件为外购件，本栏可不填，或在本栏画一短细斜线表示。

（6）重量栏

本栏填写零部件的真实重量，以“kg”为单位。一般零部件准确到小数点后两位，贵重金属可适当增加小数点后的位数；非贵重金属，且质量小、数量少的零件也可不填，或在本栏画一短细斜线表示。

（7）备注栏

本栏仅对需要说明的零部件附加简单的说明，如对外购件可填写“外购”字样；采用了特殊的数量单位，可填写“单位 m^3”；对接管可填写接管长度“$L=120$”；对采用企业标准的零部件可填写“××企业标准”等字样。一般情况下，不予填写。

3.2.4.2　零部件序号的编排

组成设备的所有零件、部件和外购件，无论有图或无图均需编独立的件号，不可省略。序号的编写规则如下（参见图 3-2）：

（1）序号编写的形式由圆点、指引线、水平线（或圆）及数字组成，如图 3-11(a)所示。指引线和水平线（或圆）均为细实线，数字写在水平线上方（或小圆内），数字高度应比尺寸数字高度大一号（一般为 5 号或 7 号）；指引线应从所指零件的可见轮廓内引出，并在末端画一圆点，当所指部分不宜画圆点（如很薄的零件或涂黑的剖面）时，可在指引线末端画一箭头以代替圆点，如图 3-11(b)所示。

（2）指引线应尽量分布均匀，彼此不能相交，当通过剖面线区域时，必须避免与剖面线平行。必要时，指引线可折一次，如图 3-11(c)所示。

（3）对于一组装配关系清楚的组件（如螺栓、螺母），允许采用公共指引线，其编写形式如图 3-11(d)所示。

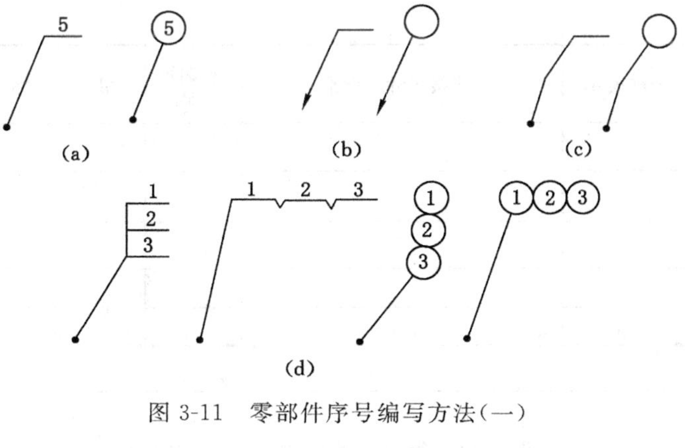

图 3-11　零部件序号编写方法（一）

（4）件号应尽量编排在主视图上，并由左下方或左上方开始，按件号顺序顺时针整齐地沿垂直和水平方向依次编号，可布满四周，但应尽量编排在图形的左方和上方，并安排在外形尺寸的内侧。若有遗漏或增添的件号应在外圈编排补足，如图 3-12 所示。

(5) 在装配图中，将直接组成设备的部件、直属零件和外购件以 1、2、3……顺序表示。在部件图中，组成该部件的零件或二级部件的件号由两部分组成，如图 3-13(a)所示；组成二级部件的零件的件号由二级部件的件号及零件顺序号组成，如图 3-13(b)所示。

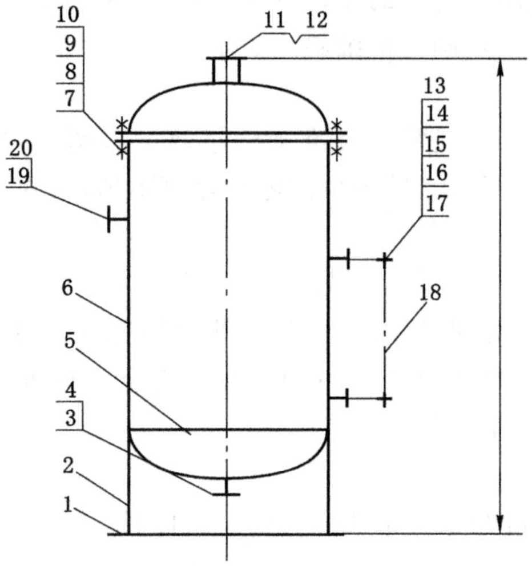

图 3-12　零部件序号编写方法(二)

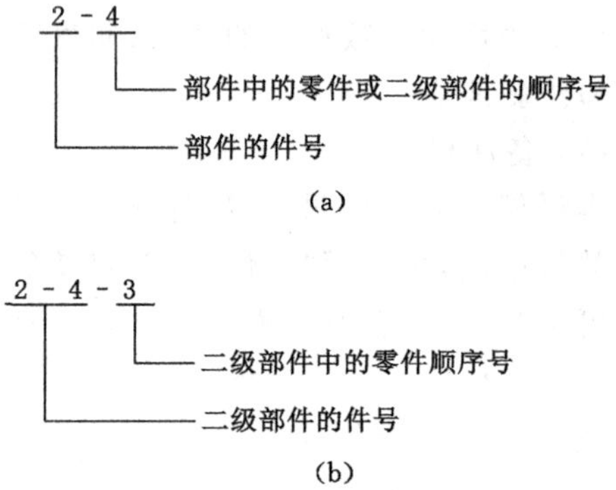

图 3-13　零部件序号编写方法(三)

3.2.5 管口符号及管口表

化工设备上的管口数量较多，为了清晰地表达各管口的位置、规格、连接尺寸和用途等，图中应编写管口符号，并在明细栏上方画出管口表。管口表的作用是将本设备的各管口用代号在表中进行汇总，明确各管口的位置和规格等。设备上所有管口均需注写符号，并在管口表中列出各管口的有关数据和用途等内容。

管口表的格式、尺寸和内容如图 3-14 所示，管口表边框为粗实线，其余为细实线。一般需要在管口表上方加写“管口表”或“接管表”字样，一般为 7 号或 5 号。表格内容文字一般为 5 号或 3.5 号。

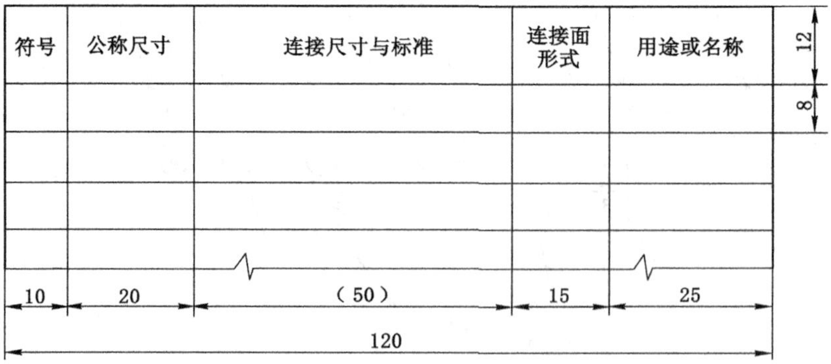

图 3-14　管口表的格式、尺寸和内容

下面介绍管口符号的编写方法以及管口表内一些项目填写的注意点。

3.2.5.1 管口符号的编写

（1）编写管口符号时，一般应从主视图的左下方或左上方开始，按顺时针（或逆时针）方向依次用大写或小写英文字母“A、B、C…”“a、b、c…”编号。

（2）对规格、用途、连接面形式完全相同的管口，应编写一个管口符号，但必须在管口符号的右下角加注阿拉伯数字的注脚，以示区别，如 A_1、A_2 等。

3.2.5.2 管口表内一些项目的填写

（1）管口表中的“符号”应与视图中各管口的符号一致，依 A、B、C…顺序，从上至下填写，且应与视图中管口符号一一对应。当管口规格、连接标准、用途均相同时，可合并为一项填写，如 $A_{1\sim2}$。

（2）“公称尺寸”栏中应填写管口公称直径。对于带衬里的管口，公称直径按实际内径填写；对于带薄衬里的钢接管，按钢管的公称直径填写；对于无公称直径的管口，按实际尺寸填写，例如：矩形孔填写“长×宽”，椭圆孔填写“长轴×短轴”，单位为 mm。

（3）“连接尺寸与标准”栏中应填写对外连接管口的有关尺寸和标准，如果是螺纹连接管口应填写“M24”“G1”等螺纹代号。

（4）“连接面形式”栏填写法兰的密封面形式，如：“平面”“凹面”“槽面”或“FF”“RF”等；螺纹连接填写“内螺纹”等；不对外连接的管口，例如人（手）孔、检查孔等，不填写此项，用从左下至右上的细斜线表示。标准图或通用图中对外连接的管口，在用途或名称栏内用斜细实线表示。

（5）“用途或名称”栏应填写标准名称、习惯用名称或简明的用途术语，如“进料口”“液面计口”“人孔”等。对于标准图或通用图中的对外连接管口，此栏中用从左下至右上的细实线表示。

（6）盲板接口接管以分数表示，分子为接管尺寸，分母为盲板接口尺寸。

（7）如包含“法兰密封面至设备中心线距离”栏，则在此栏中填写法兰密封面至设备中心线距离，如需在图中标注，则此栏需填写“见图”的字样。

3.2.6 技术要求或注

技术要求或注是以文字描述化工设备的技术条件、应该遵守和达到的技术指标等。包括通用技术条件（化工设备在加工、制造、焊接、装配、检验、包装、防腐、运输等方面的技术规范）、焊接要求[对焊接接头形式、焊接方法、焊条（焊丝）、焊剂等提出要求]、设备的检验方法与要求（对主体设备的水压和气密性进行试验，对焊缝的射线探伤、超声波探伤、磁粉探伤等相应的试验规范和技术指标）以及机械加工和装配方面的规定和要求，设备的防腐、保温（冷）、运输和安装、填料等其他要求。一般在图中规定的空白处用长仿宋体汉字书写，以阿拉伯字 1、2、3 等顺序依次编号书写。当技术特性数据表中已表示清楚时，此处不再注写。

（1）通用技术条件规范

通用技术条件是同类化工设备在加工、制造、焊接、装配、检验、包装、防腐、运输等方面较详尽的技术规范，已形成标准，在技术要求中直接引用。常用的有以下几种：

①《钢制化工容器材料选用规定》（HG/T 20581—2011）。

②《钢制化工容器制造技术要求》（HG/T 20584—2011）。

③《压力容器》（GB 150 系列）。

④《热交换器》（GB/T 151—2014）。

⑤《焊缝无损检测 超声检测 技术、检测等级和评定》（GB/T 11345—2013）。

⑥《焊缝无损检测 射线检测》(GB/T 3323 系列)。

⑦《压力容器涂敷与运输包装》(JB/T 4711—2003)。

在技术要求中书写时,只需注写"本设备按××××(具体写标准名称及代号)制造、试验和验收"即可,例如图 3-2"技术要求"第 1 条。

(2) 焊接要求

焊接工艺在化工设备制造中应用广泛,在技术要求中,一般要对焊接接头形式、焊接方法、焊条(焊丝)、焊剂等提出要求,例如图 3-2"技术要求"第 2 条。

(3) 设备的检验

一般对主体设备要进行水压和气密性试验,对焊缝要进行射线探伤、超声波探伤、磁粉探伤的检验等,这些项目都有相应的试验规范和技术指标,例如图 3-2"技术要求"第 3、4、5 条。

(4) 其他要求

其他要求包括设备在机械加工、装配、油漆、防腐、保温(冷)、运输和安装等方面的规定和要求。

3.2.7 技术特性表

技术特性表(设计数据表)是化工设备图的一个重要组成部分,是表示设备设计数据和通用技术要求的表。技术特性表将设备的设计、制造、使用的主要参数(设计压力、工作压力、设计温度、工作温度、各部件的材质、焊缝系数、腐蚀裕量、物料名称、容器类别及专用化工设备所接触物料的特性等)和技术特性等数据列表,供制作、检验、生产中执行。技术特性表分为工程图用和装配图用两种。通用装配图用技术特性表如图 3-15 所示,换热器类设备装配图用技术特性表如图 3-16 所示,表格中内容也可以根据实际需要进行增减。表格内的文字字高一般采用 5 号或 3.5 号。

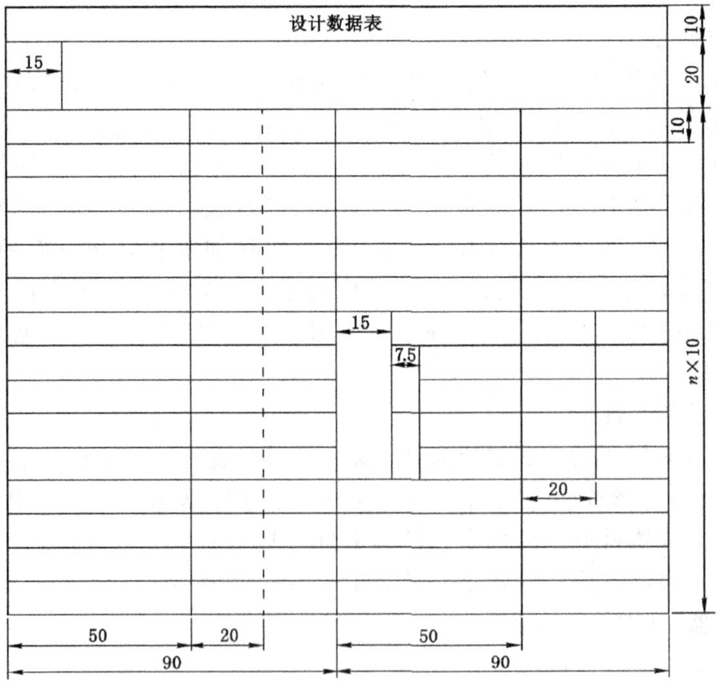

图 3-15 装配图用技术特性表的格式及尺寸

<table>
<tr><td colspan="8">设计数据表</td></tr>
<tr><td>规范</td><td colspan="7">(注1)</td></tr>
<tr><td></td><td>壳程</td><td>管程</td><td colspan="3">压力容器类别</td><td colspan="2"></td></tr>
<tr><td>介质</td><td></td><td></td><td colspan="3">焊条型号</td><td colspan="2">按NB/T 47015—2011规定(注2)</td></tr>
<tr><td>介质特性</td><td></td><td></td><td colspan="3">焊接规程</td><td colspan="2">按NB/T 47015—2011规定</td></tr>
<tr><td>工作温度/℃</td><td></td><td></td><td colspan="3">焊缝结构</td><td colspan="2">除注明外采用全焊透结构</td></tr>
<tr><td>工作压力/MPaG</td><td></td><td></td><td colspan="3">除注明外角焊缝腰高</td><td colspan="2"></td></tr>
<tr><td>设计温度/℃</td><td></td><td></td><td colspan="3">管法兰与接管焊接标准</td><td colspan="2">按相应法兰标准</td></tr>
<tr><td>设计压力/MPaG</td><td></td><td></td><td colspan="3">管板与筒体连接方式</td><td colspan="2"></td></tr>
<tr><td>金属温度/℃</td><td></td><td></td><td colspan="3">管子与管板连接方式</td><td colspan="2"></td></tr>
<tr><td>腐蚀裕量/mm</td><td></td><td></td><td rowspan="5">无损检测
N.D.E</td><td colspan="2">焊接接头类别</td><td>方法/检测率</td><td>方法/检测率</td></tr>
<tr><td>焊接接头系数</td><td></td><td></td><td rowspan="2">A,B</td><td>壳程</td><td>(注3)</td><td></td></tr>
<tr><td>程数</td><td></td><td></td><td>管程</td><td></td><td></td></tr>
<tr><td>热处理</td><td></td><td></td><td rowspan="2">C,D</td><td>壳程</td><td></td><td></td></tr>
<tr><td>水压试验压力：卧试/立试/MPaG</td><td></td><td></td><td>管程</td><td></td><td></td></tr>
<tr><td>气密性试验压力/MPaG</td><td></td><td></td><td colspan="3">管板密封面与壳体轴线距离/mm</td><td colspan="2"></td></tr>
<tr><td>保温层厚度/防火层厚度/mm</td><td></td><td></td><td colspan="3">垂直度公差</td><td colspan="2"></td></tr>
<tr><td>换热面积(外径)/m²</td><td colspan="2"></td><td colspan="3">其他(按需填写)</td><td colspan="2"></td></tr>
<tr><td>表面防腐蚀要求</td><td colspan="2"></td><td colspan="3">管口方位</td><td colspan="2"></td></tr>
</table>

注：1. 注规范的标准号或代号，当规范、标准无代号时注全名。2. 常用焊条型号按NB/T 47015—2011规定，此处不注出。焊条的酸、碱性，特殊要求的焊条型号按需注出。3. 检测方法："RT"表示射线检测，"UT"表示超声检测，"MT"表示磁粉检测，"PT"表示渗透检测。

图3-16 换热器类设备装配图用技术特性表

对于技术特性表还要了解以下几点：

(1) 技术特性表的边框为粗实线，其余为细实线。

(2) 技术特性表中的设计压力、工作压力为表压，如果是绝对压力应标注"绝对"字样。

(3) 在技术特性表中需填写的内容，因设备类型的不同会有不同的要求。

① 对容器类设备，应增加全容积(m^3)和操作容积。

② 对热交换器，应增加换热面积(m^2)，而且换热面积以换热管外径为基准计算。

③ 对塔器，应填写设计的地震烈度(级)、设计风压(N/m^2)等。对填料塔还需填写填料体积(m^3)、填料比表面积(m^2/m^3)、处理气量(Nm^3/h)和喷淋量(m^3/h)等内容。

④ 对带夹套(蛇管)和搅拌器的反应釜，应按釜内、夹套(蛇管)内分栏填写，同时还需填写全容积、操作容积、搅拌转速(r/min)、电动机功率(kW)、换热面积等内容。

⑤ 对其他类设备，可根据设备的结构与操作特性，填写图示设备需特别说明的技术特性内容。

⑥ 对专用化工设备，应填写主要物料名称。如系有毒、易燃或腐蚀性较强的物料，应详

细填写。

3.2.8 其他内容

其他内容包括图纸目录、修改表、选用表、设备总量、特殊材料重量、压力容器设计许可证章等。该项内容一般随图纸绘制阶段和使用范围而有较大不同，使用时也可根据需要自行设计。

3.2.8.1 修改表

修改表常布置在图纸内框的右上角或内框上边空白处。

(1) 图样中视图的修改及文字的修改

① 修改次数用符号表示。修改符号是小写的英文字母 a、b、c 等，分别表示第一次、第二次、第三次的修改。

② 修改时将所需修改的尺寸、文字或图形用细实线划掉，必须注意被划掉部分仍应清晰地看出修改前的情况，然后在紧靠被修改部分的空白处注明修改后的尺寸、文字及图形，如图 3-17 所示。

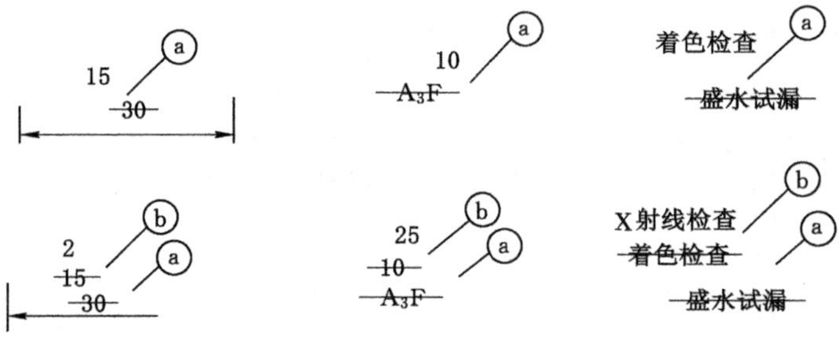

图 3-17 修改标记示例

③ 靠近修改部位应标注修改标记，并从修改标记的圆圈引细实线指向被修改部分。

④ 修改标记以修改符号外加 $\phi5$ 的细实线圆表示。

(2) 修改表的填写

① 修改标记栏填写修改标记次数符号。

② 修改说明栏填写每次修改的原因及内容，对于由此而引起的相关修改只需列出被修改的件号，其尺寸、文字及图形的修改不必列出。例如："件号 10 尺寸 1 000 mm 改为 950 mm，件号 11、12 做相应修改"。

③ 由于修改而取消图中某件号时，图中和明细栏中的件号的顺序号允许空号。

对于修改某一部位引起的其他部位修改及引起明细表和单标题栏中重量等的修改，均不注写修改符号。

3.2.8.2 选用表

选用表一般放置在图样内框左下角。选用表由选用人逐项填写。

3.2.8.3 描、校栏

描、校栏位于图样的左上角，内外框之间。

3.2.8.4 图纸目录

编写原则如下：

(1) 当图纸目录序号少于 10 项时，图纸目录可列入图样。

(2) 图纸目录按图号的顺序号编写，包括管口方位图、焊接图等。

(3) 符合国家标准、部颁标准的零部件及外购件图样不列入图纸目录。

(4) 通用图应列入图纸目录。

(5) 技术文件以一个技术文件组成为单位列入图纸目录。其排列顺序为：说明书、计算书等。

(6) 工程中统一发送的“通用技术条件”或通用图，应注明“统一发送”。

3.3　化工设备图的表达方法

3.3.1　化工设备的分类及用途

常见的化工设备根据其结构特征和用途，大致可分为塔器、反应器、热交换器和容器四大类。它们的结构特征与用途可归纳如下。

3.3.1.1　塔器

塔器是一种直立式的圆柱形设备，其结构特征是：立式，塔高和直径差距较大（高径比一般都在 8 以上）。主要用于精馏、吸收、萃取和干燥等化工分离类单元操作，如精馏塔、吸收塔、萃取塔和干燥塔等；也可用于反应过程，如合成塔、裂解塔等。

3.3.1.2　反应器

反应器中塔式、釜式和管式的均有，以釜式居多。主要用于化工反应过程，也可用于沉降、混合、浸取与间歇式分级萃取等单元操作，其外形通常为圆柱形，常带有搅拌和加热装置。

3.3.1.3　热交换器

常见的热交换器为列管、套管和盘管换热器，有立式与卧式之分。主要用于两种不同温度的物料进行热量交换，以达到加热或冷却物料的目的。其结构形状通常以圆柱形为主。

3.3.1.4　容器

容器通常也称为贮槽或贮罐，有立式与卧式之分，其结构形状通常以圆柱形为主，也有球形和矩形的。主要用于储存原料、中间产品和成品。

3.3.2　化工设备的结构特点

化工设备图主要是反映化工设备的结构，因此，了解化工设备的基本结构特点，将有助于掌握化工设备的表达方法和图示特点。各类化工设备虽然结构形状、尺寸大小以及安装方式各不相同，但构成设备的基本形体，以及所采用的许多通用零部件却有共同的特点。

3.3.2.1　基本形体以回转体为主

化工设备多为壳体容器，其主体结构（筒体、封头）以及一些零部件（人孔、手孔、接管）多由圆柱、圆锥、圆球或椭球等回转体构成。因此，当相关对象以剖切视图表示时，外形轮廓大多较为简单，以圆形、长方形为主要框架，再加以接管、人孔等零部件。

3.3.2.2　尺寸相差悬殊

设备的总体尺寸与壳体厚度或其他细部结构尺寸大小相差悬殊。大尺寸大至几十米，小尺寸只有几毫米。如图 3-2 所示的管壳式换热器，直径 700 mm，设备主体高 10 000 mm 以上，而壁厚只有 6 mm。因此，在比例难以协调时，对于壁厚等结构经常采用夸大的表达方法。

3.3.2.3 很多设备的高(长)径比大

根据过程工艺不同,一些设备其总高(长)与直径的比值较大。如图 3-2 所示的管壳式换热器,筒体直径 700 mm,高 10 000 mm,高径比约为 14.3。

3.3.2.4 有较多的开孔和接管

由于化工工艺的需要,在设备壳体(筒体和封头)上有较多的开孔和接管,如进(出)料口,放空口,清理口,观察孔,人(手)孔,以及液位、温度、压力、取样等检测口。如图 3-2 所示的管壳式换热器,就有 5 个以上管口。

3.3.2.5 广泛采用标准化零部件

化工设备中许多零部件都已标准化、系列化,如封头、支座、管法兰、设备法兰、人(手)孔、视镜、液位计、补强圈等。特别是典型设备中部分常用零部件大多有相应的标准件,如填料箱、搅拌器、波形膨胀节、浮阀及泡罩等。对于标准化的零部件,在化工设备设计时可根据需要直接选用。

3.3.2.6 大量采用焊接结构

化工设备的一个突出的特点是焊接结构多,设备中许多零部件都采用焊接成型,如筒体、封头、支座等。零部件间的连接也广泛使用焊接方法,如筒体与封头、壳体与支座、壳体与接管等。

3.3.2.7 防泄漏结构要求高

在处理有毒、易燃、易爆的介质时,要求密封结构好,安全装置可靠,对各连接面的密封结构提出了较高要求。

3.3.2.8 很多设备对材料有特殊要求

化工设备的材料除考虑强度、刚度外,还应当考虑耐腐蚀、耐高温、耐深冷、耐高压和高真空。因此,不仅使用碳钢、合金钢、有色金属、稀有金属(钛、钽、锆等)和一些非金属材料(陶瓷、玻璃、石墨、塑料)作为结构材料,还经常使用金属或非金属材料作为喷镀、喷涂或衬里材料,以满足各种设备的特殊要求。

3.3.3 化工设备图的图示特点及表达

由于上述结构特点,在化工设备的表达方法上,形成了相应的图示特点。

3.3.3.1 视图配置灵活

由于化工设备大多是回转体,因此一般采用两个基本视图即可表达设备的主体结构。立式设备通常为主、俯视图(参见图 3-2),卧式设备通常为主、左视图,而且主视图为表达设备的内部结构常采用全剖视和局部剖视。但是,当设备的总高(长)较高(长)时,由于图幅有限,俯、左视图难以安排在基本视图位置,可以按向视图的方式进行配置。也允许将俯、左视图画在另一张图纸上,并分别在两张图纸上注明视图关系。

某些结构形状简单,在装配图上易于表达清楚的零件,其零件图可直接画在装配图中适当位置,注明件号××的零件图。

在某些装配图中,还可放置其他一些视图,如支座的底板尺寸图、气柜的配重图、标尺图和某零件的展开图等。

有的化工设备比较简单,仅用一个基本视图和一些辅助视图就可将基本结构表达清楚,此时省略俯(左)视图,只用管口方位图来表达设备的管口及其他附件分布的情况,管口方位图的画法如图 3-18 所示。

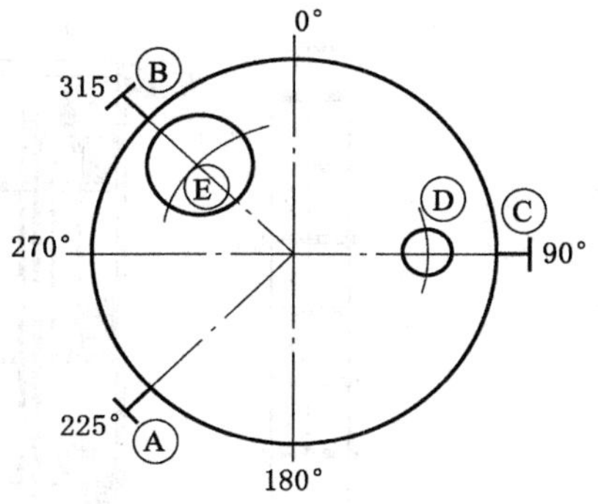

图 3-18　管口方位图

3.3.3.2　细部结构的表达方法

由于化工设备的各部分结构尺寸相差悬殊，按总体尺寸选定的绘图比例，往往无法将细部结构同时表达清楚。因此，化工设备图中较多地采用了局部放大图（亦称“节点详图”）和夸大画法来表达细部结构并标注尺寸。

（1）局部放大图

如果设备部分结构的图形过小，则采用局部放大图的表达方法。局部放大图可按所放大结构的复杂程度，采用视图、剖视图和断面图等方法进行表达，它与被放大部分的表达方式无关；局部放大图可以用细实线圈出，也可用波浪线、双折线画出界线；可按规定比例画图，也可不按比例画图，但均需注明。图 3-2 中的视图Ⅰ、Ⅱ 和视图 $A—A$ 分别采用了 1∶2、1∶3 和不按比例的放大比例。需要指出的是，这里的“不按比例”是指在绘制局部视图的细微处时可不按统一比例绘制，但局部总体仍需要按一定比例绘制。

（2）夸大画法

对于化工设备中的壳体厚度，接管厚度和垫片、挡板、折流板等的厚度，在绘图比例缩小较多时，其厚度经常难以画出，对此可采用夸大画法，即不按比例，适当夸大地画出它们的厚度。其余细小结构或较小的零部件，也可采用夸大画法。如图 3-2 中壳体厚度、垫片及管板厚度、丝堵和接管法兰等，均采用了夸大画法。一般夸大后的壁厚不小于两倍的粗实线宽度（实际大约在 1～2 mm 之间）。

薄壁部分的剖面符号允许采用涂色的方法，如图 3-2 中壳体及封头就采用了涂色的方法，而管板和管法兰仍采用剖面符号进行表达。

3.3.3.3　断开画法和分段画法

对于高（长）径比大的化工设备，如塔器、换热器等，当沿其轴线方向有相当部分的形状和结构相同，或按一定规律变化时，可采用断开画法，即用双点画线将设备中重复出现的结构或相同结构断开，使图形缩短。这样简化作图，便于选用较大的作图比例，合理使用图纸幅面。如图 3-2 中列管及壳体就采用了断开画法，又如图 3-19(a)中的填料部分也采用了断开的画法。

对于较高的塔设备，在不适于采用断开画法时，可采用分段的表达方法，即把整个塔体分成若干段，以利于绘图时的图面布置和比例选择，如图 3-19(b)所示。

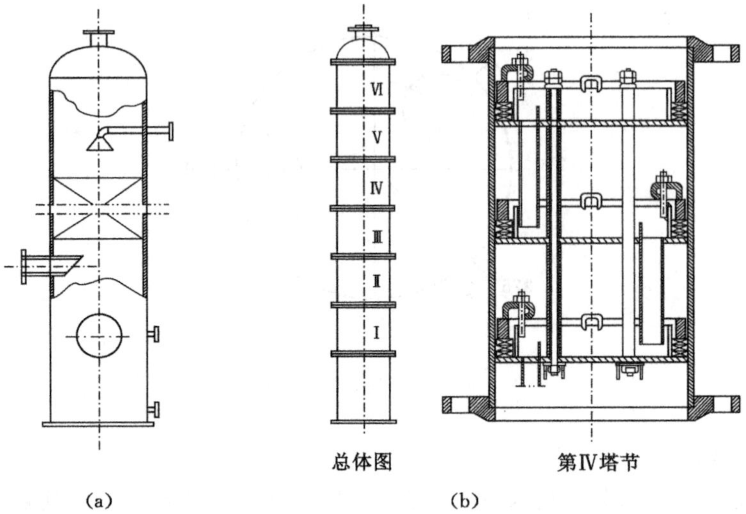

图 3-19　断开与分段的画法

若由于断开画法和分段画法造成设备总体形象表达不完整，可采用缩小比例、单线条画出设备的整体外形图或剖视图。在整体图上，可标注总高尺寸、各主要零部件的定位尺寸及各管口的标高尺寸。

3.3.3.4　多次旋转的表达方法

化工设备壳体上分布有众多的管口及其他附件，为了在主视图上清楚地表达它们的结构形状和位置高度，避免各个位置的接管在投影图上产生重叠，允许采用多次旋转的表达方法。即假想将设备周向分布的接管及其他附件，分别旋转到主视图所在的投影面平行的位置，然后再进行投影，得到反映它们实形的视图或剖视图。如图 3-2 中不凝气体出口管 A_1 是按逆时针方向旋转 135°，A_2 是按顺时针方向旋转 45°后画出的。又如图 3-20 所示，图中液位计接管（LG_1、LG_2）是按顺时针方向旋转 45°，人孔 M 是按逆时针方向旋转 45°，接管 B 是按逆时针方向旋转 60°后画出的。一般在俯视图或左视图上反映各管口及其他附件的方位，在主视图上则表达各管口及其他附件的高低。

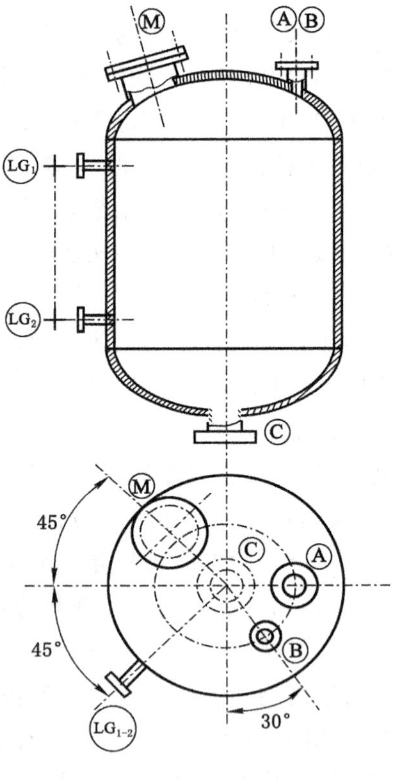

图 3-20　多次旋转表达法

为了避免混乱，在不同的视图中，同一接管或附件必须用相同的英文字母编号。对于规格、用途相同的接管或附件可共用同一字母，并用阿拉伯数字作脚标，以示个数，如图 3-2 中不凝气体出口管用 A_1、A_2 表示。

在化工设备图中采用多次旋转的画法时，允许不做任何标注，但这些结构的周向方位要以俯(左)视图或管口方位图为准。

3.3.3.5　镀涂层、衬里剖面的画法

(1) 薄镀涂层

喷镀耐腐蚀金属材料或塑料、涂漆、搪瓷等薄涂层的表达如图 3-21(a)所示。仅在需镀涂层表面绘制与其平行、间距约 1～2 mm 的粗点画线，并标注镀涂层内容。该镀涂层图样中不编件号，详细要求可写入技术要求。

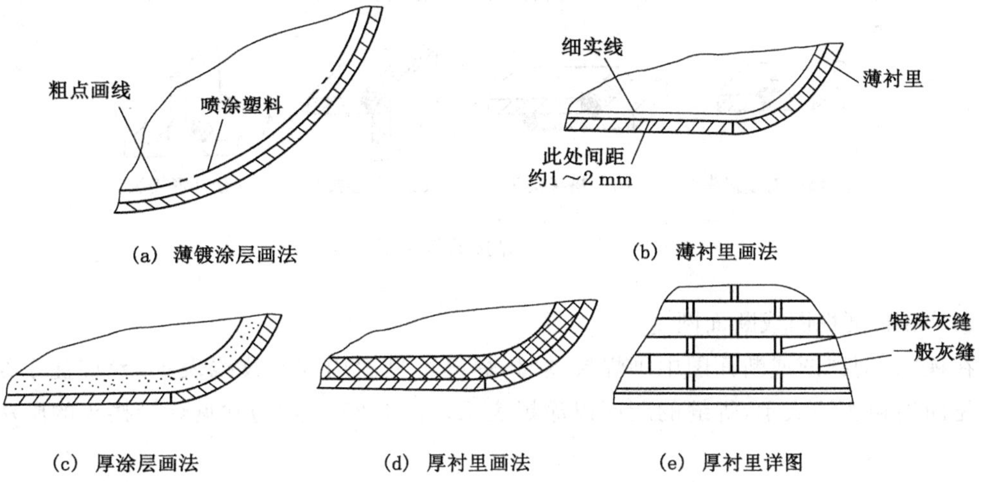

图 3-21　镀涂层、衬里剖面的画法

(2) 薄衬里

衬金属薄板、衬橡胶板、衬聚氯乙烯薄膜等的表达如图 3-21(b)所示。无论衬里是一层或多层，在所需衬板表面绘制与其平行的间距约 1～2 mm 细实线即可。当衬里是多层且材料相同时，可只编一个件号，并在明细栏的备注栏内注明厚度和层数。当衬里是多层但材料不同时，应分别编号，并在明细栏的备注栏内注明衬里的材料、厚度和层数。必要时用局部放大图表示其层次结构。

(3) 厚涂层

各种胶泥、混凝土等的厚涂层的表达如图 3-21(c)所示。在所需涂层表面绘制与其平行、间距为涂层厚度的粗实线，其间填画涂层材料的剖面符号。该涂层应编件号，在明细栏中注明材料和涂层厚度。必要时用局部放大图详细表达细部结构和尺寸，如增强结合力所需的铁丝、挂钉等。

(4) 厚衬里

塑料板、耐火砖、辉绿岩板之类厚衬里的表达如图 3-21(d)所示。在所需衬板表面绘制与其平行、间距为涂层厚度的粗实线，其间填画涂层材料的剖面符号。一般需用局部放大图详细表示其结构尺寸，如图 3-21(e)所示，放大图中一般灰缝以一条粗实线表示，特殊要求的灰缝用双粗实线表示。规格不同的砖、板应分别编号。

3.3.3.6　焊缝的表达方法

焊缝是生产实际中常见的工艺结构，应用广泛。在技术图样中设计焊缝时，通常应表明焊缝坡口的形式及组装焊接要求、采用的焊接方法、焊缝的质量要求及无损检验方法等。要将这些要求在图样中完整明确地表达出来，通常应按《焊缝符号表示法》(GB/T 324—2008)中规定的焊缝符号表示焊缝，也可按照《机械制图 图样画法 视图》(GB/T 4458.1—2002)和《技术制图 焊缝符号的尺寸、比例及简化表示法》(GB/T 12212—2012)中规定的制图方法表示焊缝。

(1) 图示法

常见的焊接接头形式有对接接头、搭接接头、角接接头和 T 形接头，如图 3-22 所示。

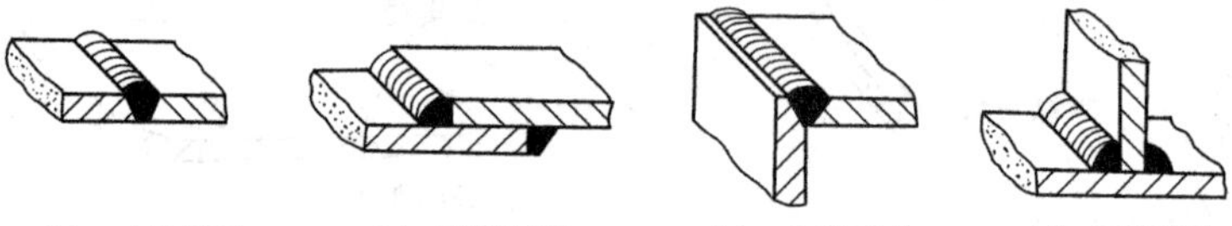

图 3-22　焊接的接头形式

① 视图、剖视图或断面图

在视图、剖视图或断面图中画焊接图时，焊缝可见面用细波纹线表示(允许徒手绘制)，不可见面用粗实线表示，焊缝的断面以涂黑表示。图 3-23 所示为常见焊接接头的画法。

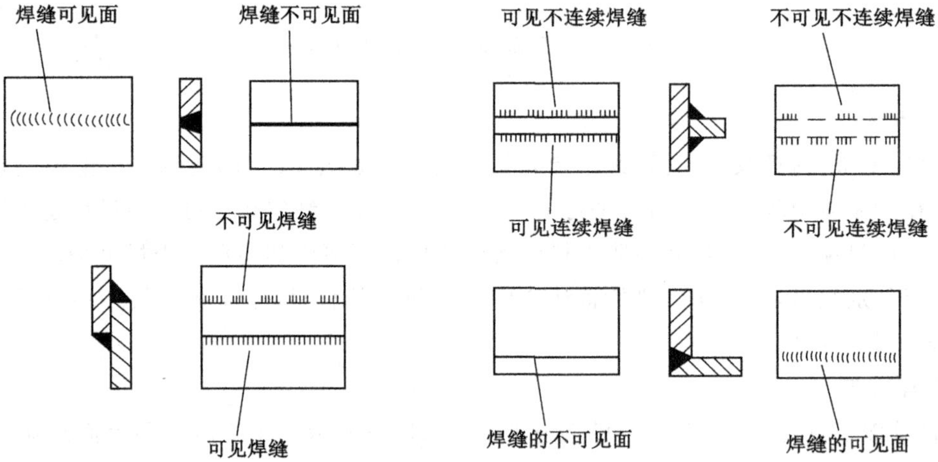

图 3-23　常见焊接接头的规定画法

当焊接件上的焊缝比较简单时，可以简化掉细波纹线，可见焊缝用粗实线表示，不可见焊缝用虚线表示，如图 3-24(a)所示；当焊缝比较小时，允许不画出断面形状，而是在焊缝处标注焊缝代号加以说明，图 3-24(b)所示。

② 局部放大图

需详细表示焊缝的结构形状和尺寸时，要绘制局部放大图，如图 3-25 所示。

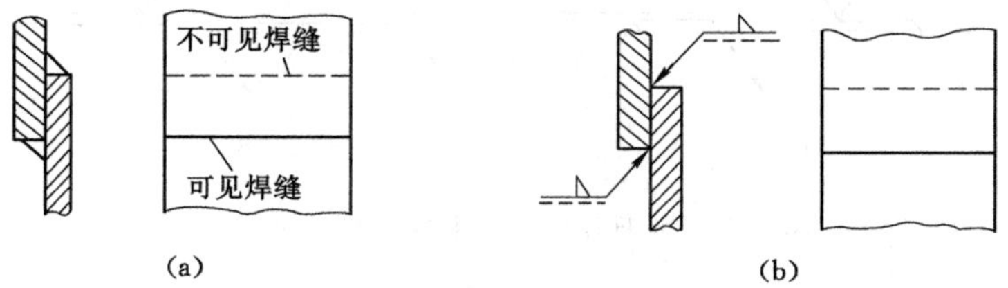

图 3-24　焊缝的简化画法

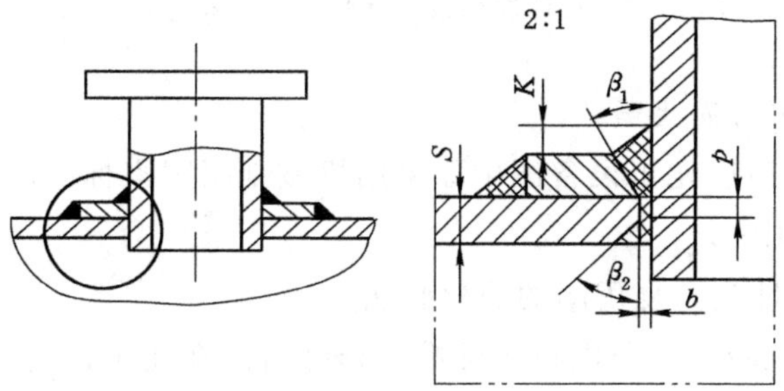

图 3-25　焊缝的局部放大图

(2) 符号画法

焊缝符号一般由指引线和基本符号组成。必要时，可以加上辅助符号、补充符号、焊接方法的数字代号和焊缝的尺寸符号。

焊缝指引线由箭头线和两条基准线构成。箭头线用细实线绘制；两条基准线，一条为实线，另一条为虚线，基准线应与主标题栏平行；实基准线的一端与箭头线相接，如图 3-26(a)所示。必要时，实基准线的另一端画出尾部，以注明其他附加内容，如图 3-26(b)所示。当位置受限时，允许将箭头线折弯一次，如图 3-26(c)所示。

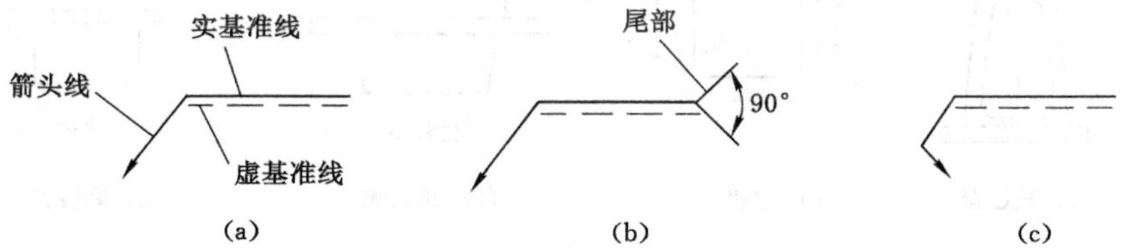

图 3-26　焊缝的指引线画法

标注非对称焊缝时，虚线可加在实基准线的上方或下方，其意义相同。如果箭头指在焊缝的可见侧，则将基本符号标在基准线的实线侧，如图 3-27(a)所示；如果箭头指在焊缝的不可见侧，则将基本符号标在基准线的虚线侧，如图 3-27(b)所示。

标注对称焊缝及双面焊缝时，可不加虚线，在实基准线的上、下方同时标注基本符号，如图 3-28 所示。

图 3-27　非对称焊缝基本符号的注写位置

图 3-28　对称焊缝及双面焊缝基本符号的注写

3.3.3.7　化工设备图中的简化画法

根据化工设备的特点，化工设备图中除采用机械制图国家标准所规定的简化画法外，还可采用以下几种简化画法。

(1) 标准件、外购件及有复用图的简化画法

人(手)孔、填料箱、减速器及电机等标准件、外购件，在化工设备图中只需按比例画出这些零部件的外形，如图 3-29 所示，但应在明细表中写明其名称、规格以及标准号等，外购件还应注写“外购”字样。

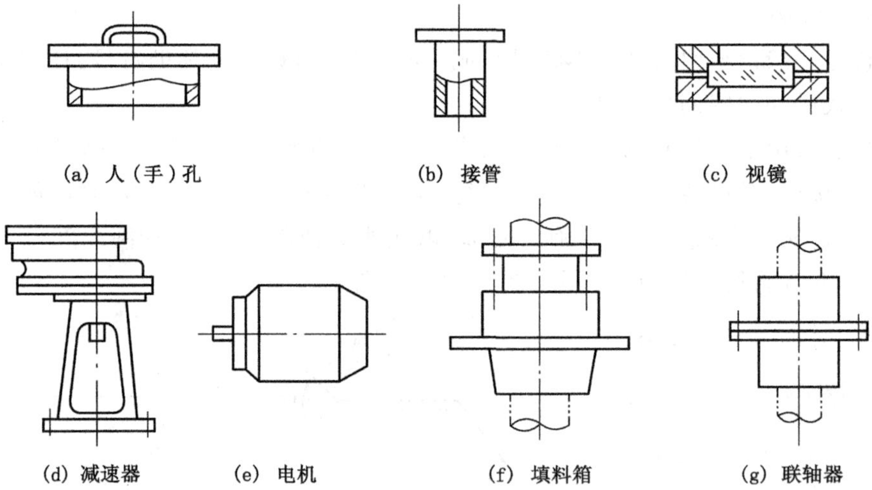

图 3-29　标准件、外购件的简化画法

(2) 法兰的简化画法

法兰有容器法兰和管法兰两大类，法兰连接面形式也多种多样。对于管法兰，不论何种法兰和何种连接面形式，在装配图中均可用图 3-30 所示的简化画法。法兰的特性可在明细栏及管口表中表示。

设备上对外连接管口的法兰，均不必配对画出。需要指出的是，为安放垫片的方便，增

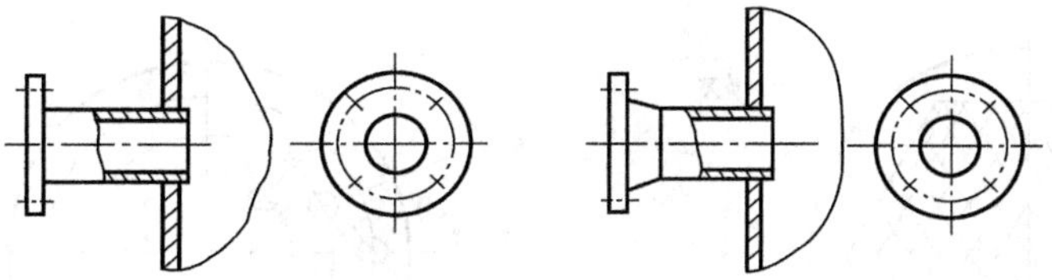

(a) 平焊法兰　　(b) 对焊法兰

图 3-30　管法兰的简化画法

加密封的可靠性，采用凹凸面或榫槽面容器法兰时，立式容器法兰的槽面或凹面必须向上；卧式容器法兰的槽面或凹面应位于筒体上。对于管法兰，容器顶部和侧面的管口应配置凹面或槽面法兰，容器底部的管口应配置凸面或榫面法兰。

(3) 重复结构的简化画法

① 螺栓孔及螺栓连接

螺栓孔可用中心线和轴线表示，省略圆孔，如图 3-31(a)所示。螺栓的连接如图 3-31(b)所示，其中符号“×”和“+”用粗实线表示。

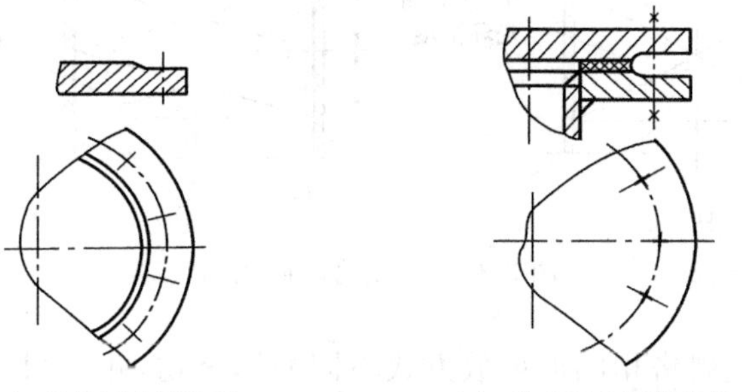

(a) 零件图中螺栓孔　　(b) 装配图中螺栓连接

图 3-31　螺栓孔及螺栓连接的简化画法

② 管束

按一定规律排列的管束，可只画一根，其余的用细点画线表示其安装位置，如图 3-2 中列管的简化画法。

③ 按规则排列的孔板

换热器管板上的孔通常按正三角形排列，此时可使用图 3-32(a)所示的方法，用细实线画出孔眼圆心的连线及孔眼范围线，也可画出几个孔，并标注孔径、孔数和孔间距。

如果孔板上的孔按同心圆排列，则可用图 3-32(b)所示的简化画法。

多孔板采用剖视表达时，可仅画出孔的中心线，省略孔眼的投影，如图 3-32(c)所示。

④ 填充物

当设备中装有同一规格、材料和同一堆放方式的填充物时(如填料、卵石、木格条等)，在设备图的剖视图中，可用交叉的细实线及有关尺寸和文字简化表达，如图 3-33(a)所示，其中“50×50×5”表示瓷环的“外径×高度×厚度”。

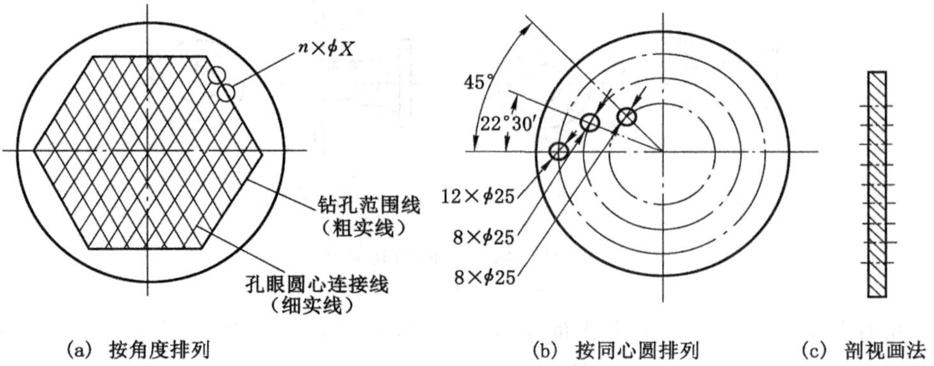

图 3-32　开孔表达方法

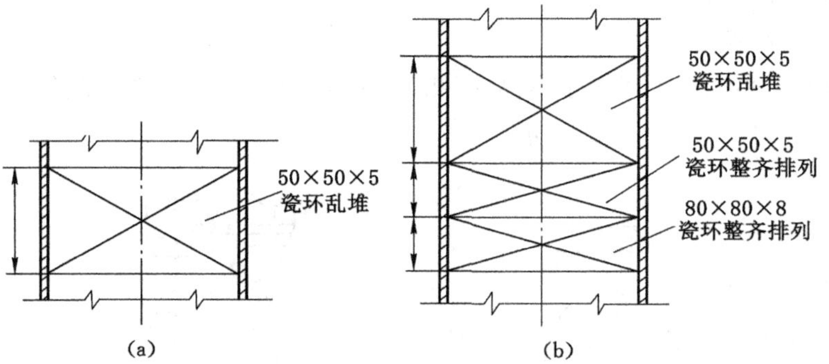

图 3-33　填充物的简化画法

若装有不同规格或规格相同但堆放方式不同的填充物，此时则必须分层表示，分别注明规格和堆放方式，如图 3-33(b)所示。

(4) 单线表示法

当化工设备上某些结构已有零件图，或者另用剖视、剖面、局部放大图等方法表达清楚时，则设备装配图中允许用单线表示。如图 3-34 中封头、筒体、折流板、拉杆、定距管、法兰和补强圈等都是用单线条示意表达的。

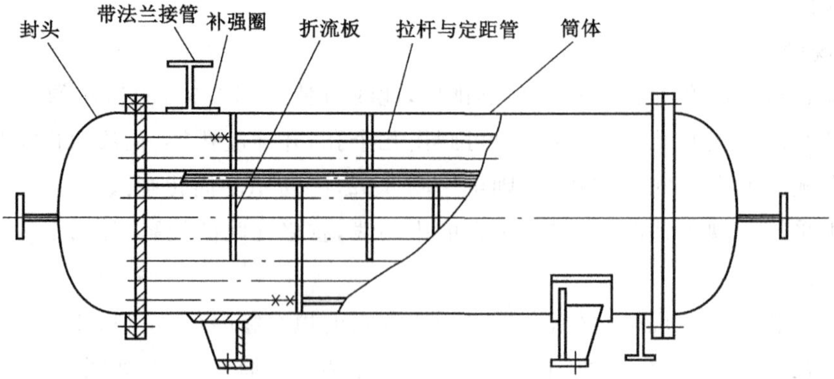

图 3-34　单线画法

(5) 液面计的简化画法

设备图中的液面计(如玻璃管式或玻璃板式等),其投影可简化成如图 3-35 所示的画法,其中符号"+"用粗实线表示。

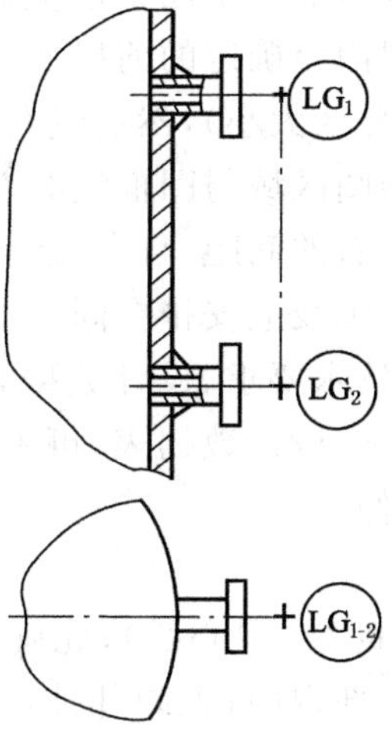

图 3-35　液面计画法

3.4　化工设备图的绘制

化工设备图的绘制一般与机械图样的绘制相似,但也有其独有的特点。在获取基本尺寸数据和要素清单后,主要注意以下几方面。

3.4.1　视图方案的确定

视图方案主要根据需要表达的对象、结构特点和工作原理而定。一般采用全剖视图表达,充分体现其结构特点及其装配关系,根据实际需要选择局部结构作局部放大图,以充分反映其结构形式和装配关系。一般需要一个主视图和若干局部视图。

3.4.2　选择图幅、比例和图面布置

装配图一般选用 A1 幅面,如图形结构简单,要表达的对象较少,可考虑采用 A2 幅面。

绘图比例的确定需符合 GB/T 14690—1993 的相关规定,选用"优先比例",同时可考虑采用1∶6或 1∶7(不常用)的比例。绘图中常用的比例为 1∶1、1∶2、1∶3、1∶4、1∶5、1∶6、1∶10、1∶15 等,且不可随意确定比例。比例的选用一般需要进行初步计算,根据所选择图幅的大小,装订边的形式,需要表达对象的尺寸,表格、文字、标注及实际绘图区域与图框线的空白距离(一般需超过 10 mm)等将图面分区,结合图面布置进行实际计算,取整后从常用比例范围内选取。以图 3-2 所示为例,该设备为立式容器,采用 A1(594×841)幅面,带左装订边形式,上下装订边各 10 mm,实际绘图区域与图框线间的空白距离均取 20 mm,则能够用于绘图的图纸长边尺寸约为 760 mm(841－60－20＝761)。考虑设备上下基本为简单的圆筒形结构,在不影响阅读的前提下,为了使得图面表达美观紧凑,布局合理,采用断开的画法,将主视图中支座(件号 13)上面部分和下面部分分别断开,使得图形缩短,结合图面

布置实际效果，最终取 1∶5 的比例。

图面布置是绘制化工设备图的关键步骤，图面布置的质量好坏直接关系到图纸的外观和视图的表达质量。图面的布置除遵从“就近、顺序”原则外，还要考虑标题栏及文字等（包括标注、部件号等）所占幅面，要充分考虑整个图纸的美观紧凑、疏密有度，符合一般的审美观。对于新设计绘制的图纸，在视图内容确定的前提下，图面的布置一般结合绘图比例的选择同时进行，一般先确定幅面大小（分区大小），然后进行比例的优化，一般需要多次调整而最终确定。在实际中，应注意实际绘图区域与图框线的空白距离需超过10 mm，主视图与左视图（俯视图）之间需保持 20 mm 左右的间距，且主视图与左视图的中心轴线应安排在同一水平线上，或主视图与俯视图的中心轴线应安排在同一垂直线上。在图纸的右边，由下至上依次为标题栏、明细栏、管口表、注、技术要求、设计数据表等。有时在明细栏的上方如果没有足够位置安排管口表、注、技术要求、设计数据表，可紧靠标题栏的左边，以完全相同的格式将明细栏的部分内容由下而上延伸。

3.4.3 图形的绘制

绘图顺序，一般先画定位线（辅助线、中心线）；先画主体、后画附件；先画主视图（结合俯/左视图），后画俯/左视图，再画局部视图；先画外件，后画内件；从视图一端画起，根据相关定位尺寸依次画出。

所有视图均画完毕检查确认后进行尺寸标注。尺寸标注要做到正确、完整、清晰和合理，手动绘图时要注意标注的尺寸方向和箭头大小的规范，同时标注的数字不能被任何对象穿越，要清晰可见。

尺寸标注后进行零部件序号和管口符号的编写。注意零部件引出线不能交叉，用细实线绘出，要整齐划一。可分布设备四周，但尽量分布在左方和上方。所有零部件均需编号。对于管口符号，一律用英文大写字母进行编制，一般由主视图左下起，按字母顺序顺时针依次标注，注意管口符号要写在管口附近或管口中心线上，且主视图、俯（左）视图应重复注写。标注管口符号时，圆的直径为 8～10 mm。

最后进行相关表格、技术要求等内容的书写与编制。

3.5 化工设备图的阅读

化工设备图样是化工生产中化工设备设计、制造、安装、使用、维修的重要技术文件，也是进行技术交流、设备改造的工具。因此，作为从事化工生产的专业技术人员，必须具备熟练阅读化工设备图的能力。

通过对化工设备图样的阅读，一般应达到以下方面的基本要求：

（1）了解设备的性能、作用和工作原理。

（2）了解各零件之间的装配关系和各零部件的装拆顺序。

（3）了解设备各零部件的主要形状、结构和作用，进而分析整个设备的结构。

（4）了解设备在设计、制造、检验和安装等方面的技术要求。

化工设备图的阅读方法和步骤与阅读机械装配图基本相同，应从概括了解开始，分析视图，分析零部件及设备的结构。在读总装配图对一些部件进行分析时，应结合其部件装配图一同阅读。在读图过程中应注意化工设备图独特的内容和图示特点。

对于化工设备图的阅读，一般可按以下方法进行。

3.5.1　概括了解

（1）看标题栏。通过标题栏了解设备名称、规格、材料、重量、绘图比例等内容。一般通过阅读标题栏，知道了设备名称，再结合专业知识，对设备的工作原理应大概了解。

（2）看明细栏、接管表、技术特性表及技术要求等。了解各零部件和接管的名称、数量。对照零部件序号和管口符号在设备图上找到其所在位置。了解设备在设计、施工方面的要求。明细栏是设备中所有零部件的列表及概括，包括了相关零部件的基本信息，结合视图内容及结构，可通过相关图号、标准号等进行更深入的了解。

（3）对视图进行分析，了解表达设备所采用的视图数量和表达方法，找出各局部视图、剖视等的位置及各自的表达重点，获取设备局部的细微结构。在视图分析过程中应结合明细栏、管口表、技术特性表等进行分析梳理。

3.5.2　视图分析

从设备图的主视图入手，结合其他基本视图，详细了解设备的装配关系、形状、结构、各接管及零部件方位，并结合辅助视图，了解各局部相应部位的形状、结构的细节。

3.5.3　零部件分析

按明细表中的件号，将零部件逐一从视图中找出，了解其主要结构、形状、尺寸、与主体或其他零部件的装配关系等。对组合体应从其部件装配图中了解其结构。

3.5.4　设备分析

通过对视图和零部件的分析，对设备的总体结构全面了解，并结合有关技术资料，进一步了解设备的结构特点、工作原理和操作过程等。

总之，对于设备图的阅读认识，要结合相关生产工艺及专业知识，尽可能地获取详细资料，反复研究和阅读，有时可通过互联网或工程人员获得某一局部认识，有条件的还可到相关设备生产现场获取直观认识。

3.6　化工设备中标准化通用、常用零部件表示

化工设备零部件的种类和规格较多，总体可以分为两类：一类是通用零部件；另一类是各种典型化工设备的常用零部件。本节就这两类零部件进行简要介绍。

3.6.1　化工设备的通用零部件

化工设备中常见的塔器、容器、热交换器和反应器等，虽然其操作要求不同，结构形状也各有差异，但基本上都是由一些结构相同的零部件组成的，例如筒体、封头、支座、管法兰、人（手）孔、视镜、液面计及补强圈等，如图 3-36 所示。为了便于设计、互换和批量生产，降低零部件的加工制造成本，将化工设备上的这些通用零部件的结构形状统一规范成若干种规格，使之能相互通用，称之为通用零部件。对其中结构较为先进，确实符合生产和加工制造要求的通用零部件，进一步进行规格的系列化和结构与加工技术要求的标准化，编制成国家标准或部颁标准后推广执行。已制定并颁布了加工制造标准的零部件，称之为标准化零部件，符合国家标准或部颁标准技术要求的零部件则称为标准件。

为了降低设备的加工制造成本，在化工设备的设计和加工制造过程中应尽可能采用标准件和通用件。为此，必须了解和熟悉这些零部件的基本结构特征与图示要求，熟悉相关标

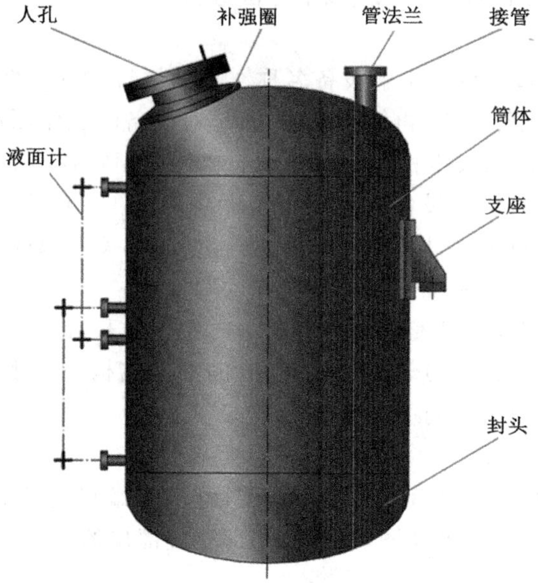

图 3-36　化工设备的通用零部件

准与选用要求,这样有利于提高化工设备图的绘制和阅读能力。

3.6.1.1　筒体

筒体是设备的主体部分,一般由钢板卷焊而成,大小按压力、容积、换热量等工艺要求确定。当直径小于 500 mm 时,可直接使用无缝钢管。筒体的主要尺寸参数是直径、壁厚和高度。

筒体标记应为:筒体 DN1 000,其中,DN 指筒体公称直径。当筒体采用钢板卷焊制成时,公称直径指筒体内径,但当采用无缝钢管制作筒体时,公称直径是指钢管的外径。筒体在明细表中的标记:"筒体 ϕ1 000×10　$H(L)=2\ 000$",其中,"10"指筒体的壁厚,"2 000"指筒体的高或长。公称直径和高度(或长度)应根据工艺要求确定,而且公称直径应符合《压力容器公称直径》(GB/T 9019—2015)中所规定的尺寸系列,见表 3-1。

表 3-1　压力容器公称直径(节选)

钢板卷焊筒体(内径 DN)									
300	350	400	450	500	550	600	650	700	750
800	850	900	950	1 000	1 100	1 200	1 300	1 400	1 500
1 600	1 700	1 800	1 900	2 000	2 100	2 200	2 300	2 400	2 500
2 600	2 700	2 800	2 900	3 000	3 100	3 200	3 300	3 400	3 500
3 600	3 700	3 800	3 900	4 000	4 100	4 200	4 300	4 400	4 500
4 600	4 700	4 800	4 900	5 000	5 100	5 200	5 300	5 400	5 500
5 600	5 700	5 800	5 900	6 000	—	—	—	—	—

无缝钢管筒体(外径 DN)					
168	219	273	325	356	426

3.6.1.2 封头

封头是设备的重要组成部分。它与筒体一起构成设备壳体。常见封头形状有:椭圆形(类型代号 EHA)、碟形(类型代号 THA)、半球形(类型代号 HHA)、平底形(类型代号 FHA)等,具体结构尺寸参见《压力容器封头》(GB/T 25198—2010)。封头和筒体可采用不可拆的焊接连接,也可采用可拆的法兰连接。

封头的选用依据和筒体一样,主要是以该设备设计的公称直径、公称压力、操作温度,以及设备所接触的物料特性等因素来确定。球冠形和椭圆形封头适合较高的操作压力,碟形封头适合中等压力,而锥形和平底形封头一般只适用于常压容器。就加工成本而言,以球冠形封头最高,平底形封头最低。封头一般由两部分构成,即封头与折边,两者可一次冲压成型,较长的折边也可以另行焊接。几种常见的封头形式如图 3-37 所示。

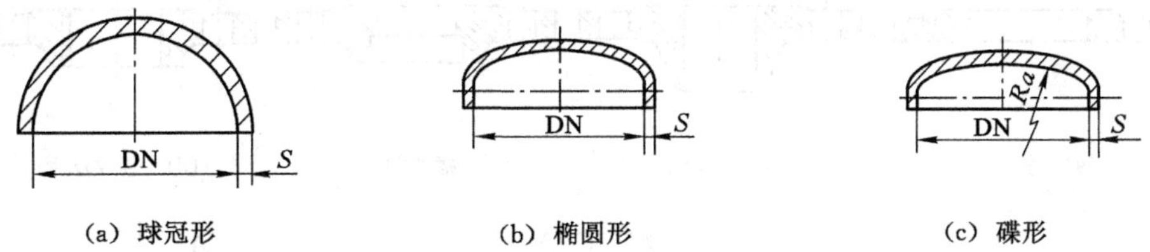

图 3-37 几种常见封头形式

封头标记按如下规定:① ②×③(④)-⑤ ⑥。其中:①为封头类型代号,参见《压力容器封头》(GB/T 25198—2010);②为数字,系封头的公称直径,mm;③为数字,系封头名义厚度(δ_n),mm;④为数字,系封头最小成型厚度(δ_{min}),mm;⑤为封头的材料牌号;⑥为标准号:GB/T 25198。

例如:公称直径 2 400 mm、封头名义厚度 20 mm、封头最小成型厚度 18.2 mm、材质为 Q345R、以内径为基准的椭圆形封头,其标记为:EHA 2400×20(18.2)-Q345R GB/T 25198。

3.6.1.3 法兰

法兰连接是应用相当广泛的一种可拆连接,如图 3-38 所示。其连接方法是将一对法兰分别焊在筒体(或管子)和封头(或管子)上。然后在两法兰之间加放一垫片,用螺栓、螺母加以连接而成。

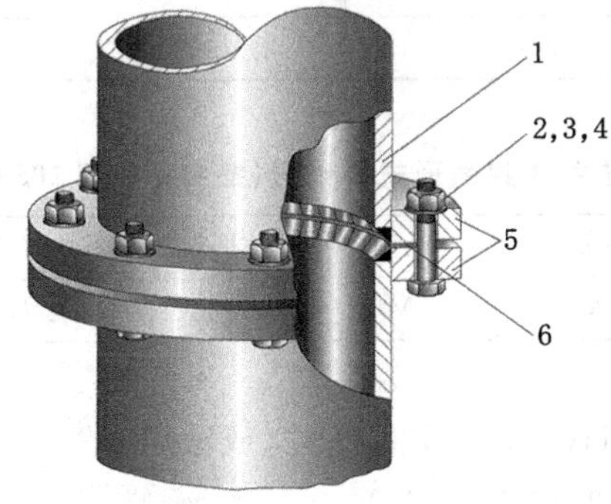

1—筒体(接管);2—螺栓;3—螺母;4—垫片;5—法兰;6—密封垫片。

图 3-38 法兰连接示意图

法兰有两类，一类是用于连接管道的管法兰，另一类是用于连接筒体和封头的设备法兰（也称压力容器法兰）。标准法兰的主要参数是公称直径（DN）和公称压力（PN）及密封面形式。管法兰的公称直径是一个名义直径，其数值一般指连接管子的外径，而设备法兰的公称直径一般指连接筒体的内径。

（1）管法兰

管法兰按其与管子的连接形式分为平焊法兰、对焊法兰、插焊法兰、螺纹法兰、整体法兰等，其中板式平焊、带颈平焊、带颈对焊法兰是常用的法兰类型，其类型及密封面形式如图 3-39所示。常用管法兰类型代号参见表 3-2，密封面形式及代号参见表 3-3，详细结构尺寸可查阅相关标准。

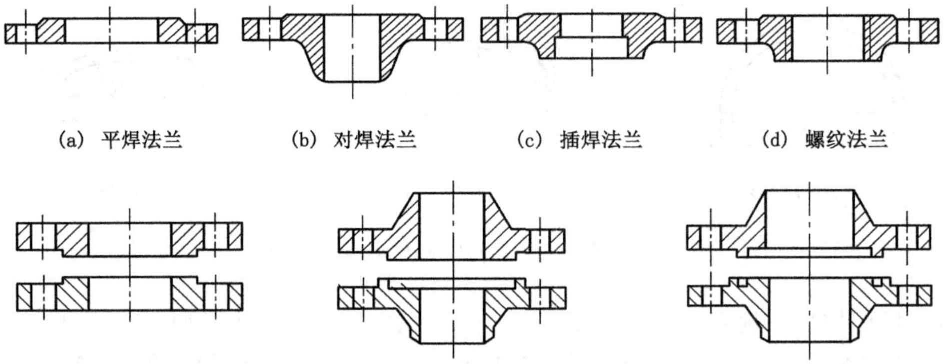

(a) 平焊法兰　(b) 对焊法兰　(c) 插焊法兰　(d) 螺纹法兰

(e) 凸面　(f) 凸凹面　(g) 榫槽面

图 3-39　几种常见管法兰类型及密封面形式

表 3-2　常用管法兰类型代号（摘自 HG/T 20592—2009）

法兰类型	法兰类型代号	法兰类型	法兰类型代号
板式平焊法兰	PL	螺纹法兰	Th
带颈平焊法兰	SO	对焊环松套法兰	PJ/SE
带颈对焊法兰	WN	平焊环松套法兰	PJ/RJ
整体法兰	IF	法兰盖	BL
承插焊法兰	SW	衬里法兰盖	BL(S)

表 3-3　管法兰密封面形式及代号（摘自 HG/T 20592—2009）

密封面形式	突面	凹面	凸面	榫面	槽面	全平面	环连接面
代号	RF	FM	M	T	G	FF	RJ

管法兰标记按如下规定：HG/T 20592 法兰（或法兰盖）① ②-③ ④ ⑤ ⑥ ⑦。其中：

①为法兰类型代号，见图 3-39 和表 3-2。

②为法兰公称尺寸 DN 与适用钢管外径系列。整体法兰、法兰盖、衬里法兰盖、螺纹法兰，适用于钢管外径系列的标记可省略；适用于 HG/T 20592—2009 A 系列钢管（国际通用

系列钢管，俗称英制管）的法兰，适用于钢管外径系列的标记可省略；适用于 HG/T 20592—2009 B 系列钢管（国内沿用系列钢管，俗称公制管）的法兰，标记为“DN×××(B)”。

③为法兰公称压力等级 PN。

④为密封面形式代号，见表 3-3。

⑤为钢管壁厚，应由用户提供。对于带颈对焊法兰、对焊环（松套）法兰应标注钢管壁厚。

⑥为材料牌号。

⑦表示其他，如附加要求或采用与 HG/T 20592—2009 标准规定不一致的要求等。

示例 1：公称尺寸 DN1200、公称压力 PN6、配用公制管的突面板式平焊钢制管法兰，材料为 Q235A，其标记为：HG/T 20592 法兰 PL 1200(B)-6 RF Q235A。

示例 2：公称尺寸 DN500、公称压力 PN16、榫面整体钢制管法兰，材料为 WCB，密封面表面粗糙度为 $Ra\,0.8$～$Ra\,1.6$，其标记为：HG/T 20592 法兰 IF 500-16 T WCB Ra 0.8～1.6。

示例 3：公称尺寸 DN40、公称压力 PN63、配用英制管的突面承插焊钢制管法兰，材料为 304 不锈钢，其标记为：HG/T 20592 法兰 SW 40-63 RF 304。

示例 4：公称尺寸 DN200、公称压力 PN10、配用公制管的突面对焊环松套钢制管法兰，法兰材料为 20 钢、对焊环材料为 316 不锈钢，钢管壁厚为 4 mm，其标记为：HG/T 20592 法兰 PJ/SE 200(B)-10 RF S=4 mm 20/316。

(2) 压力容器法兰

压力容器法兰有甲型平焊法兰、乙型平焊法兰和长颈对焊法兰三种，如图 3-40 所示。压力容器法兰密封面形式有平面、凹凸面和榫槽面三种，密封形式如图 3-41 所示，代号见表 3-4。压力容器法兰的规格和尺寸系列可参见标准 NB/T 47020～47027—2012。

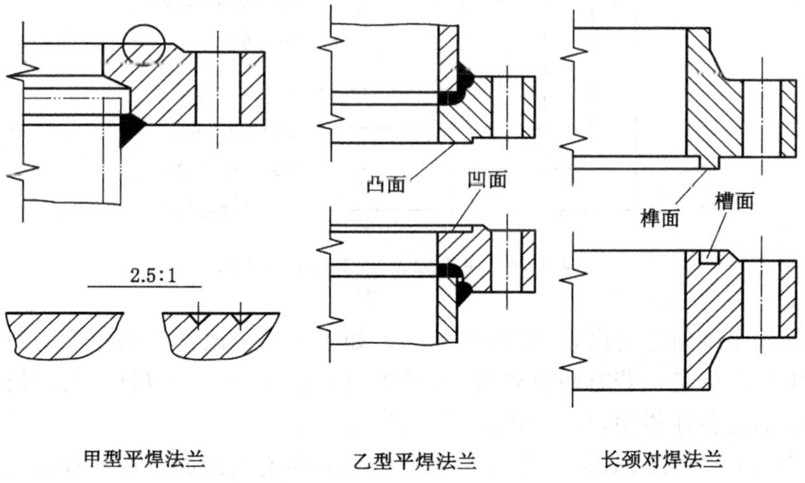

图 3-40 压力容器法兰的类型

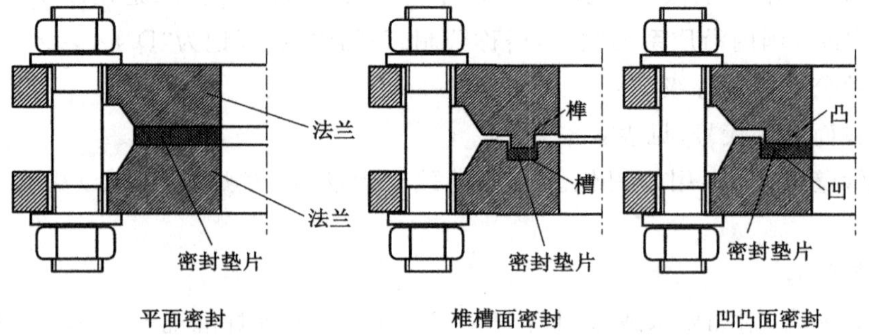

图 3-41 压力容器法兰密封形式

表 3-4 压力容器法兰的密封面代号

密封面形式		代号
平面密封面	平密封面	RF
凹凸密封面	凹密封面	FM
	凸密封面	M
榫槽密封面	榫密封面	T
	槽密封面	G

压力容器法兰标记由七部分组成，如图 3-42 所示。

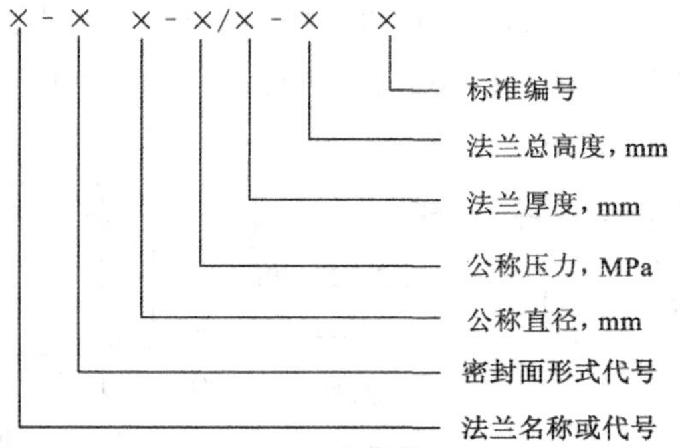

图 3-42 压力容器法兰标记组成图

标准法兰的厚度与总高度，可省略不标注。如果需要修改法兰的厚度与总高度，则应在法兰的标注中加以标记。若有防腐要求，可采用衬环法兰，衬环材料应用括号标注在法兰材料后或图纸明细表备注栏中，如 16Mn(环 0Cr18Ni9)。

示例 1：公称压力 1.6 MPa、公称直径 800 mm 的榫槽密封面乙型平焊法兰的榫面法兰，其标记为：法兰-T 800-1.6 NB/T 47022—2012。

示例 2：公称压力 1.6 MPa、公称直径 800 mm 的衬环榫槽密封面乙型平焊法兰的榫面法兰，且考虑腐蚀裕量为 3 mm(即应增加短接厚度 2 mm，δ 改为 18 mm)，其标记为：法兰 C-T 800-1.6 NB/T 47022—2012(在图纸明细表备注栏中注明：$\delta=18$ mm)。

示例 3：公称压力 2.5 MPa、公称直径 1 000 mm 的平面密封面长颈对焊法兰，其中法兰厚度改为 78 mm、法兰高度仍为 155 mm，其标记为：法兰-RF 1000-2.5/78-155 NB/T 47023—2012。

3.6.1.4　人(手)孔

为了便于安装、检修或清洗设备内部装置，需要在设备上开设人孔或手孔。人孔和手孔的结构基本相同，如图 3-43 所示，一般由手柄、孔盖、法兰、短筒节、密封垫片以及紧固件螺柱、螺母与垫圈共同构成。

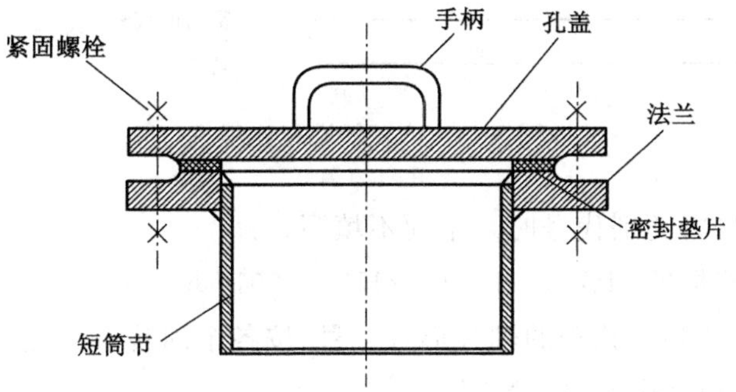

图 3-43　人(手)孔的基本结构

手孔一般为圆柱形，其开孔尺寸应能使工人戴上手套并握住工具的手很方便地通过，标准化手孔的公称直径有 DN150 和 DN250 两种。

当设备直径超过 900 mm 时，应开设人孔。人孔的形状有圆柱形和椭圆柱形两种。圆柱形人孔制造方便，应用较为广泛；椭圆柱形人孔制造较困难，但对壳体强度削弱较小。人孔的开孔尺寸要尽量小，以减小密封面和对壳体强度的削弱。人孔的开孔位置应以工作人员进出设备方便为原则。标准化圆柱形人孔的公称直径有 DN400、DN450、DN500、DN600 四种，其中 DN400 的圆柱形人孔尽量不采用，主要是因为 DN400 的人孔太小不便于人的进出；标准化椭圆柱形人孔的公称尺寸只有 450 mm×350 mm 一种规格尺寸。

从工作环境上看，人(手)孔分为常压和加压两类。常压人(手)孔的结构简单，密封面的要求也低；加压人(手)孔的结构要复杂些，密封面的要求也高些。

人(手)孔的结构形式很多，但主要区别在于孔盖的开启方式和方位，其目的是适应各种工艺条件、设备开孔的要求与操作的需要。

钢制人孔的规格和尺寸系列采用 HG/T 21515～21527—2014 标准，钢制手孔的规格和尺寸系列采用 HG/T 21528～21535—2014 标准，需要时可详细查阅。

人(手)孔的标记如图 3-44 所示。其中：

名称：仅填简称“人孔”或“手孔”；

密封面代号：按 HG/T 21514—2014 填写，仅一种密封面者，本项不填写；

材料类别代号：按各个人孔和手孔标准明细表中规定的材料类别代号填写，明细表中仅一类材料无材料类别代号时，本项不填写；

紧固螺栓(柱)代号：若在各个人孔和手孔标准明细栏的每类材料中仅一种螺栓(柱)材

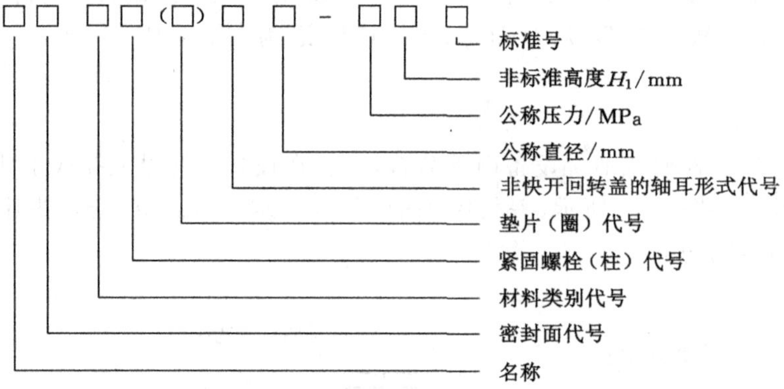

图 3-44　人(手)孔标注组成

料(即仅一类材料无材料类别代号时),本项不填写;

垫片(圈)代号:按标准 HG/T 21514～21535—2014 填写;

非快开回转盖人孔和手孔盖的轴耳形式代号:按各个回转盖人孔和手孔标准中规定,填"A"或"B",其他人孔和手孔本项不填写;

公称直径:仅填写数字;

公称压力:仅填写数字,对常压人孔和手孔本项不填写;

非标准高度 H_1:应填写"H_1=×××",当 H_1 采用各个人孔和手孔标准中规定的数值时,本项不填写;

标准编号:应完整填写 HG/T 标准顺序号和年份,即"HG/T ×××××—2014"。

示例:公称直径 DN450、H_1=160 mm、采用石棉橡胶板垫片的常压人孔,其标记为:

人孔(A-XB350) -450 HG/T 21515—2014

另外,由于人(手)孔是由手柄、孔盖、法兰、短筒节、密封垫片以及紧固件(螺柱、螺母与垫圈)共同组装而成的,因此,在设备图样的明细表中应对人(手)孔采用的所有零部件进行详细说明。

3.6.1.5　视镜

视镜是用来观察设备内部反应情况的装置。供观察用的视镜玻璃夹紧在接缘和压紧环之间,用双头螺栓连接。接缘可直接焊在设备壳体上;也可以接一短管,然后焊在设备上,这种结构称为带颈视镜,如图 3-45 所示。

视镜的规格及系列参见《压力容器视镜》(NB/T 47017—2011),需要时可详细查阅。

视镜与容器的连接形式有两种,一种是视镜座外缘直接与容器的壳体或封头相焊[即直接焊接式,见图 3-45(a)],另一种是视镜座由配对管法兰(或法兰凸缘)夹持固定[即夹持固定式,见图 3-45(b)]。

视镜适用的最高压力为 2.5 MPa,适用介质温度为 0～250 ℃。视窗材质有钢化玻璃、硼硅玻璃、钢化硼硅玻璃和石英玻璃,介质最高允许温度为 250 ℃,最大急变温差为 230 ℃。

视镜的标记如图 3-46 所示。

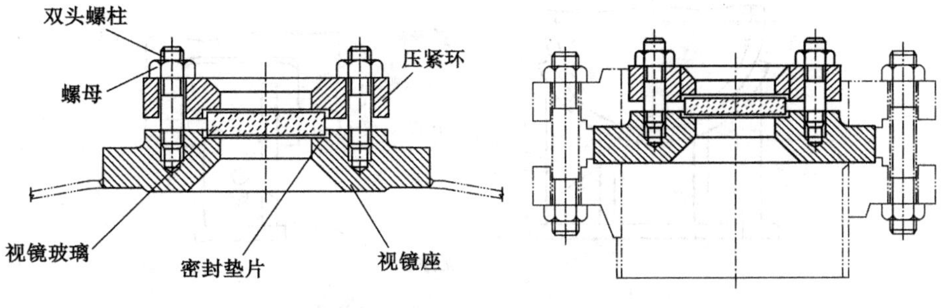

(a) 直接焊接式　　　　(b) 夹持固定式

图 3-45　视镜的基本形式及连接方式

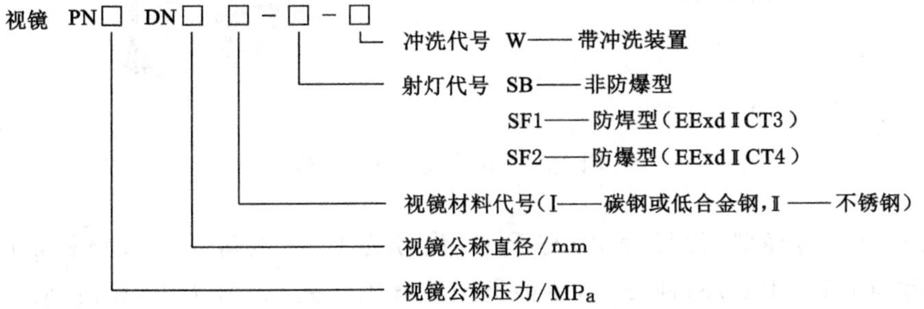

图 3-46　视镜标记组成

示例 1：公称压力 2.5 MPa、公称直径 50 mm、材料为不锈钢 S30408、不带射灯、带冲洗装置的视镜，其标记为：视镜 PN2.5 DN50 Ⅱ-W。

示例 2：公称压力 1.6 MPa、公称直径 80 mm、材料为不锈钢 S30403、带非防爆型射灯组合、不带冲洗装置的视镜，其中选用 SB 型非防爆射灯，电压为 24 V，功率为 50 W，其标记为：视镜 PN1.6 DN80 Ⅱ-SB(在图纸备注栏内注：S30403)。

另外，由于视镜是由视镜玻璃、视镜座、密封垫片、压紧环、螺母和双头螺柱等共同组装而成的，因此，在设备图样的明细表中应对视镜采用的所有零部件进行详细说明。

3.6.1.6　支座

设备支座用来支承设备的重量和固定设备的位置。支座有适用于立式设备和卧式设备的两大类，分别依设备的结构形状、安放位置、材料和载荷情况不同有多种形式。常见的有耳式支座和鞍式支座。

(1) 鞍式支座(NB/T 47065.1—2018)

图 3-47 为鞍式支座结构示意图，是卧式设备中应用较广的一种支座。它主要由一块弧形板、两块支承板、一块底板及一块竖板组成。支承板焊在弧形板和底板之间，竖板焊接在它们的一侧，底板搁在地基上，并用地脚螺栓加以固定。卧式设备一般用两个鞍式支座支承，当设备过长，超过两个支座允许的支承范围的，应增加支座数目。

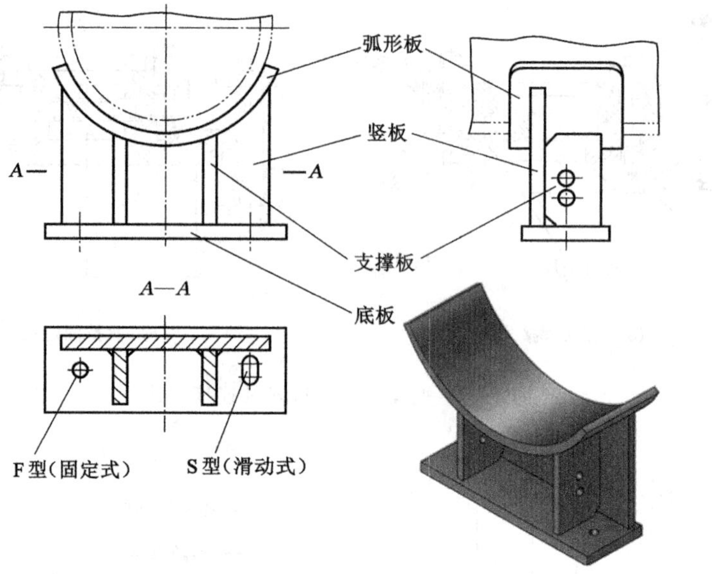

图 3-47　鞍式支座基本结构

鞍式支座分为轻型(代号为 A)与重型(代号为 B,按包角及附带垫板情况分五种型号,其代号为 BⅠ～BⅤ)两种类型,每种类型又分固定式(代号为 F)和滑动式(代号为 S)两种安装形式。固定式与滑动式的主要区别在于底板的螺栓孔,固定式的地脚螺栓孔为圆孔,安装后会固定不动;滑动式的地脚螺栓孔为长圆孔,其目的是在容器因温差而膨胀或收缩时,可以滑动调节两支座间距,不致使容器受附加应力作用。F 型和 S 型常配对使用。

各种型号的鞍式支座形式特征见表 3-5。鞍式支座材料一般为 Q235A,也可用其他材料。垫板一般应与容器筒体材料相同。各类型鞍式支座可参见《容器支座 第 1 部分:鞍式支座》(NB/T 47065.1—2018)。

鞍式支座的标记形式如图 3-48 所示。

NB/T 47065.1—2018,鞍座　×　×-×

固定鞍座为F,滑动鞍座为S

公称直径/mm

型号(A,BⅠ,BⅡ,BⅢ,BⅣ,BⅤ)

图 3-48　鞍式支座标记形式

注 1:若鞍座高度 h,垫板宽度 b_4,垫板厚度 δ_4,底板滑动长孔长度 l 与标准尺寸不同,则在设备图样中零件名称或备注栏注明,如 $h=450$,$b_4=200$,$\delta_4=12$,$l=30$。

注 2:鞍座材料应在设备图样的材料栏内标注,表示方法为:支座材料/垫板材料。无垫板时只注支座材料。

表 3-5　鞍式支座的形式特征(节录自 NB/T 47065.1—2018)

形式			包角	垫板	筋板数	适用公称直径(DN)/mm
轻型	焊制	A	120°	有	4	1 000～2 000
					6	2 100～4 000
重型	焊制	BⅠ	120°	有	1	159～426
						300～450
					2	500～900
					4	1 000～2 000
					6	2 100～4 000
		BⅡ	150°	有	4	1 000～2 000
					6	2 100～4 000
		BⅢ	120°	无	1	159～426
						300～450
					2	500～900
	弯制	BⅣ	120°	有	1	159～426
						300～450
					2	500～900
		BⅤ	120°	无	1	159～426
						300～450
					2	500～900

示例 1：DN325 mm，120°包角，重型不带垫板的标准尺寸的弯制固定式鞍座，鞍座材料为 Q235A，其标记为：NB/T 47065.1—2018，鞍式支座 BV325-F(在图纸明细表材料栏内注：Q235A)。

示例 2：DN1 600 mm，150°包角，重型滑动式鞍座，鞍座材料为 Q235A，垫板材料为 0Cr18Ni9，鞍座高度为 400 mm，垫板厚度为 12 mm，滑动长孔长度为 60 mm，其标记为：NB/T 47065.1—2018，鞍式支座 BⅡ1600-S，$h=400$，$\delta_4=12$，$l=60$(在图纸明细表材料栏内注：Q235A/0Cr18Ni9)。

(2) 耳式支座(NB/T 47065.3—2018)

耳式支座简称耳座，又称悬挂式支座，广泛用于立式设备。它的基本结构由两块筋板、一块底板和一块垫板焊接而成，然后将垫板焊接在设备的筒体壁上使用，如图 3-49 所示。在筋板与筒体之间加一垫板，是为了改善支座的局部应力情况，以增加受力部分的面积。悬挂式支座的底板搁在楼板或钢梁上，通过底板上的螺栓孔和在设备基础中预埋的地脚螺栓，将设备固定在基础上。因为通过此类支座安装的设备均成悬挂状态，所以又称为悬挂式支座。耳式支座常用于反应釜、蒸发器及小型立式容器的支撑。耳式支座一般应焊接在立式设备圆筒的外壁面上，设备支座的支撑面设置在立式容器总高下部约 1/3 处。通常，在设备周围一般均匀分布 4 个耳式支座，安装后使设备成悬挂状，小型设备也可用 3 个或 2 个支座。

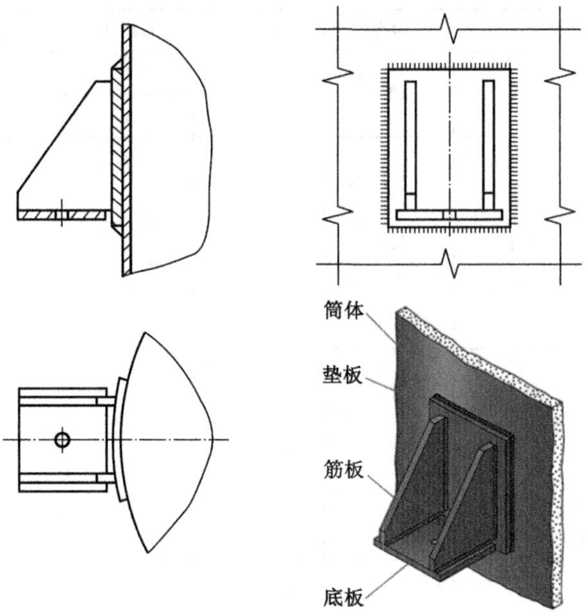

图 3-49　耳式支座的基本结构

耳式支座按筋板宽度不同，有 A 型（短臂）、B 型（长臂）和 C 型（加长臂）三种结构，其中 B 型和 C 型有较宽的安装尺寸，适用于带保温层的立式设备。A 型、B 型和 C 型支座又按其允许载荷的不同，各分为 8 个支座号（见表 3-6）。耳式支座的具体结构形式、系列参数等可参见《容器支座 第 3 部分：耳式支座》（NB/T 47065.3—2018）。

表 3-6　耳式支座的形式特征（摘自 NB/T 47065.3—2018）

形式		支座号	垫板	盖板	适用公称直径(DN)/mm
短臂	A	1～5	有	无	300～2 600
		6～8		有	1 500～4 000
长臂	B	1～5	有	无	300～2 600
		6～8		有	1 500～4 000
加长臂	C	1～3	有	有	300～1 400
		4～8			1 000～4 000

支座垫板的材料一般应与容器筒体材料相同，筋板和底板的材料分为Ⅰ（Q235A）、Ⅱ（16MnR）、Ⅲ（0Cr18Ni9）、Ⅳ（15CrMoR）四种。支座及垫板的材料应在设备图样的材料栏内标注，表示方法为：支座材料/垫板材料。

耳式支座的标记如图 3-50 所示。

注 1：若垫板厚度 δ_3 与标准尺寸不同，则在设备图样中零件名称或备注栏注明，如 δ_3＝12 mm。

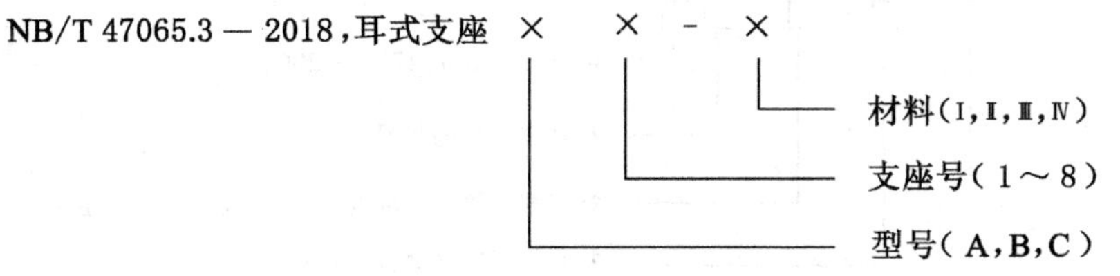

图 3-50　耳式支座标记形式

注 2：支座及垫板的材料应在设备图样的材料栏内标注，表示方法为：支座材料/垫板材料。

示例 1：A 型，3 号耳式支座，支座材料为 Q235A，垫板材料为 Q235A，其标记为：NB/T 47065.3—2018，耳式支座 A3-Ⅰ（在图纸材料栏内注：Q235A）。

示例 2：B 型，3 号耳式支座，支座材料为 16MnR，垫板材料为 0Cr18Ni9，垫板厚度 12 mm，其标记为：NB/T 47065.3—2018，耳式支座 B3-Ⅱ，$\delta_3=12$（在图纸材料栏内注：16MnR/0Cr18Ni9）。

3.6.1.7　补强圈

补强圈是用来弥补设备壳体因开孔过大而造成的强度削弱。其结构如图 3-51 所示，其形状应与被补强部分相符，能够与设备壳体贴合，焊接后能够与壳体同时受力。补强圈一般开有一小螺纹孔，用于通入压缩空气检查焊缝的气密性。补强圈的厚度由设计者决定，一般补强圈厚度和材料与设备壳体相同时可满足补强需要。详细内容参见 JB/T 4736—2002。

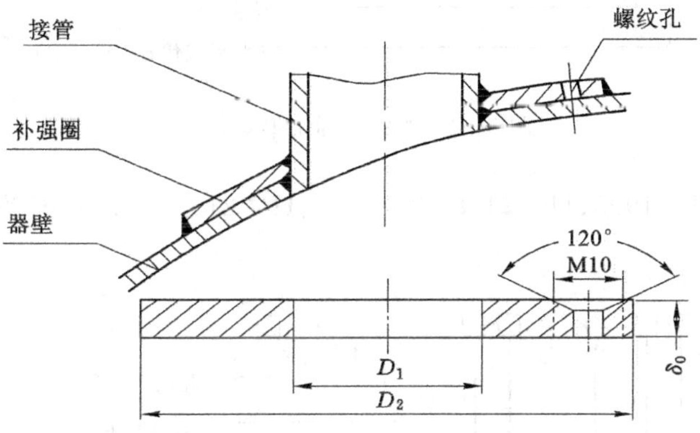

图 3-51　补强圈的基本结构形式

补强圈的标记如图 3-52 所示。

示例：接管公称直径 DN＝100 mm、坡口形式为 D 形、材质为 Q235B 的补强圈，其标记为：DN100×8-D-Q235B　JB/T 4736—2002。

3.6.1.8　液面计

液面计是用来观察设备内部液面位置的一种常用装置。液面计结构有多种形式，其中部分已经标准化，常用的是玻璃管液面计和玻璃板液面计。玻璃管液面计结构简单、成本低，但易损坏，只适合用于设备高度在 3 m 以下且操作压力和温度不高，物料中没有结晶或其他易堵塞管道的固体物质的一类设备。玻璃板式液面计笨重，制造、安装的成本高，但耐压也高，且不

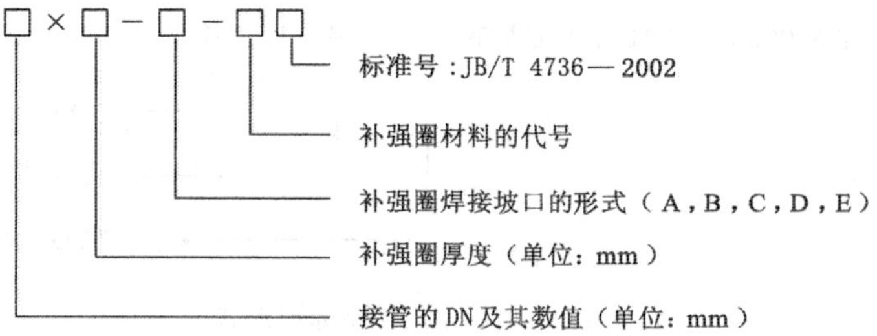

图 3-52 补强圈标记形式

易堵塞。玻璃板式液面计分为透光式玻璃板液面计、反射式玻璃板液面计和视镜式玻璃板液面计三种类型，一般采用透光式较多，反射式和视镜式一般只用于干净物料的液位观察。玻璃管液面计和玻璃板液面计的性能参数有公称压力、使用温度、主体材料、结构形式等。

液面计类型不同，其标记的方法也有所不同，几种标准液面计的标记简单介绍如下。

（1）HG 21592—1995 标准液面计的标记如图 3-53 所示。

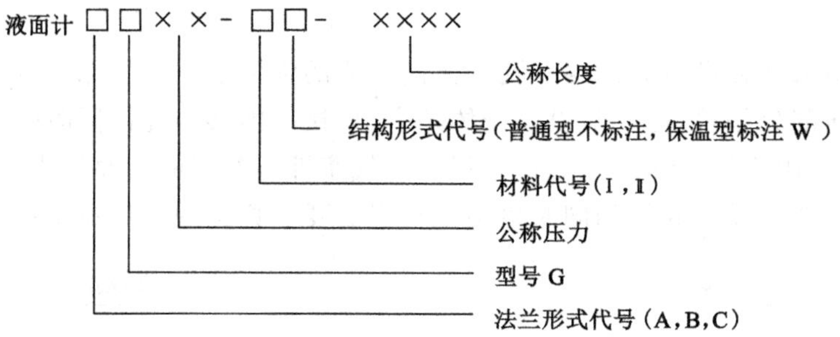

图 3-53 液面计标记形式（一）

（2）HG 21589.1—1995、HG 21589.2—1995、HG 21590—1995 标准液面计的标记如图 3-54 所示。

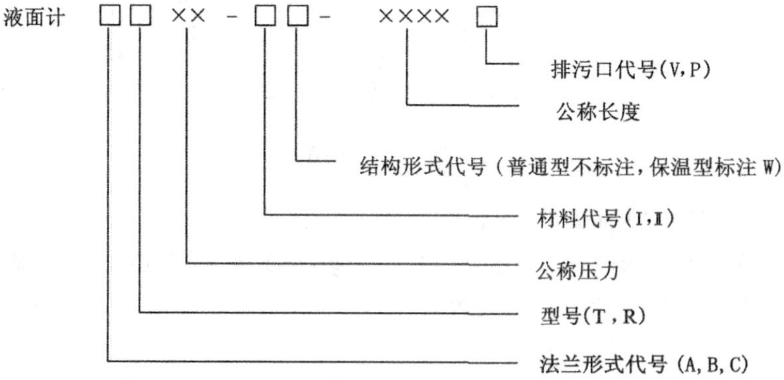

图 3-54 液面计标记形式（二）

（3）HG 21591.1—1995、HG 21591.2—1995 标准液面计的标记如图 3-55 所示。

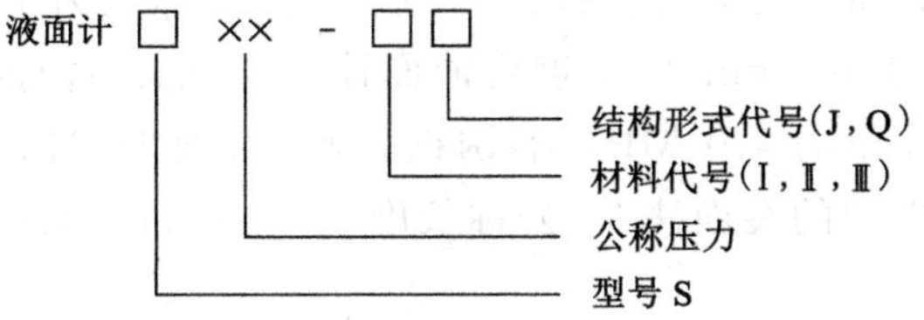

图 3-55　液面计标记形式(三)

其中,法兰形式代号为 A(突面法兰 RF,按标准 HG/T 20592—2009)、B 形(凸面法兰 M,按标准 HG/T 20592—2009)、C 型(突面法兰 RF,按标准 HG/T 20615—2009),排污口代号为 V(配阀门)、P(配螺塞),材料代号为Ⅰ(碳钢)、Ⅱ(不锈钢)、Ⅲ(碳钢带衬里,只用于 S 型),其他代号可按表 3-7 填写。

表 3-7　玻璃液面计系列标准

名称	型号	公称压力/MPa	使用温度/℃	结构特征		标准号
				结构形式	液面计主体材料	
玻璃管液面计	G	1.6	0～200	普通型	Ⅰ(锻钢 16Mn)	HG/T 21592—1995
					Ⅱ(锻钢 1Cr18Ni9Ti)	
				保温型 W	Ⅰ(锻钢 16Mn)	
					Ⅱ(锻钢 1Cr18Ni9Ti)	
透光式玻璃板液面计	T	2.5	0～250	普通型	Ⅰ(锻钢 16Mn)	HG/T 21589.1—1995
					Ⅱ(锻钢 1Cr18Ni9Ti)	
				保温型 W	Ⅰ(锻钢 16Mn)	
					Ⅱ(锻钢 1Cr18Ni9Ti)	
		6.3	0～250①	普通型	Ⅰ(锻钢 16Mn)	HG/T 21589.2—1995
					Ⅱ(锻钢 1Cr18Ni9Ti)	
				保温型 W	Ⅰ(锻钢 16Mn)	
					Ⅱ(锻钢 1Cr18Ni9Ti)	
反射式玻璃板液面计	R	4.0	0～250①	普通型	Ⅰ(锻钢 16Mn)	HG/T 21590—1995
					Ⅱ(锻钢 1Cr18Ni9Ti)	
				保温型 W	Ⅰ(锻钢 16Mn)	
					Ⅱ(锻钢 1Cr18Ni9Ti)	
视镜式玻璃板液面计	S	常压(0～<0.1)	0～250	带颈型 J	Ⅰ(16MnR)	HG/T 21591.1—1995
					Ⅱ(0Cr18Ni9Ti)	
					Ⅲ(16MnR 带衬里)	
				嵌入连接型 Q	Ⅰ(Q235A)	
					Ⅱ(0Cr18Ni9Ti)	
					Ⅲ(Q235A 带衬里)	
		0.6	0～250	嵌入连接型 Q	Ⅰ(16MnR)	HG/T 21591.2—1995
					Ⅱ(0Cr18Ni9Ti)	
					Ⅲ(16MnR 带衬里)	

注:① 当使用温度超过 200 ℃时,应降压使用,见相应标准规定。

示例 1：公称压力 1.6 MPa、不锈钢材料、普通型、法兰标准为 HG/T 20592—2009 中的凸面法兰、公称长度 $L=1\ 400$ mm 的玻璃管液面计，其标记为：液面计 BG1.6-Ⅱ-1400。

示例 2：反射式、公称压力 4.0 MPa、不锈钢材料、普通型、排污口配螺塞、法兰标准为 HG/T 20615—2009 标准中的突面法兰，公称长度 $L=850$ mm 的玻璃管液面计，其标记为：液面计 CR 4.0-Ⅱ-850P。

示例 3：视镜式、常压、不锈钢材料、嵌入连接型的液面计，其标记为：液面计 S-ⅡQ。

另外，由于液面计是由多种零部件共同组装而成的，因此，在设备图样的明细表中应对液面计采用的所有零部件进行详细说明。

3.6.2 典型化工设备的常用零部件

在化工设备中，除前面介绍的通用零部件外，还有一些常用零部件。如典型化工设备反应罐、换热器和塔设备中常用的零部件。在这些常用零部件中，大部分已经有相关国家或行业标准，或选用指南，属于外购零部件，本节仅介绍一些常用零部件的主要功能、作用等内容，以帮助读者在绘图、读图时理解，设计绘制需要时可查阅相关资料。

3.6.2.1 反应釜中的常用零部件

反应釜是化学工业中典型设备之一，广泛用于各类液-液、气-液、固-液两相及气-液-固三相介质进行各种物理和化学过程的搅拌，尤其在精细化工、制药和生物化工等领域的应用较为普遍。

钢制机械搅拌反应釜和搪玻璃反应釜已有国家标准和定型产品，其主要结构参数可参见相关标准。图 3-56 所示为一搅拌反应釜的结构示意图，其主要由以下几部分组成。

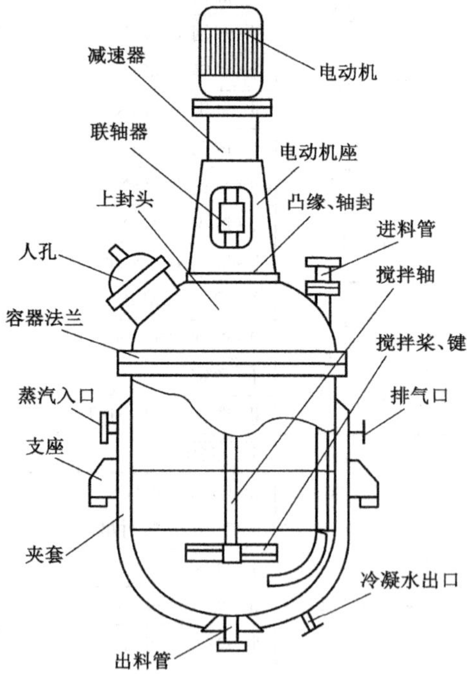

图 3-56　反应釜的基本结构

(1) 釜体部分：为物料提供反应空间，由筒体及上下封头组成。

（2）传热装置：提供化学反应所需的热量或带走化学反应生成的热量，其结构通常有夹套和蛇管两种。

（3）搅拌装置：为使参与化学反应的各种物料混合均匀，加速反应进行，需要在釜内设置搅拌装置，搅拌装置由搅拌轴和搅拌桨组成。搅拌轴下端安装的搅拌桨有桨式、涡轮式、推进式、框式与锚式、螺带式等多种，适合于不同物料的不同混合程度与反应条件要求。

（4）传动装置：用来带动搅拌装置，由电动机和减速器（带联轴器）组成。

（5）轴封装置：反应釜的轴封是用于防止釜内物料（包括气体物料）通过搅拌轴和轴承座之间的空隙向外泄漏的一种密封装置。

密封装置按照密封面间有无相对运动，可分为静密封和动密封两大类型。对于反应釜来说，其上由法兰连接的密封，如封头与盖身的压力容器法兰、法兰管口、人孔、视镜等附件上的密封处，它们密封面间是相对静止的，故称为静密封。静止的反应釜封头和转动的搅拌轴之间存在相对运动，为了防止介质的泄漏需采用密封装置，属于这种结构的密封装置称为搅拌轴密封装置，或简称为轴封。由于转动轴和静止釜体零件之间存在一个相对运动的密封面，因此这种密封装置称为动密封。反应釜中应用的轴封结构主要有两大类：填料箱密封和机械密封。

（6）其他结构：各种接管、人孔、支座等附件。

3.6.2.2　换热器中的常用零部件

换热器是一种常见的化工设备，主要用于冷热流体之间的热量交换。工厂常用的换热器分为直接式换热器、间壁式换热器和蓄热式换热器三种类型，其中用得较多的还是间壁式换热器。间壁式换热器又可分为套管换热器和列管换热器两大类，而列管换热器是目前应用较广、较具代表性的典型换热设备。

列管换热器能承受高温高压，易于制造，生产成本低，清洗方便。常见的列管换热器有固定管板式、活动管板式、浮头式、U 形管式等多种形式，它们的基本结构包括管箱、壳体、管板、列管（换热管）、折流板、隔板，以及支座、拉杆、定距管和冷热流体的进口管和出口管等零部件。图 3-57 是一个典型的双管程固定管板式换热器结构示意图。

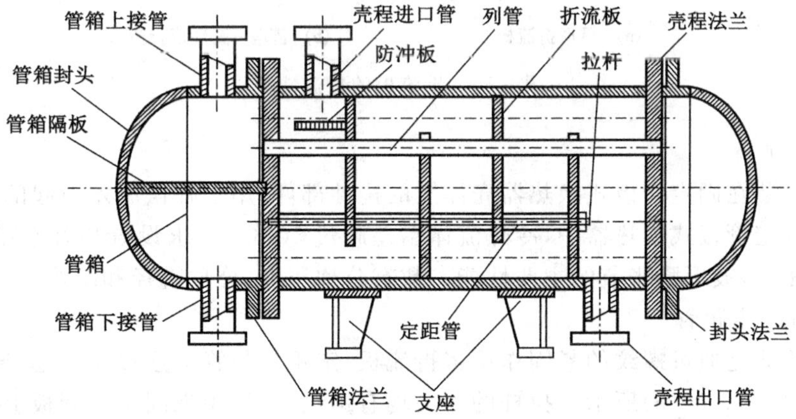

图 3-57　双管程固定管板式换热器

（1）管板

管板是列管换热器的主要零件，用于连接固定换热管束。绝大多数管板是圆形平板，如图 3-58(a)所示，板上开很多管孔，每个孔固定连接着换热管，管的端头与壳体的管箱相连。板上管孔的排列形式有正三角形、转角正三角形、正方形、转角正方形四种，如图 3-58(b)所示。换热管与管板的连接，应保证密封性能和足够的紧固强度，常采用胀接、焊接或胀焊结合等方法。管板与壳体的连接有可拆式和不可拆式两类。例如，固定管板式换热器的管板采用的是不可拆的焊接连接，浮头式、填函式、U 形管式换热器的管板采用的是可拆连接。另外，管板上有至少四个螺纹孔，是拉杆的旋入孔。

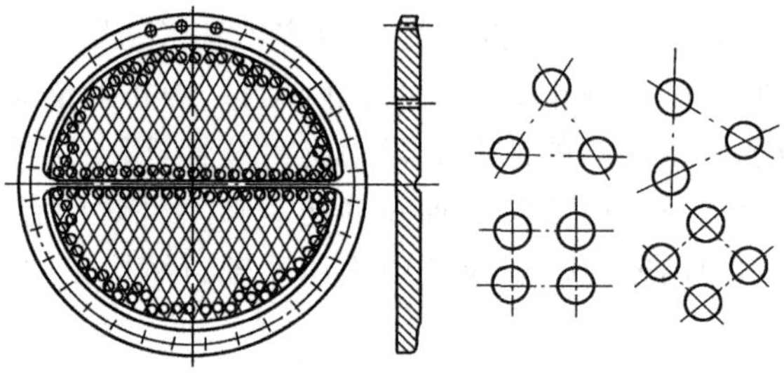

(a)　　　　(b)

图 3-58　管板结构

（2）折流板

折流板设置在壳程，它既可以通过加强流体的湍动程度，提高传热效果，还起到支撑管束的作用。折流板有弓形和圆盘-圆环形及其他多种形式，其折流情况如图 3-59 所示。

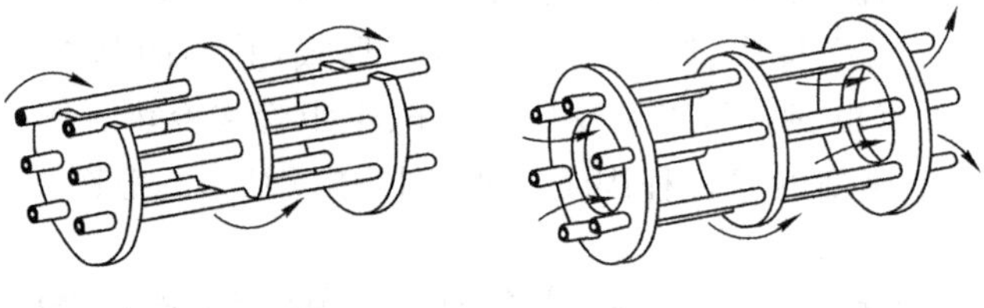

(a) 弓形折流板　　　　(b) 圆盘-圆环形折流板

图 3-59　折流板的折流情况

（3）膨胀节

膨胀节是装在固定管板式换热器壳体上的挠性部件，用于补偿温差引起的变形，消除温差应力。在固定管板式换热器中，冷热流体温差超过 50 ℃，要求设置热补偿结构。最常用的为波形膨胀节，波形膨胀节的主要性能参数有公称压力、公称直径和结构形式等。

（4）拉杆与定距管

拉杆的用途是通过螺纹的紧固作用将折流板、定距管与管板连接在一起，通过定距管为折流板定位，如图 3-60(a)所示。拉杆的两头均有螺纹，一端用来固定在管板上，另一端用螺母锁紧在最后一块折流板上，以固定折流板。定距管的规格一般与列管相同，拉杆数量及规格与换热器的直径、换热管束的直径等有关，一般不少于 4 个。如果换热管外径不超过 14 mm，则不用定距管，采用点焊直接将折流板与拉杆的位置固定。

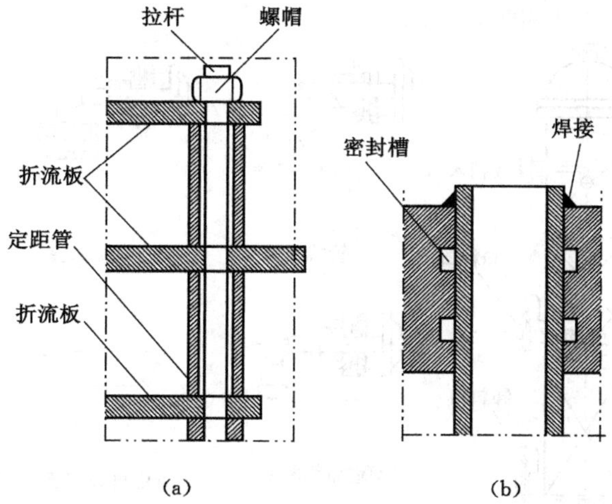

图 3-60　拉杆与折流板、定距管及列管与管板的连接

(5) 列管

列管是列管换热器进行换热的主要元件，通常采用无缝钢管，常用的规格已系列化。列管与管板的连接通常有胀接、焊接、胀接加密封焊等几种方式。在胀接时，管板的管孔内侧需开一条环形槽，管板较厚时则应增加环形槽数量，如图 3-60(b)所示。为满足与管板连接的特殊要求，列管两端一般应伸出管板 1～3 mm，列管插入管板和伸出管板的长度均不计入列管的有效换热长度之内。

3.6.2.3　塔设备中的常用零部件

塔是用于蒸馏、提纯、吸收、精馏等化工单元操作的直立设备，广泛用于气-液与液-液相之间传质、传热。按塔内件结构分类，塔可分板式塔和填料塔。容器内部如果只承装物料而不进行化学反应及其他物理、化学过程，没有设施或只有简单的辅助结构，又称罐。容器按形式划分为立式(轴线呈竖直)和卧式(轴线呈水平)两类。塔器大多数属于压力容器。

填料塔因其结构简单、传质性能良好，且造价低廉、检修方便，从而在化工生产过程中常被采用。填料塔通常由塔体、封头、容器法兰、裙座、填料层、填料支撑板、液体分布器、液体再分布器、卸料口(即手孔)、除雾器，以及气-液相的进口管和出口管等零部件组成，如图 3-61 所示。

板式塔具有结构简单、传质性能良好、设备性能稳定可靠、检修方便等优点，在化工生产过程中被广泛采用。板式塔通常由塔体、封头、容器法兰、塔盘、人孔、除雾器、裙座以及气-液相的进口管和出口管等零部件组成，如图 3-62(a)所示。

这里重点介绍板式塔和填料塔中具有代表性的几种常用零部件。

(1) 液体分布器(喷淋装置)

进入填料塔的液体，都是通过液体喷淋装置均匀分散在填料层表面的，液体能否均匀分布在填料层表面，对操作起非常重要的作用。常见的液体喷淋装置有管式喷淋器、多孔式喷淋器、莲蓬式喷淋器和盘式喷淋器，如图 3-61 所示。

(2) 填料支撑板

填料塔的支撑栅板不仅要满足支撑塔内填料重力的要求，同时还兼有改善气体分布、保证气-液两相顺利流通的功能。支撑栅板有整块式和分块式两种。当支撑栅板直径小于

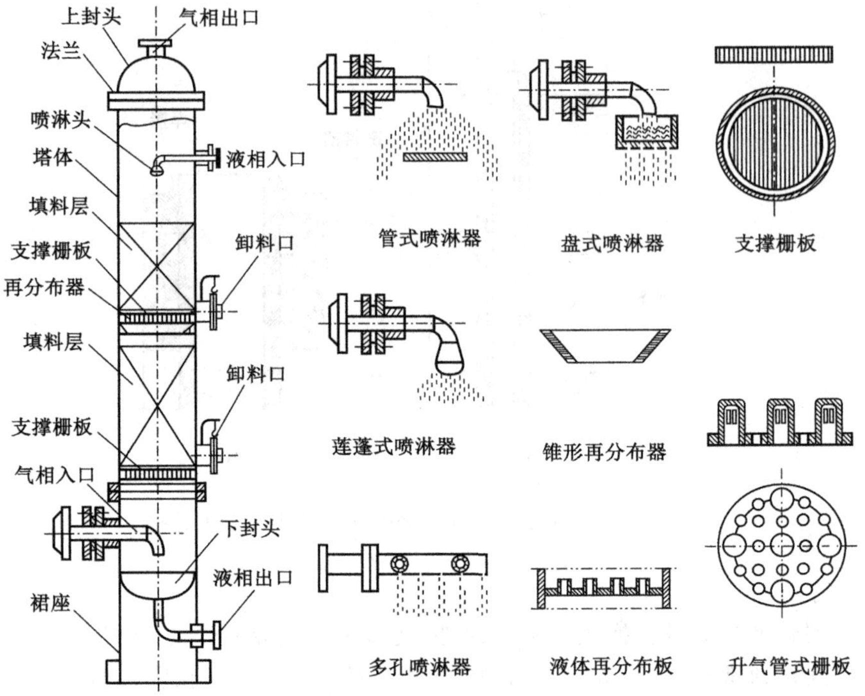

图 3-61　填料塔的结构与零部件

500 mm 时，一般使用整块式；当直径为 900～1 200 mm 时，可以分成三块；当直径再大时，可以分成 300～400 mm 的更多块，以便装拆及进入人孔。常用的填料支撑板有栅板、十字网格板和升气管式支撑板等几种，其中以栅板型支撑板使用最多。当塔径较大时，为强化栅板的支撑能力，可采用十字网格板；为减少气-液相通过栅板的阻力，可采用升气管式支撑板。但无论采用何种支撑板，都必须保证支撑板的平面空隙率(空隙面积与塔截面积之比)大于填料层的平面空隙率。栅板和升气管式支撑板的结构如图 3-61 所示。

(3) 塔盘

塔盘是板式塔的主要部件之一，是实现传热、传质的部件。塔盘有整块式和分块式两种，通常由塔板、降液管、受液盘、溢流堰以及支撑件、紧固件、密封装置等部分组成，如图 3-62 所示。

① 整块式塔盘由塔板和塔盘圈构成。一般塔径为 300～800 mm 时，采用整块式塔盘。塔盘与塔壁之间通过填料和特制的压板与紧固螺栓构成密封装置，若干块塔盘通过拉杆固定在一起，安装时整体放入预制好的塔节内，如图 3-62(b)所示。

② 分块式塔盘由塔板、受液盘、降液管和支撑构件组成。塔径大于 800 mm 时，采用分块式塔盘。塔板分为若干块，塔板和降液管均可从人孔送入塔内。分块式塔盘按其结构又可分为平板式、自身梁式和槽式三种类型。其中，平板式因刚性差极少使用。自身梁式塔盘沿长边有一垂直于板面的折边(即自身梁)和比板面低一个板厚的凹肩，以便与相邻塔盘搭接。在每一层塔盘上均有一块无折边的通道板，以方便检修。每块塔板两端均开有矩形缺口，以便于螺栓的安装紧固和方便拆卸，如图 3-62(c)所示。采用分块式塔盘的板式塔的塔

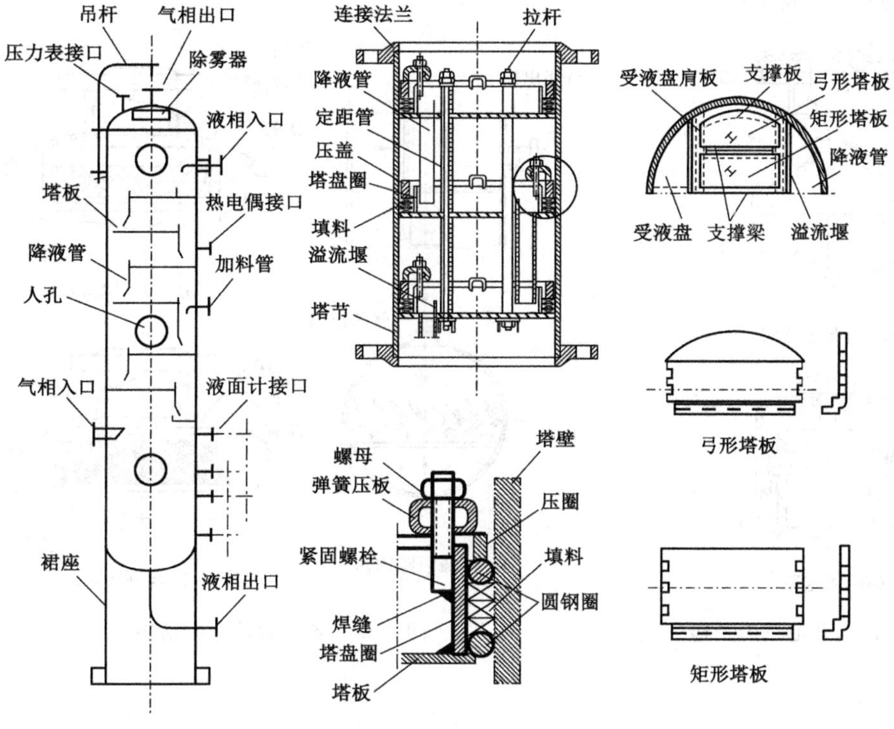

(a) 板式塔结构　(b) 整块式塔盘结构　(c) 分块式塔盘结构

图 3-62　板式塔及其塔盘结构

体为整体焊接圆筒，不再分段，分块式塔盘均通过人孔送入塔内后再安装。

(4) 浮阀与泡罩

常见的板式塔塔板有筛板、浮阀板、泡罩板、旋流板和舌形板等多种类型，浮阀和泡罩是浮阀塔和泡罩塔的主要传质零件。浮阀有圆盘形浮阀和条形浮阀两种，圆盘形浮阀已标准化，其结构如图 3-63(a)所示；泡罩有圆泡罩和条形泡罩两种，圆泡罩已标准化，其结构如图 3-63(b)所示。

(5) 除雾器

为了减少塔顶出口气体中所夹带的液相量，在塔顶气体出口管的下方需要安装除雾器，以捕集出口气体中夹带的微小雾沫，所以除雾器也称为捕沫器。常见的除雾器有折流板式除雾器、填料除雾器和丝网除雾器三类。

① 折流板式除雾器也称机械除雾器，它结构简单、制作容易、阻力小、效率高，且不易堵塞，使用较广，其结构如图 3-64(a)所示。

② 填料除雾器即在出口气体离开填料塔之前，再通过一层规格较小的填料，以捕集出口气体中夹带的雾沫。填料除雾器分为缩径型和等径型两类，前者短管直径小于塔径，后者则与塔径相等，填料层厚度一般为 200～300 mm。填料除雾器的捕集能力比机械除雾器大，但阻力和占用的空间也大，其结构如图 3-64(b)所示。

③ 丝网除雾器有升气管式、缩径式和等径式三种类型，常见结构如图 3-64(c)所示，已标准化，常用材料为不锈钢丝和聚乙烯丝。丝网除雾器的分离效率高、阻力小且占用空间也

不大，但易堵塞、成本高。

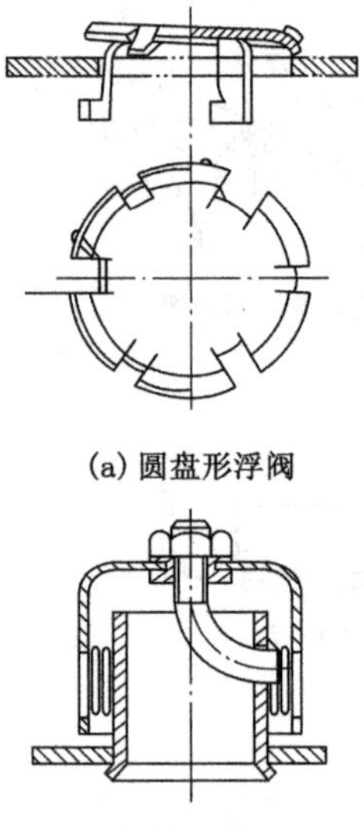

(a) 圆盘形浮阀

(b) 圆泡罩

图 3-63　浮阀和泡罩的结构

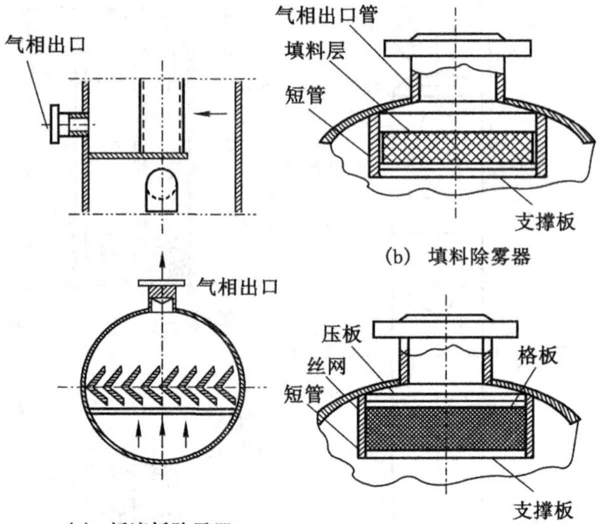

(a) 折流板除雾器

(b) 填料除雾器

(c) 丝网除雾器

图 3-64　各类除雾器的结构

(6) 裙座

裙座是支撑塔设备重量并将塔设备固定在塔基础上的重要部件。对于高大的塔设备，根据工艺要求和载荷特点，常采用裙式支座(裙座)。常见的裙座有圆柱形和圆锥形。圆柱形裙座制造方便，应用较为广泛；圆锥形裙座承载能力强、稳定性好，对于塔高与塔径之比较大的塔特别适用。

裙座由裙座筒体、基础环、螺栓座、人孔、引出管通道、排气孔、排液孔、地脚螺栓等组成，如图 3-65(a)所示。裙座的筒体与塔体下封头是通过焊接连接在一起的，焊接的方式有搭接与对接两种，如图 3-65(b)所示。搭接时裙座筒体的内径稍大于塔体下封头的外径，对接时裙座筒体的外径与塔体下封头的外径相等。

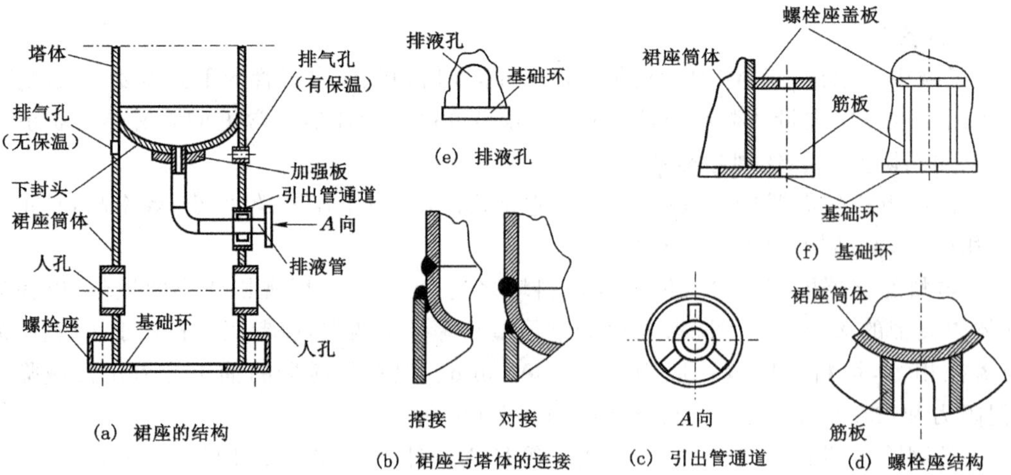

(a) 裙座的结构

(e) 排液孔

(b) 裙座与塔体的连接

(c) 引出管通道

(f) 基础环

(d) 螺栓座结构

图 3-65　裙座及其零部件结构

第 4 章　工艺流程图绘制

工艺流程亦称加工流程或生产流程，指通过一定的生产设备，从原材料投入到成品产出，按顺序连续进行加工的全过程。工艺流程图则是以图解的形式来表达整个工厂或车间生产流程的图样。

4.1　工艺流程图概述

化工工艺流程图既可用于设计开始时施工方案的讨论，亦是进一步设计施工流程图的主要依据。它通过图解的方式体现出如何由原料变成化工产品的全部过程。化工工艺流程图的设计过程可以分为如下三个阶段：

(1) 生产工艺流程示意图；

(2) 生产工艺流程草图；

(3) 生产工艺流程图。

生产工艺流程图的设计或绘制过程是随着化工工艺设计的展开而逐步进行的。化工工艺设计是化工工程设计的主体，它是整个工程设计成败优劣的关键。就工艺设计而言，首先要进行的是生产工艺流程的设计。工艺流程设计是设计方案中规定的原则和主导思想的具体体现，也是下一步工艺设计和其他各专业设计的基础，即决定了以后工艺设计和其他专业设计的内容和条件。

生产工艺流程设计就是确定如何从原料通过化工过程和设备，经过化学或物理变化逐步变成需要的产品，即化工产品。在复杂的化工生产过程中，原料不是直接全部变成产品的，与此同时还会产生副产品、废渣、废液和废气等，有的副产品还要经过一些加工步骤才成为合格的副产品，而生产的“三废”又必须经过合格处理后才能抛弃和排放。因此，生产工艺流程的设计是一项非常复杂而细致的工作，除了极少数工艺流程十分简单外，都要经过反复推敲、精心安排、不断修改和完善才能完成。随着生产工艺流程设计的不断展开，就需要绘制生产工艺流程示意图、生产工艺流程草图和生产工艺流程图等。

一般在编制设计方案时，生产方法和生产规模确定后就可以考虑设计并绘制生产工艺流程示意图了。有了工艺流程示意图就可以进行物料衡算、能量衡算以及部分设备计算，然后才可以进行生产工艺流程草图的设计及绘制。待设备设计全部完成后，再修改和补充工艺流程草图，依流程草图和设备设计进行车间布置。图 4-1 是某碳八工段物料流程图。

本章在介绍工艺流程图基本知识的基础上，着重讲述工艺流程图的组成内容、各部件的绘制方法和标注要求，如生产工艺流程图中设备如何表示、物料管线如何绘制、仪器仪表管件如何表示等。最后通过绘制一个具体实例，来说明整个工艺流程图的绘制方法和思路。

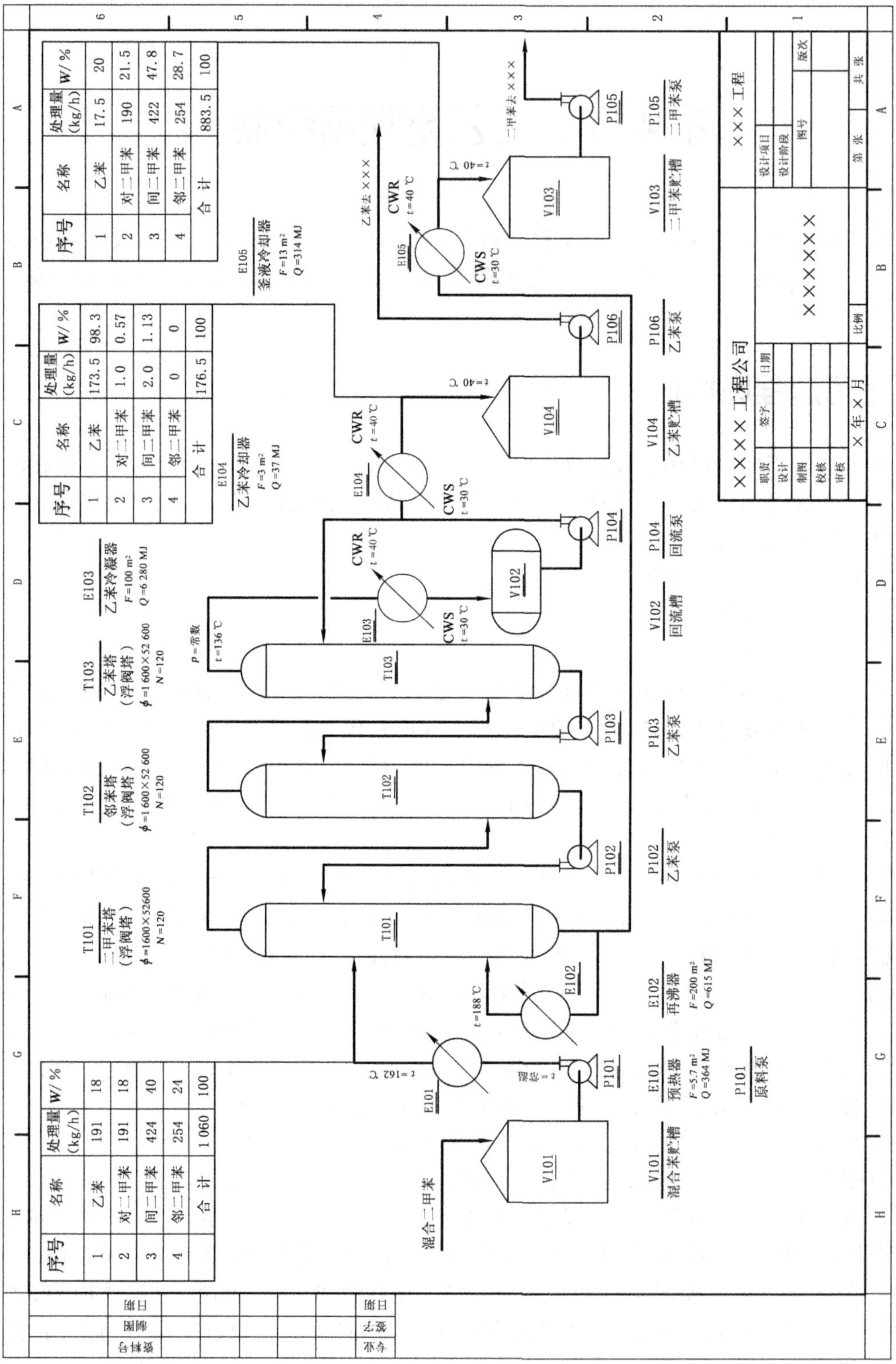

序号	名称	处理量(kg/h)	W/%
1	乙苯	191	18
2	对二甲苯	191	18
3	间二甲苯	424	40
4	邻二甲苯	254	24
	合 计	1 060	100

序号	名称	处理量(kg/h)	W/%
1	乙苯	173.5	98.3
2	对二甲苯	1.0	0.57
3	间二甲苯	2.0	1.13
4	邻二甲苯	0	0
	合 计	176.5	100

序号	名称	处理量(kg/h)	W/%
1	乙苯	17.5	20
2	对二甲苯	190	21.5
3	间二甲苯	422	47.8
4	邻二甲苯	254	28.7
	合 计	883.5	100

图 4-1　某碳八工段物料流程图

4.2 工艺流程图分类

工艺流程图是工艺设计的关键文件，它以形象的图形、符号、代号，表示出工艺过程选用的化工设备、管路、附件和仪表等的排列及连接，借以表达在一个化工生产中物料和能量的变化过程。流程图是管道、仪表、设备设计和装置布置的设计基础，也是操作运行及检修的指南。

工艺流程图一般按不同的设计阶段，分为三种，即生产工艺流程草图、物料流程图、带控制点的工艺流程图。下面分别对这三种流程图进行介绍。

4.2.1 生产工艺流程草图

生产工艺流程草图是一种示意性的展开图，是用来表达整个工厂或车间生产流程的图样。绘制时，按照工艺流程次序，把设备和流程线自左至右展开在同一个平面上，是施工流程图设计的依据。生产方法确定后，可进行生产工艺流程草图的绘制，绘制依据是可行性研究报告中提出的工艺路线，绘制不需在绘图技术上花费时间，而把主要精力用在工艺技术问题上，它只是定性地标出由原料转变为产品的变化、流向顺序以及采用的各种化工过程及设备。生产工艺流程草图一般由物料流程、图例、标题栏三部分组成。其中，物料流程图包括如下几方面：

（1）设备示意图。可按设备大致几何形状画出（或用方块图表示），设备位置的相对高低不要求准确，但要标出设备名称及位号。

（2）物流管线及流向箭头。包括全部物料管线和部分辅助管线，如水、气、压缩空气、冷冻盐水、真空等。

（3）必要的文字注释。包括设备名称、物料名称、物料流向等。

图例只要标出管线图例，阀门、仪表等不必标出；标题栏包括图名、图号、设计阶段等内容。全图采用由左至右展开式绘制，先物料流程，再图例，最后设备一览表。设备一览表一般在图例下面，全图的布局大致如图 4-2 所示。所用线条遵循设备轮廓线用细实线、物料管线用粗实线、辅助管线用中实线的基本原则，不要求十分精确。

4.2.2 物料流程图

物料流程图是在生产工艺流程草图的基础上，完成物料衡算和热量衡算后绘制的流程图。它是一种以图形与表格相结合的形式反映设计计算某些结果的图样；它既可用作提供审查的资料，又可作为进一步设计的依据。物料流程图一般包括下列内容：

（1）图形。包括设备示意图形、各种仪表示意图形及各种管线示意图形。

（2）标注内容。主要标注设备的位号、名称及特性数据，如流程中物料的组分、流量等。

（3）标题栏。包括图名、图号、设计阶段等。

物料经过设备产生变化时，则需标注物料变化前后各组分的名称、流量（kg/h）、质量分数（%）和每项的总和等数据，具体项目可按实际需要增减。其常用的标注方式是在流程的起始部分和物料产生变化的设备后，从流程线上用指引线引出后列表表示，该表的内容有物料名称、流量、百分含量等，如图 4-3 所示。指示线、表格线及设备皆用细实线绘制。当物料组分复杂、变化多、在图形部分列表有困难时，要从物料管线上标出物流号并在图的上方或下方从左向右按流程顺序列表表示。

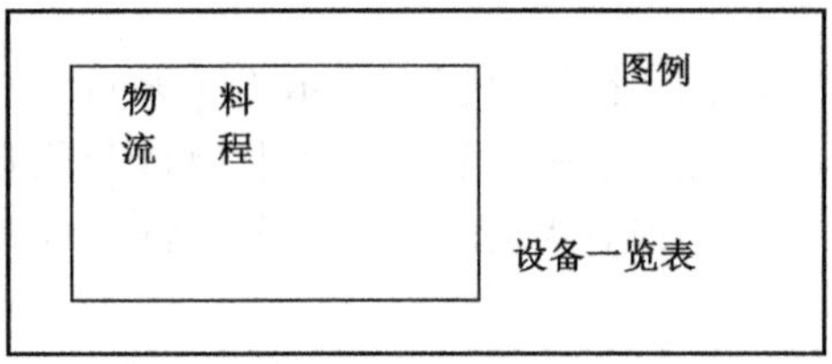

图 4-2 生产工艺流程草图布局情况

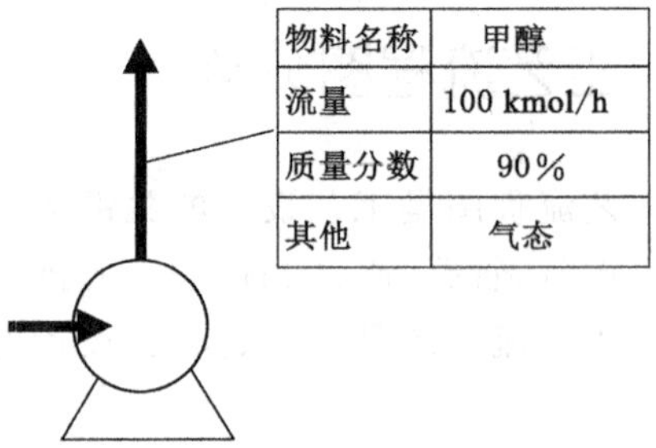

图 4-3 物料列表说明示意图

图样展开时，按工艺流程的次序从左至右绘出一系列图形，并配以物料流程线和必要的标注。物料流程图一般以车间为单位进行绘制。图中一般只画出工艺物料的流程，物料线用粗实线，流动方向在流程线上以箭头表示。

4.2.3 带控制点的工艺流程图

带控制点的工艺流程图一般分为初步设计阶段的带控制点工艺流程图和施工设计阶段带控制点的工艺流程图，而施工设计阶段带控制点的工艺流程图也称管道及仪表流程图。管道及仪表流程图是以工艺管道及仪表为主体的流程图，分为工艺管道及仪表流程图(PID，Piping and Instrument Flow Diagram)和辅助及公用系统管道及仪表流程图(UID，Utility Piping and Instrument Flow Diagram)。管道及仪表流程图是详细工程设计阶段的主要成品之一，它不仅是设计、绘制设备布置图和管道布置图的依据，而且也是施工安装、开停车、操作运行、事故处理及检(维)修的指南。在不同的设计阶段，图样所表达的深度有所不同。初步设计阶段带控制点的工艺流程图是在物料流程图、设备设计计算及控制方案确定完成之后进行的，所绘制的图样往往只对过程中的主要和关键设备进行稍为详细的设计，次要设备及仪表控制点等考虑得比较粗略。此图在车间布置设计中做适当修改后，可绘制成正式的带控制点的工艺流程图，并作为设计成果编入初步设计阶段的设计文件。管道及仪表流程图与初步设计的带控制点工艺流程图的主要区别在于更为详细地描绘了一个车间(装置)的生产全部过程，着重表达全部设备与全部管道连接关系以及生产工艺过程的测量、控制及调节的全部手段。

工艺管道及仪表流程图在工艺设计中起主导作用，它是设备布置、管道布置等设计的依据，也是施工安装的依据，同时又作为操作运行及检修的指南。

如图 4-1 所示，工艺管道及仪表流程图一般包括如下内容：

(1) 物料流程及图形：表达了工艺流程中所需的全部设备、管道、阀门及管件、仪表控制点符号等。用规定的图形符号和文字代号表示设计装置的各工序中工艺过程的全部设备、机械和驱动机，全部管道、阀门、主要管件(包括临时管道、阀门和管件)、公用工程站，全部工艺分析取样点和检测、指示、控制功能仪表，供货(成套、配套)和设计单位分工(如果有)的范围。

(2) 标注：标注图例符号和流程中全部设备的位号及名称、管道公称直径、管段编号、必要的尺寸及有关附注说明。如有必要也可注写对安全生产、试车、开停车和事故处理需要说明的事项，以及设备、机械、驱动机等的技术特性数据。

(3) 标题栏：注写图名、图号、设计阶段等。

4.3　工艺管道及仪表流程图的图示方法

工艺管道及仪表流程图是一种示意性展开图，通常以工艺装置的主项（工段或工序）为单元绘制，也可以以装置为单元绘制，按工艺流程次序把设备、管道流程自左至右展开画在同一平面上，按照“顺”“真”“美”“简”的总原则进行布局，即流程按“顺”序、位置高低要“真”实、整体“美”观紧凑、相同系统从“简”。

4.3.1　一般规定

4.3.1.1　图幅与比例

工艺管道及仪表流程图一般采用 A1 纸绘制（横幅绘制，数量不限），流程简单者可用 A2 纸绘制，一般不宜加长。

工艺管道及仪表流程图不按比例绘制，但应示意出各设备位置的相对高低。一般设备（机器）图例只取相对比例，过大或过小的设备可适当缩小或放大，标题栏中比例栏不予标注。

4.3.1.2　相同系统的绘制方法

当一个流程中包括有两个或两个以上相同的系统时，可以只绘制一个系统的流程图，其余系统则以细双点画线的方框表示，框内注明系统名称及其编号。

当流程比较复杂时，可以绘制一张单独的局部系统流程图，在总流程图中此局部系统采用细双点画线方框表示，框内注明系统名称、编号和局部系统流程图图号，如图 4-4 所示。

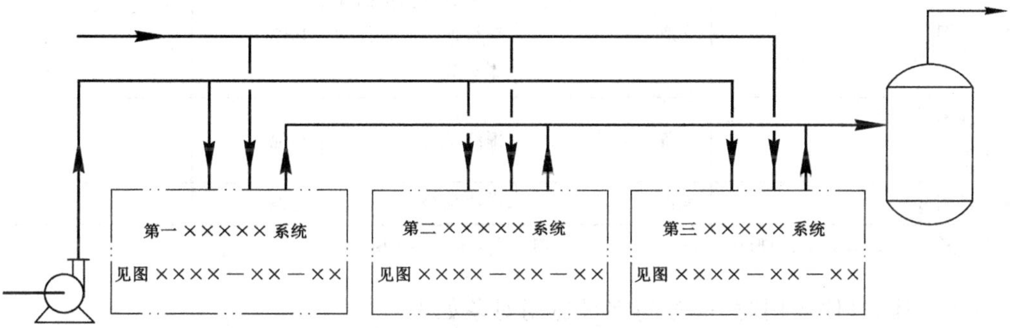

图 4-4　相同系统的表示方法

4.3.1.3　图线和字体

对于图线，工艺管道及仪表流程图中主要工艺物料管道、主产品管道和设备位号线用粗实线，辅助物料管道用中粗线，其他用细实线。但在辅助物料和公用物料管道及仪表流程图中的总管线用粗实线，其相应支管采用中粗线，其他用细实线。

工艺管道及仪表流程图中的设备（机器）、阀门、仪表、管件和管道附件都用细实线绘制（特殊要求者除外）。

依据化工行业标准《化工工艺设计施工图内容和深度统一规定》（HG/T 20519—2009）中的有关规定，工艺管道及仪表流程图中图线宽度分粗线（0.6～0.9 mm）、中粗线（0.3～0.5 mm）和细线（0.15～0.25 mm）三种，其宽度比例为 4∶2∶1，图线用法的一般规定见表 4-1。绘图时线条具体采用的宽度需视图样复杂程度合理选择，但在同一张图纸上，同一类线条的宽度应一致。

表 4-1 图线用法及宽度(摘自 HG/T 20519—2009)

类别	图线宽度/mm 粗线 0.6～0.9	中粗线 0.3～0.5	细线 0.15～0.25	备注
工艺管道及仪表流程图	主物料管道	其他物料管道	其他	设备(机器)轮廓线0.25 mm
辅助管道及仪表流程图 公用系统管道及仪表流程图	辅助管道总管 公用系统管道总管	支管	其他	
设备布置图	设备轮廓	设备支架 设备基础	其他	动设备(机泵等)如只绘出设备基础,图线宽度用 0.6～0.9 mm
设备管口方位图	管口	设备轮廓 设备支架 设备基础	其他	
管道布置图 单线(实线或虚线)	管道		法兰、阀门及其他	
管道布置图 双线(实线或虚线)		管道	法兰、阀门及其他	
管道轴测图	管道	法兰、阀门、承插焊螺纹连接的管件的表示线	其他	
设备支架图 管道支架图	设备支架及管架	虚线部分	其他	
特殊管件图	管件	虚线部分	其他	

注:凡界区线、区域分界线、图形接续分界线的图线采用双点画线,宽度均用 0.5 mm。

对于字体,具体应用时,推荐的字号适用对象如下:

(1) 7 号和 5 号字用于设备名称、备注栏等。

(2) 5 号和 3 号字用于其他具体设计内容的文字标注、说明、注释等。

(3) 用作指数、分数、极限偏差、注脚等的数字及字母,一般应采用小一号字体。

(4) 文字、字母及数字的大小在同类标注中应相同。

具体参见表 4-2。

表 4-2 图纸中的常用字号(摘自 HG/T 20519—2009)

书写内容	推荐字号	书写内容	推荐字号
图表中的图名及视图符号	5～7	图名	7
工程名称	5	表格中的文字	5
图纸中的文字说明及轴线号	5	表格中的文字(格高小于 6 mm 时)	3
图纸中的数字及字母	2～3		

4.3.2　设备的图示方法和标注

4.3.2.1　设备的图示方法

（1）用细实线(宽度为 0.15～0.25 mm)绘制所有设备(机器)图形轮廓及必要的内部构件,对未规定的设备(机器)的图形可根据其实际外形和内部结构特征绘制。绘制时,只取相对大小,不按实物比例。HG/T 20519—2009 推荐的常用设备分类代号及其图例见表 4-3。

表 4-3　管道及仪表流程图中设备(机器)图例(摘自 HG/T 20519—2009)

类别代号	图例	类别代号	图例
塔(T)	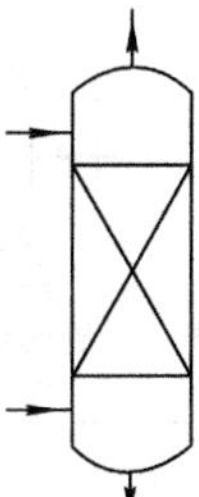 填料塔 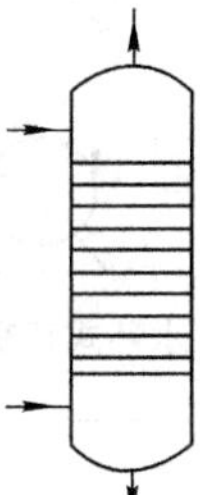 板式塔 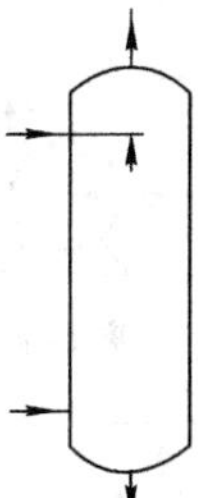 喷淋塔	反应器(R)	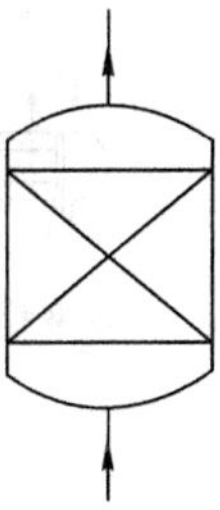 固定床反应器 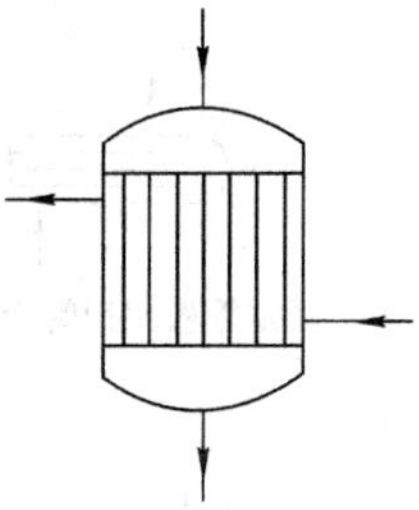 列管式反应器
塔内件	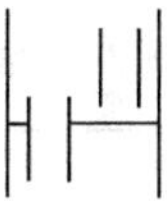 降液管 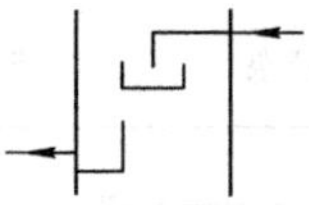 受液盘 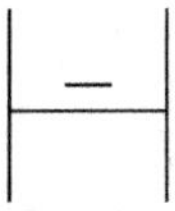 浮阀塔塔板		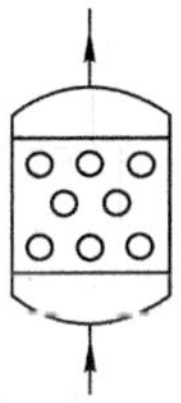 流化床反应器 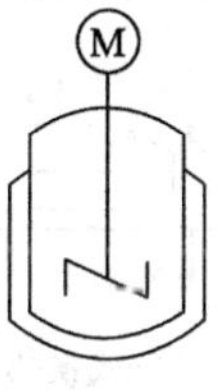 反应釜(闭式、带搅拌、夹套)
	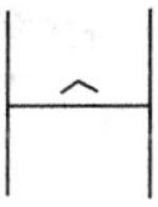 泡罩塔塔板 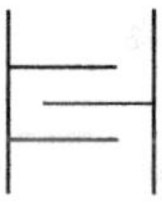 格栅板 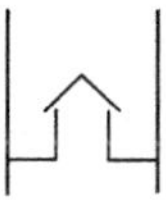 升气管		
	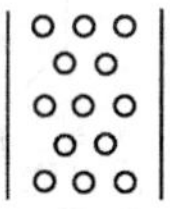 湍球塔 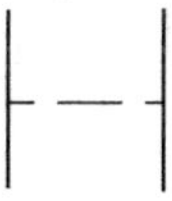 筛板塔塔板 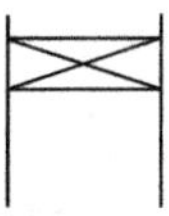 填料除沫层		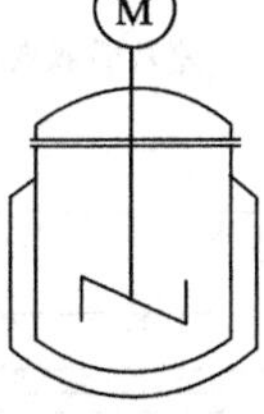 反应釜(开式、带搅拌、夹套) 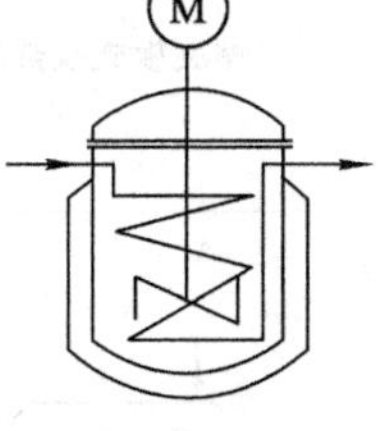 反应釜(开式、带搅拌、夹套、内盘管)
	 分配(分布)器、喷淋器  (丝网)除沫层		

表 4-3(续)

类别代号	图例	类别代号	图例
工业炉(F)	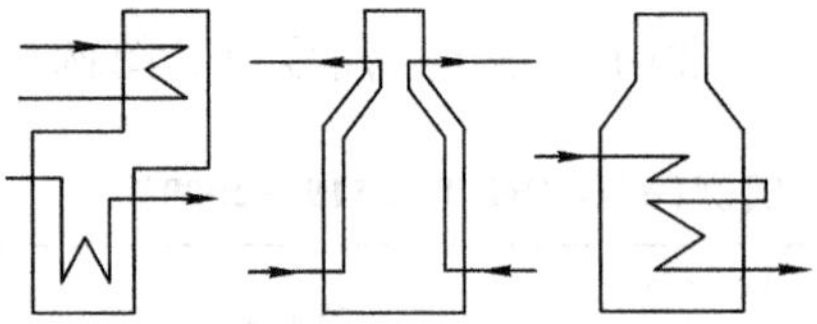 箱式炉　圆筒炉　圆筒炉	压缩机(C)	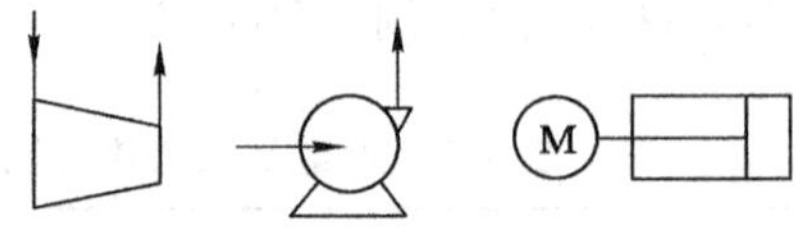 离心式压缩机　鼓风机　往复式压缩机
换热器(E)	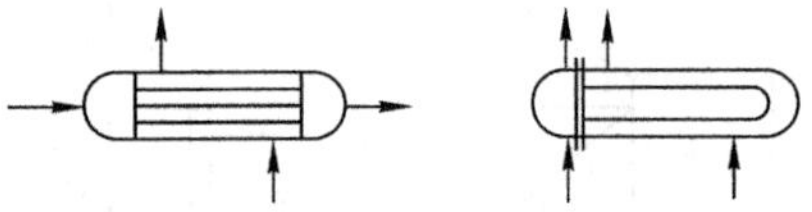 固定管板式列管换热器　U型管式换热器	泵(P)	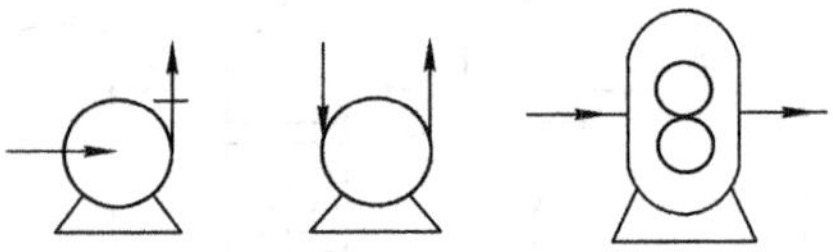 离心泵　水环式真空泵　旋转泵 齿轮泵
	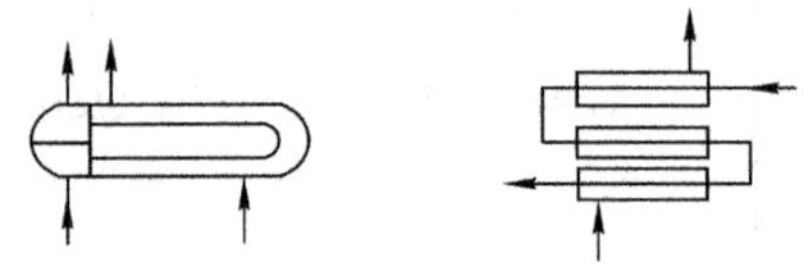 浮头式列管换热器　套管式换热器		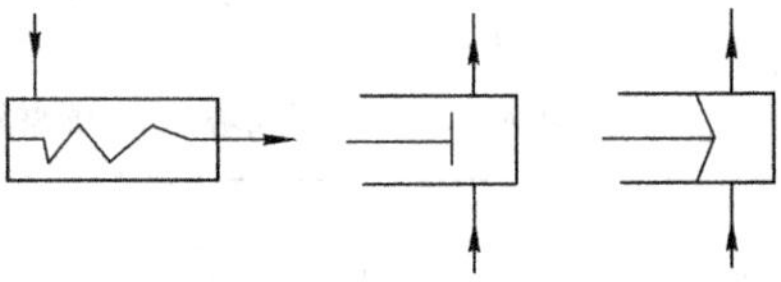 螺杆泵　往复泵　隔膜泵
	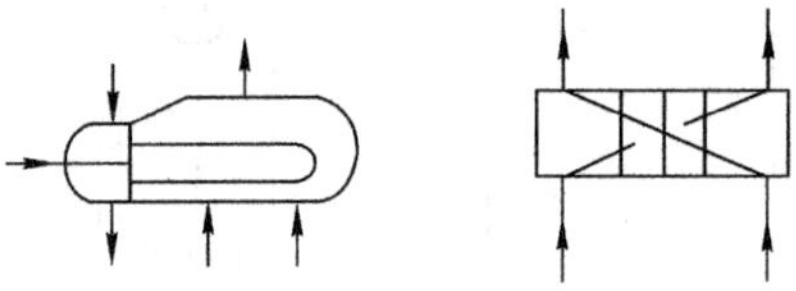 釜式换热器　板式换热器	容器(V)	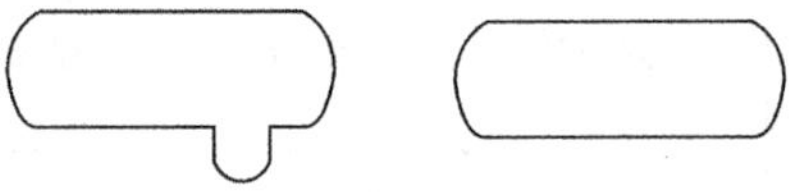 卧式容器　卧式容器
	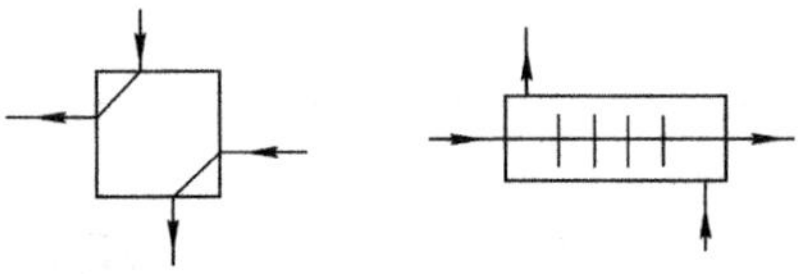 螺旋板式换热器　翅片管换热器		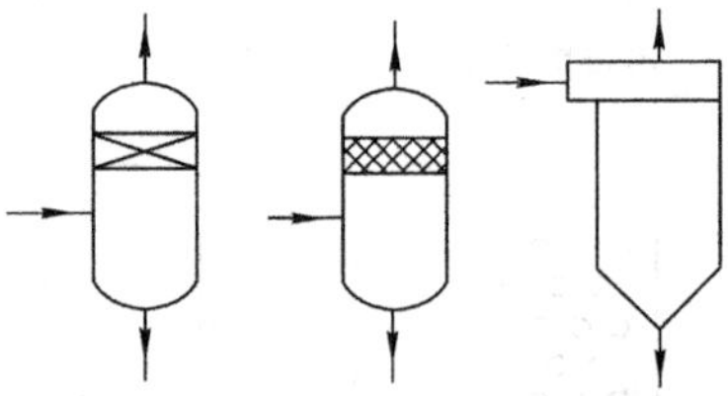 填料除沫分离器　丝网除沫分离器　旋风分离器
	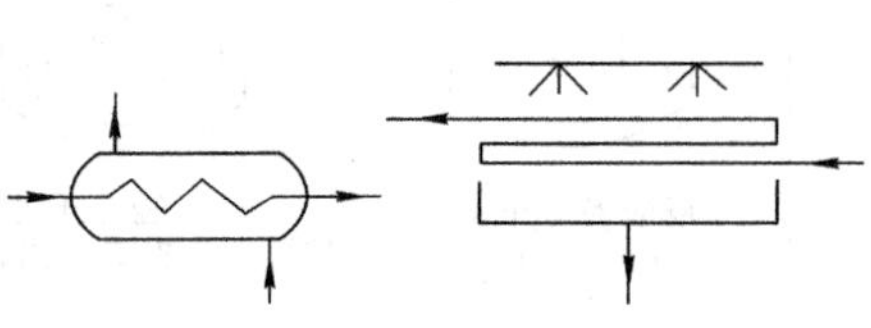 蛇管（盘管）式换热器　喷淋式冷却器		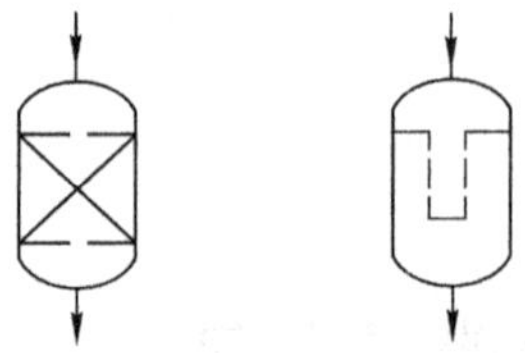 固定床过滤器　带滤筒的过滤器

(2) 设备(机器)上的所有接口(包括人孔、手孔、卸料口等)宜全部画出,其中与配管有关以及与外界有关的管口(如直连阀门的排液扣、排气口、放空口及仪表接口等)也必须画出。用大写英文字母(必要时字母后可附数字)加方框(5 mm×5 mm)表示管口编号。管口一般用单细实线表示,也可以与所连管道线宽度相同,允许个别管口用双细实线绘制。设备管口法兰用细实线表示。

(3) 设备(机器)的支承、底(裙)座、基础平台等在图中可不表示。与设备、机器自身的附属部件与工艺流程有关者,如柱塞泵所带的缓冲罐、安全阀,列管换热器管板上的排气口,设备上的液面计等,它们不一定需要外部接管,但对生产操作和检测都是必需的,有的还要调试,因此图上应予以表示。

(4) 对于需绝热或伴热的设备和机器,图中需要在其相应部位画出一段绝热层图例或一段伴热管,如图 4-5 所示。必要时可再注出其绝热等级或伴热类型和介质代号。

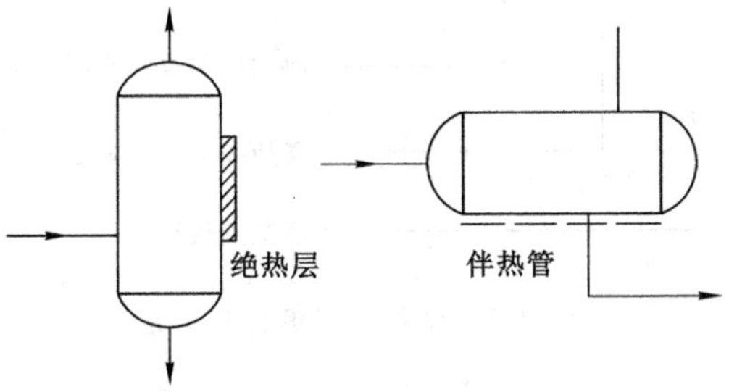

图 4-5 设备绝热和伴热的图示方法

(5) 设备(机器)间的相对位置规定如下:

① 设备(机器)的横向位置应按主要物料管线顺序自左至右展开画出,如图 4-1 所示,设备(机器)间的间隔大小依管线多少而定,位置安排要便于管道连接和标注,图面要求排列整齐、饱满、匀称,避免管线过量往返。

② 设备(机器)间的相对高低位置要求尽可能符合实际情况,地下或半地下设备(机器)在图上要表示出一段相关的地面,且地面以 ⁄⁄⁄⁄⁄⁄⁄ 表示。设备(机器)的支承和底(裙)座可不表示。对位差有要求的设备,应标出极限位置。

(6) 复用的原有设备(机器)及其包含的管道可用框图注出其范围,并加必要的文字标注和说明。

4.3.2.2 设备的标注

(1) 标注内容

工艺管道及仪表流程图上所有的设备都应标注设备位号及名称。施工图中设备名称与初步设计(含基础设计)所确定的名称一致;设计过程中经审查批准取消的设备及其位号在后面的设计中不再出现;新增的设备应重新编号,而且不准占用已取消的位号(即保留空号)。设备的名称在设计的各个阶段及整套设计中也应一致。

(2) 标注方法

工艺管道及仪表流程图中设备位号和名称的标注如图 4-6 所示。

① 设备位号

每台设备只编一个位号,图 4-6 中设备位号为 T1005A,注写在位号线的上方,由设备类

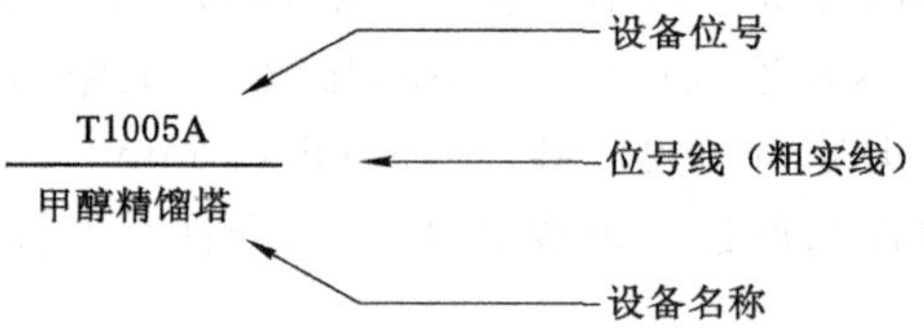

图 4-6　设备位号和名称的标注方法

别代号、设备所在主项编号、主项内同类设备顺序号和相同设备的数量尾号四个单元组成，如图 4-7 所示。

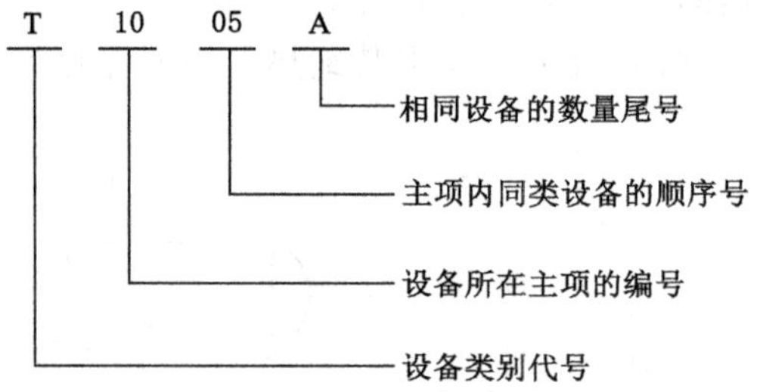

图 4-7　设备位号的标注方法

a. 设备类别代号：按设备类别编制不同的代号，一般取设备英文名称的第一个字母（大写）作代号，具体规定见表 4-4。

表 4-4　设备类别代号（摘自 HG/T 20519—2009）

设备类别	代号	设备类别	代号	设备类别	代号	设备类别	代号
塔	T	换热器	E	火炬、烟囱	S	计量设备	W
泵	P	反应器	R	容器（槽、罐）	V	其他机械	M
压缩机、风机	C	工业炉	F	起重运输设备	L	其他设备	X

b. 主项编号：按工程项目负责人给定的主项编号填写，一般采用两位数字，从 01 开始，最大为 99。

c. 设备顺序号：按同类设备在工艺流程中流向的先后顺序编制，采用两位数字，从 01 开始，最大为 99。

d. 相同设备的数量尾号：两台或两台以上相同设备并联时，它们的位号前三项完全相同，而用不同的数量尾号予以区别。按数量和排列顺序依次以大写英文字母 A、B、C……作为每台设备的尾号。

② 设备名称

设备名称注写在位号线的下方，要求所写的名称能尽可能反映该设备的用途，例如乙苯塔、甲醇罐、氨冷凝器、脱硫塔等，不要写成精馏塔、贮槽、换热器、吸收塔。

（3）标注位置

在工艺管道及仪表流程图中，设备（机器）一般要在两个地方进行标注，第一是标注在相应设备(机器)图形的上方或下方,要求排列整齐,在同一水平线上,尽可能正对所标设备,并在位号线的下方标注设备名称。当几个设备或机器为垂直排列时,它们的位号和名称可以水平标注,也可由上而下按顺序标注,还可将偏在上方的设备标注在图纸的上方,另一设备标注在图纸的下方。第二是在设备内或其近旁,此处仅注位号及位号线,不注名称。设备(机器)的位号和名称标注如图 4-8 所示。

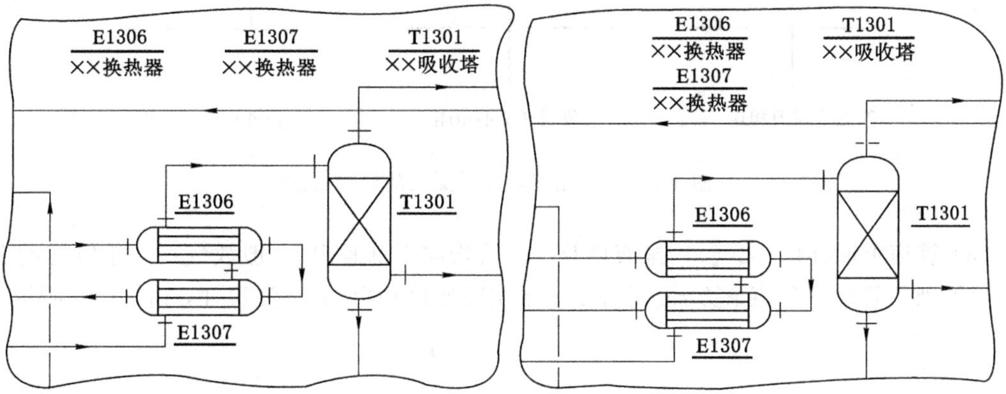

(a)　　(b)

图 4-8　设备标注方式示意图

4.3.3　管道的图示方法和标注

4.3.3.1　管道的图示方法

工艺管道包括正常操作所用的物料管道,工艺排放系统管道,开、停车和必要的临时管道。绘制时应绘出全部工艺管道以及与工艺有关的一段辅助及公用管道。绘制时注意以下规定:

(1) 一般用单线表达各种物料的通向及物料流经各设备的概况,各类管道的线型规定见表 4-5。其中,固体物料进出设备示意一般用粗虚弧线(或折线)表示;管线的伴热管要全部绘出,夹套管可在两端只画出一小段,隔热管道要在适当部位绘出隔热图例。

表 4-5　常用管道的图形符号(摘自 HG/T 20519—2009)

名称	图例	备注
主物料管道		粗实线
次要物料管道、辅助物料管道		中粗线
引线、设备、管件、阀门、仪表图形符号和仪表管线等		细实线
原有管道		管线宽度与其相接的新管道相同
地下管道(埋地或地下管沟)		
柔性管		
蒸汽伴热管道		
电伴热管道		
管道绝热层		绝热层只需表示一段

(2) 在绘制管道时，尽可能把管道画成水平或竖直，管道转弯处一般画成直角。注意避免穿过设备或使管道交叉，在不可避免时，则将其中一管道断开一段，如图 4-9 所示，在管道交叉不可避免时，尽量按同一物料“先不断后断”、不同物料“主不断辅断”的原则，将其中的一根管道断开一段，断开处的间隙至少为线粗的 5 倍左右。

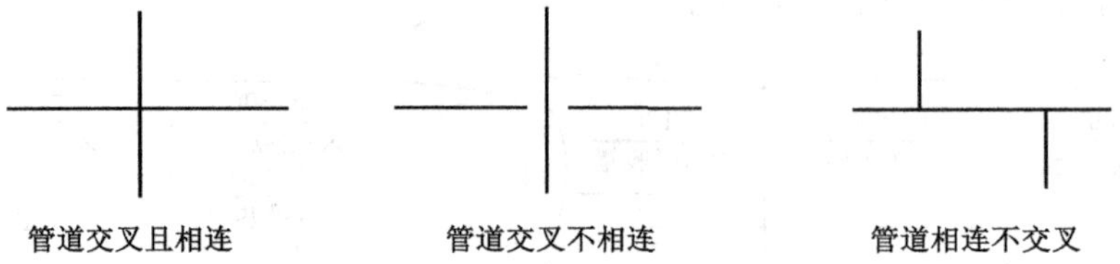

图 4-9　管道相连和管道交叉的绘制方法

(3) 管道上取样口、放气口、排液口及液封管均应全部画出，一般放气口绘于管道的上方，排液口及液封管绘于管道下方，液封管尽量按实际比例画出，并标注尺寸，如图 4-10 所示。

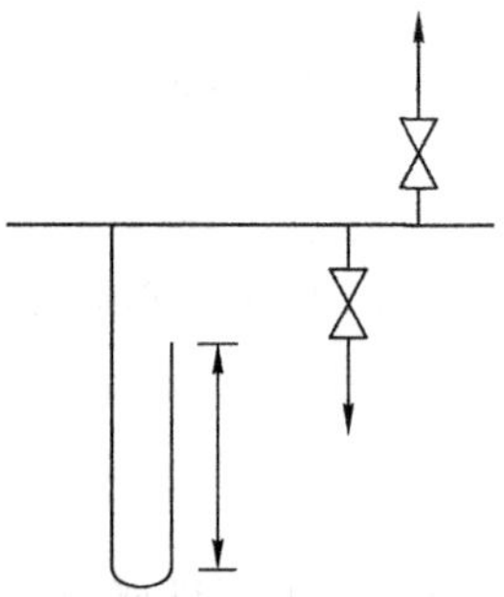

图 4-10　液封管、排液口及放气口绘制方法

(4) 每根管道都要绘制表示物料流向的箭头，箭头直接画在管线上。管线有转折时，则每一段都要绘制流向箭头。

(5) 工艺管道及仪表流程图中的工艺物料管道一般采用左进右出的方式。在工艺管道及仪表流程图上的辅助物料、公用物料连接管不受左进右出的限制，而以就近、整齐安排为宜。放空或去卸压系统的管道，在图纸上(下)方或左(右)方离开本图。

(6) 图上的管道与其他图纸有关时，一般将其端点集中绘制在图的左方或右方，用空心箭头表示图纸接续标志，标出物流方向(进或出)，如图 4-11 所示。对于进出不同装置或主项的管道线或仪表信号线的图纸接续标志，相应图纸编号填在空心箭头内，在空心箭头附近注明来或去的设备位号或管道号(管道号只标注基本管道号)或仪表位号，如图 4-11(a)所示；对于进出同一装置或主项内的管道线或仪表信号线的图纸接续标志，相应图纸编号的序号填在空心箭头内，在空心箭头附近注明来或去的设备位号或管道号(管道号只标注基本管道号)或仪表位号，如图 4-11(b)所示。

4.3.3.2　管道的标注

(1) 标注内容

管道及仪表流程图中全部管道都要标注管道组合号，但下列内容除外：

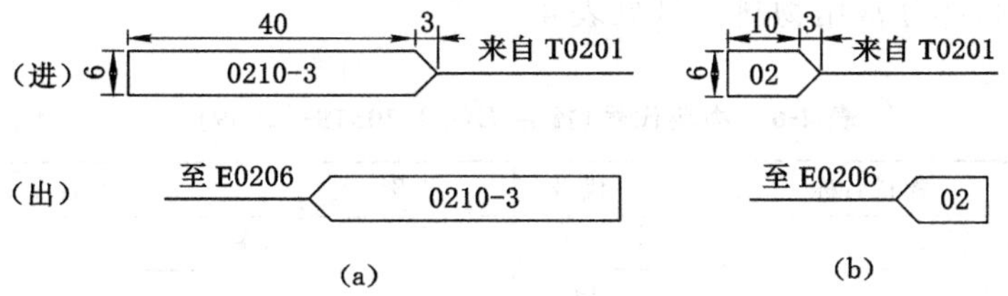

图 4-11　图纸接续标志的绘制方法

① 阀门、管路附件的旁路管道，例如调节阀的旁路、管道过滤器的旁路、疏水阀的旁路、大阀门的开启旁路等。

② 管道上直接排入大气的放空短管以及就地排放的短管，阀后直排大气无出气管的安全阀前入口管等，管道和短管连同它们的阀门、管件均编入其所在的(主)管道中。

③ 设备管口与设备管口直连，中间无短管者(如重叠直连的换热器接管)。

④ 直接连于设备管口的阀门或盲板(法兰盖)等。这些阀门、盲板(法兰盖)仍要在管道综合材料表中作为附件予以统计。

⑤ 仪表管道。

⑥ 卖方(或制造厂)在成套设备(机组)中提供的管道及管件等(卖方提供了管道仪表流程图或管道布置图)。其材料应在材料表中予以统计。

工艺管道及仪表流程图中管道标注的内容分为四个部分，即管段号(又称管道号，包括物料代号、主项编号、管道序号三个单元)、管径、管道等级和隔绝热(或隔声)，总称为管道组合号。管段号和管径为一组，用一短横线隔开；管道等级和隔绝热(或隔声)代号为另一组，用一短横线隔开，两组间留适当的空隙(也可用一短横线隔开)。

(2) 标注方法

水平管道宜平行标注在管道的上方，竖直管道宜平行标注于管道的左侧(字头朝左)。在管道密集、无处标注的地方，可用细实线引至图纸空白处水平(竖直)标注，也可将两组分别标注在管道的上下(或左右)方。如图 4-12 所示。

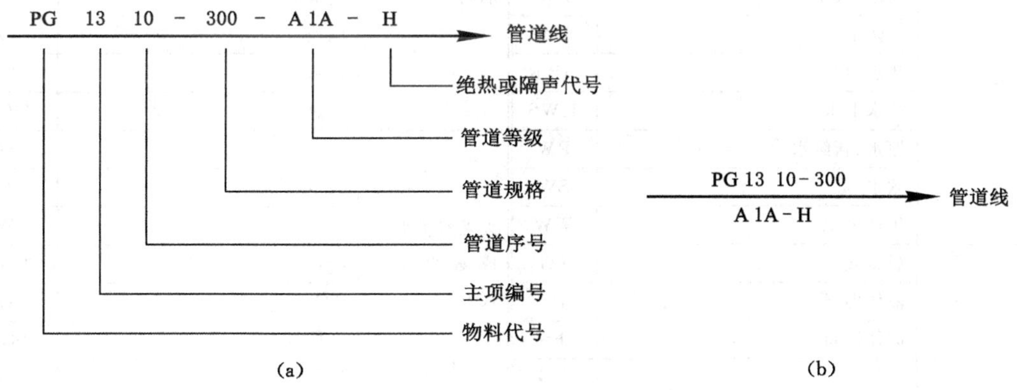

图 4-12　管道的标注方法

① 物料代号：通常按物料的名称和状态取其英文名称的字头组成。一般采用 2～3 个

大写英文字母表示，部分常用物料代号见表 4-6。

表 4-6　物料代号(摘自 HG/T 20519—2009)

类别	物料名称	代号	类别	物料名称	代号
工艺物料	工艺空气	PA	制冷剂	气氨	AG
	工艺气体	PG		液氨	AL
	工艺液体	PL		气体乙烯或乙烷	ERG
	工艺固体	PS		液体乙烯或乙烷	ERL
	工艺物料(气-液两相流)	PGL		氟利昂气体	FRG
	工艺物料(气-固两相流)	PGS		氟利昂液体	FRL
	工艺物料(液-固两相流)	PLS		气体丙烯或丙烷	PRG
	工艺水	PW		液体丙烯或丙烷	PRL
空气	空气	AR		冷冻盐水回水	RWR
	压缩空气	CA		冷冻盐水上水	RWS
	仪表用空气	IA	其他物料	排液、导淋	DR
蒸汽及冷凝水	高压蒸汽(饱和或微过热)	HS		熔盐	FSL
	中压蒸汽(饱和或微过热)	MS		火炬排放气	FV
	低压蒸汽(饱和或微过热)	LS		氢	H
	高压过热蒸汽	HUS		加热油	HO
	中压过热蒸汽	MUS		惰性气	IG
	低压过热蒸汽	LUS		氮	N
	伴热蒸汽	TS		氧	O
	蒸汽冷凝水	SC		泥浆	SL
水	锅炉给水	BW		真空排放气	VE
	化学污水	CSW		放空	VT
	循环冷却水回水	CWR	油料	污油	DO
	循环冷却水上水	CWS		燃料油	FO
	脱盐水	DNW		填料油	GO
	饮用水、生活用水	DW		润滑油	LO
	消防水	FW		原油	RO
	热水回水	HWR		密封油	SO
	热水上水	HWS		导热油	HO
	原水、新鲜水	RW	天然气抽取合成氨的补充代号	气氨	AG
	软水	SW		液氨	AL
	生产废水	WW		氨水	AW
燃料	燃料气	FG		转化气	CG
	液体燃料	FL		天然气	NG
	固体燃料	FS		合成气	SG
	天然气	NG		尾气	TG

② 主项编号：按工程规定的主项编号填写，采用两位数字，从 01 开始，至 99 为止。

③ 管道序号：相同类别的物料在同一主项内以流向先后为序，顺序编号。采用两位数

字，从 01 开始，至 99 为止。

④ 管道规格：一般标注公称直径，以 mm 为单位，只注数字，不注单位。如 DN200 的公制管道，只需标注“200”；2 英寸的英制管道，则表示为“2″”。

⑤ 管道等级：按标准 HG/T 20519—2009 规定，管道等级由管道公称压力等级代号、管道材料等级顺序号、管道材质类别代号三个单元组成，如图 4-13 所示。

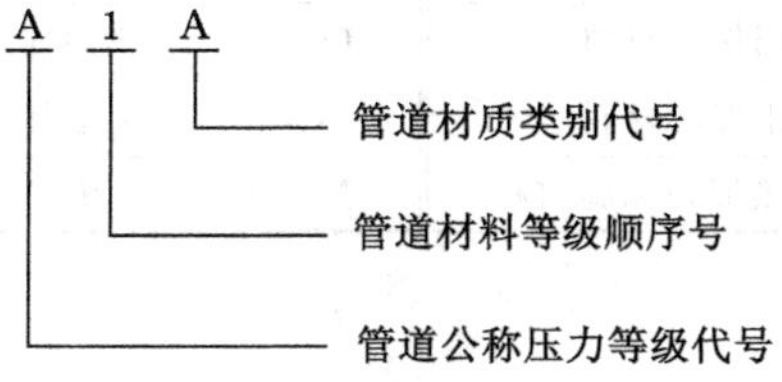

图 4-13　管道等级的标注方法

a. 管道公称压力等级代号：用大写英文字母表示。A～G 用于 ASME（美国机械工程师协会）标准压力等级代号，H～Z 用于国内标准压力等级代号（其中 I、J、O、X）不用，见表 4-7。

表 4-7　公称压力等级代号（摘自 HG/T 20519—2009）

用于 ASME 标准					
代号	压力等级	代号	压力等级	代号	压力等级
A	150 LB(2 MPa)	B	300 LB(5 MPa)	C	400 LB
D	600 LB(11 MPa)	E	900 LB(15 MPa)	F	1 500 LB(26 MPa)
G	2 500 LB(42 MPa)				
用于国内标准					
H	0.25 MPa	K	0.6 MPa	L	1.0 MPa
M	1.60 MPa	N	2.5 MPa	P	4.0 MPa
Q	6.4 MPa	R	10.0 MPa	S	16.0 MPa
T	20.0 MPa	U	22.0 MPa	V	25.0 MPa
W	32.0 MPa				

b. 管道材料等级顺序号：用阿拉伯数字表示，由 1～9 组成。在压力等级和管道材质类别代号相同的情况下，可以有 9 个不同系列的管道材料等级。

c. 管道材质类别代号：用大写英文字母表示。HG/T 20519—2009 标准规定的常用管道材质类别代号见表 4-8。

表 4-8　管道材质类别代号（摘自 HG/T 20519—2009）

代号	材质类别	代号	材质类别	代号	材质类别	代号	材质类别
A	铸铁	C	普通低合金钢	E	不锈钢	G	非金属
B	碳钢	D	合金钢	F	有色金属	H	衬里及内防腐

⑥ 绝热或隔声代号：根据标准 HG/T 20519—2009 规定，按绝热及隔声功能类型不同，

以大写英文字母作为代号，见表4-9。

表4-9 绝热及隔声代号(摘自HG/T 20519—2009)

代号	功能类型	备注	代号	功能类型	备注
H	保温	采用保温材料	S	蒸汽伴热	采用蒸汽伴管和保温材料
C	保冷	采用保冷材料	W	热水伴热	采用热水伴管和保温材料
P	人身防护	采用保温材料	O	热油伴热	采用热油伴管和保温材料
D	防结露	采用保冷材料	J	夹套伴热	采用夹套伴管和保温材料
E	电伴热	采用电热带和保温材料	N	隔声	采用隔声材料

注意事项如下：

① 在满足设计、施工和生产方面的要求，并不会产生混淆和错误的前提下，管道号的数量应尽可能减少。

② 辅助和公用工程系统管道、界外管道的管道组合号均按上述方法编制。同一根管道在进入不同主项时，其管道组合号中的主项编号和顺序号均要变更。在图纸上要注明变更处的分界标志。

③ 装置外供给的原料，其主项编号以接受方的主项编号为准。

④ 放空和排液管道若有管件、阀门和管道，则要标注管道组合号。若放空和排液管道系排入工艺系统自身，其管道组合号按工艺物料编制。

⑤ 从一台设备管口到另一台设备管口之间的管道，无论其规格或尺寸改变与否，要编一个号；设备管口与管道之间的连接管道也要编一个号；两根管道之间的连接管道也要编一个号。

⑥ 一根管道与多台并联设备相连时，若此管道作为总管出现，则总管编一个号，总管到各设备的连接支管也要分别编号；若此管不作为总管出现，一端与设备直连(允许有异径管)，则此管到离其最远设备的连接管编一个号，与其余各设备间的连接管也分别编号。

⑦ 界外管道作为厂区外管或另有单独主项号时，其编号中的主项编号要以界外管道主项为准。

4.3.4 阀门、管件的图示方法和标注

4.3.4.1 阀门、管件的图示方法

在工艺管道及仪表流程图上，除需绘制管道外，还应按规定的图例，用细实线绘出管道上的全部阀门和部分管道附件(各类管道过滤器、消声器、管道混合器、阻火器、视镜、漏斗、蒸汽排放头、安全洗眼器、异径接头、盲板、下水漏斗等)。管道与管道之间的一般连接件(如弯头、法兰、三通等)若无特殊要求不需绘出，但为安装和检修等原因所加的法兰、螺纹连接件等仍需绘出和标注。部分常用阀门的图形符号见表4-10。

在同一张工艺管道及仪表流程图上，所有阀门的大小应该一致，阀门图例尺寸一般为6 mm×3 mm(长×宽)或4 mm×2 mm。图上水平绘制的不同高度的阀门应尽可能排列在同一垂直线上，而垂直绘制的不同位置的阀门应尽可能排列在同一水平线上，且在图上表示的高低位置应大致符合实际高度。

表 4-10　常用阀门的图形符号(摘自 HG/T 20519—2009)

名称	符号		名称	符号	备注
截止阀			闸阀		中间垂直线长 3 mm
蝶阀		圆黑点直径 2 mm	球阀	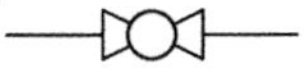	圆直径 2～3 mm
隔膜阀			旋塞阀		圆黑点直径 2 mm
止回阀			节流阀		
针形阀			减压阀	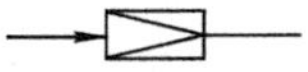	
疏水阀		圆直径 3 mm	底阀		
呼吸阀			角式截止阀	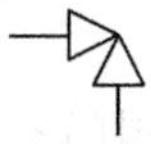	
三通截止阀	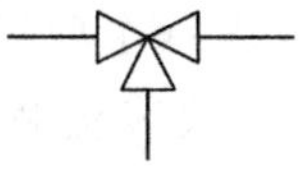		四通截止阀	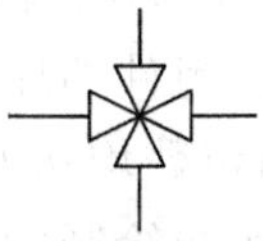	
角式弹簧安全阀	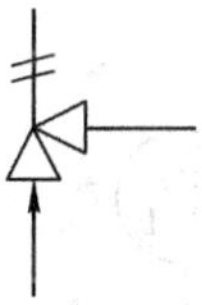	出口管为水平方向	角式重锤安全阀	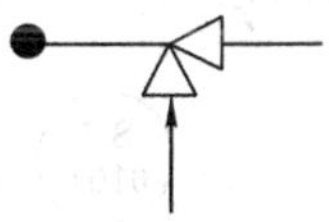	出口管为水平方向

4.3.4.2　阀门、管件的标注

(1) 标注内容

在工艺管道及仪表流程图中，对工艺过程所使用的一些特殊阀门和管道附件，如减压阀、安全阀、疏水阀、爆破片、阻火器、限流孔板等，均应按照 HG/T 20519—2009 进行编号和标注。其标注的内容包含分类代号和相应的序号两个部分。

(2) 标注方法

管道上的阀门、管道附件的公称通径与所在管道公称通径不同时要注出它们的尺寸，必要时还需要注出它们的型号，异径管一律以大端公称直径乘以小端公称直径表示，如图 4-14(a)所示；当对异径管位置有要求时，还应标注其定位尺寸；当管段的长度必须限制时，也需注出其长度尺寸限度，如图 4-14(b)所示；同一个管道号只是管径不同时，可以只注管径，如图 4-15 所示。

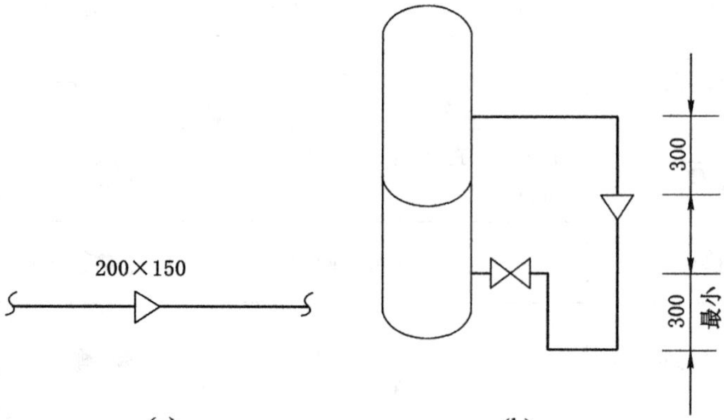

(a) (b)

图 4-14 异径管的标注方法

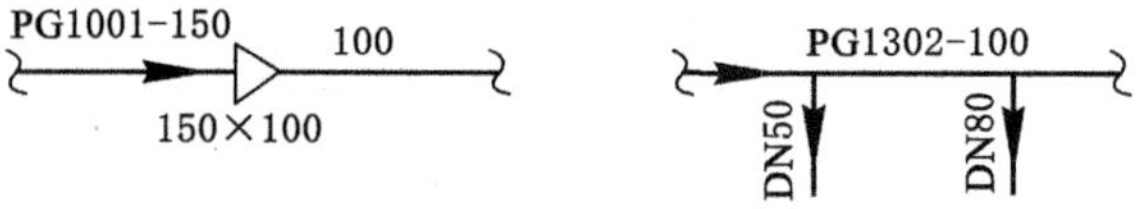

图 4-15 相同管道号、不同管径的标注方法

它们之中的特殊阀门和管道附件还要进行分类编号，必要时以文字、放大图和数据表加以说明。一般以 SV 作为特殊阀门代号，SP 作为特殊管道附件代号，RO 作为限流孔板代号。特殊阀门和管道附件的序号一般采用 4 位数字表示，前两位表示主项编号，后两位表示其排列的顺序号，两位数均从 01 开始，最高为 99。在工艺管道及仪表流程图中标注时，编号填写在一个用细实线绘制的直径为 10 mm 的圆或边长为 10 mm 的方框中，代号在上、序号在下，如图 4-16 所示。

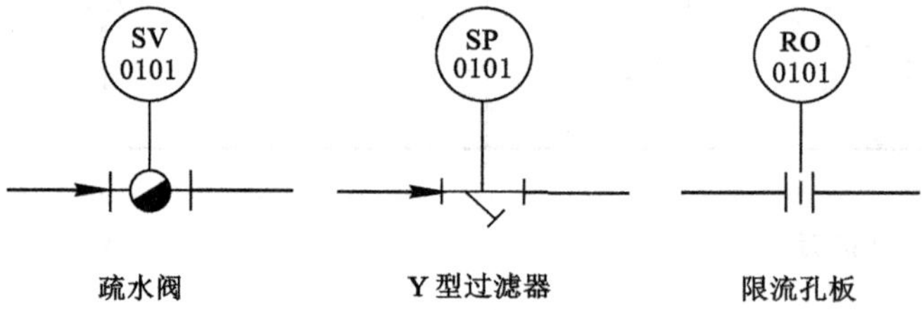

图 4-16 特殊阀门、管件的标注

4.3.5 仪表控制系统及分析取样系统的图示方法和标注

4.3.5.1 仪表控制系统及分析取样系统的图示方法

在工艺管道及仪表流程图中，必须用细实线绘出和标注所有与工艺有关的检测仪表、调节控制系统、分析取样点和取样阀(组)。这些仪表控制点用细实线在相应的管道上的大致安装位置用规定符号画出。该符号包括图形符号和字母代号，它们组合起来表达工业仪表所处理的被测变量和功能，或表示仪表、设备、元件、管线的名称。

仪表的功能符号由一个首位字母和 1～3 个后继字母组成。其中首位字母表示被测参数，后继字母表示读出功能、输出功能。常见仪表功能标志的字母代号见表 4-11。

表 4-11　常见仪表功能标志的字母代号(摘自 HG/T 20505—2014)

字母	首位字母		后继字母		
	被测变量或引发变量	修饰词	读出功能	输出功能	修饰词
A	分析		报警		
D	密度	差			
E	电压(电动势)		检测元件		
F	流量	比率(比值)			
G	毒性气体或可燃气体		视镜、观察		
H	手动				高
I	电流		指示		
J	功率	扫描			
K	时间、时间程序	变化速率		操作器	
L	物位		灯		低
M	水分或湿度	瞬动			中、中间
P	压力、真空		连接或测试点		
Q	数量	计算、累计			
S	速度、频率	安全		开关、连锁	
T	温度			传送(变送)	
W	重量、力		套管		

注:"首位字母"指单个表示被测变量或引发变量的字母;"后继字母"可以为一个字母(读出功能),或两个字母(读出功能＋输出功能),或三个字母(读出功能＋输出功能＋读出功能)。

检测、显示、控制等仪表的图形符号是一个细实线圆，其直径约为 10 mm(或 12 mm)，圈外用一条细实线指向工艺管线或设备轮廓线上的检测点，如图 4-17 所示。仪表常见的各种连接线的图形符号见表 4-12，仪表常见安装位置及功能的图形符号见表 4-13，部分常见执行机构的图形符号见表 4-14。

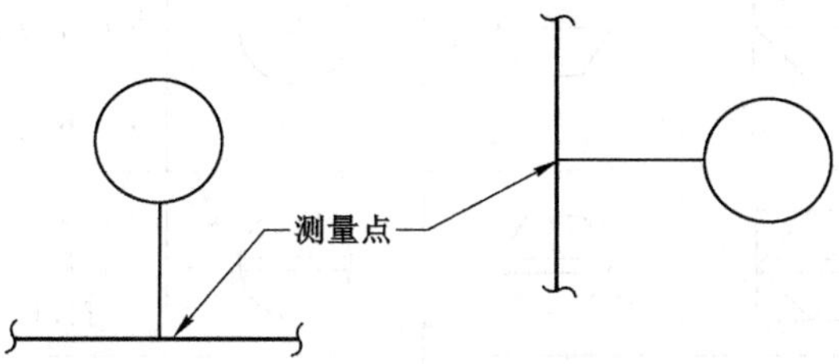

图 4-17　仪表的图形符号

表 4-12　仪表连接线的图形符号(摘自 HG/T 20505—2014)

仪表连接线类型	示例	备注
仪表与工艺设备、管道上测量点的连接线		细实线
通用仪表信号线		细实线
气动信号线		双短画线与细实线呈 45°
电动信号线		细虚线
导压毛细管	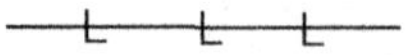	细实线上间隔画“ L”
液压信号线		细实线上间隔画“ x”
电磁、辐射、热、光或声波等信号线		细实线上间隔画“ ∿ ”
信号线交叉	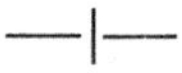	交叉处断开其中一根信号线
信号线相接	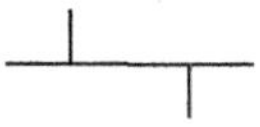	接点处不画点

表 4-13　仪表安装位置及功能的图形符号(摘自 HG/T 20505—2014)

序号	共享显示、共享控制		C	D	安装位置与可接近性
	A	B			
	首选或基本过程控制系统	备选或安全仪表系统	计算机系统及软件	单台(单台仪表设备或功能)	
1	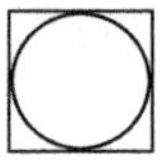	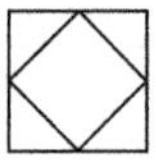	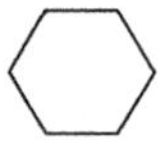	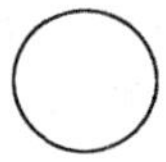	·位于现场 ·非仪表盘、柜、控制台安装 ·现场可视 ·可接近性——通常允许
2	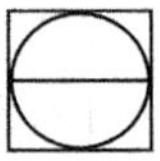	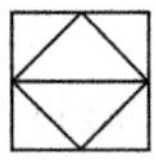	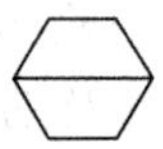	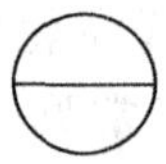	·位于控制室 ·控制盘/台正面 ·在盘的正面或视频显示器上可视 ·可接近性——通常允许
3	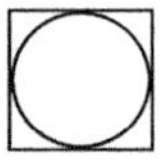	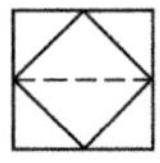	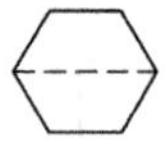	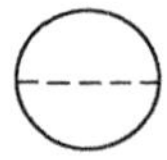	·位于控制室 ·控制盘背面 ·位于盘后的机柜内 ·在盘的正面或视频显示器上不可视 ·可接近性——通常不允许
4	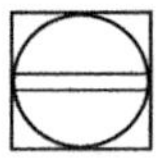	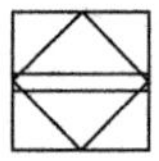	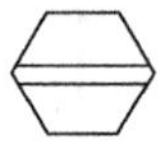	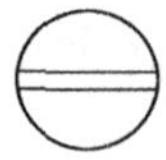	·位于现场控制盘/台正面 ·在盘的正面或视频显示器上可视 ·可接近性——通常允许
5	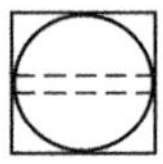	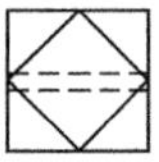	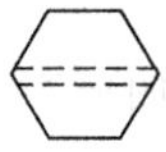	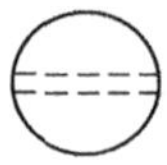	·位于现场控制盘背面 ·位于现场机柜内 ·在盘的正面或视频显示器上不可视 ·可接近性——通常不允许

表 4-14　执行机构的图形符号(摘自 HG/T 20505—2014)

执行机构名称	图形符号	执行机构名称	图形符号
气动执行机构		气动执行机构 (带电气阀门定位器)	
电动执行机构		电磁执行机构	
数字执行机构		活塞执行机构	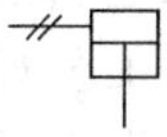

这些规定、说明、图例等一般以首页图或图例(图)的形式统一进行规定、注释,具体示例如图 4-18 所示。

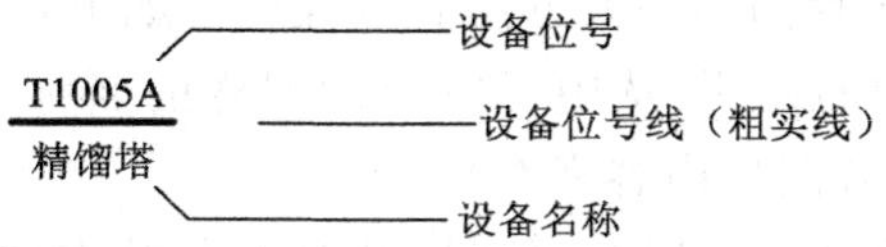

图 4-18　仪器设备的表示方法

4.3.5.2　仪表控制系统及分析取样系统的标注

在工艺管道及仪表流程图中,对所有的检测仪表和控制仪表都要进行标注。标注时仪表功能符号标注在仪表图形符号的上半部,回路编号标注在仪表图形符号的下半部。

同时,在检测系统中,构成回路的每个仪表(或元件)都有自己的仪表位号。仪表位号由字母代号组合与阿拉伯数字编号组成。其中,第一位字母表示被测变量,后继字母表示仪表的功能,数字编号表示工段号和回路顺序号,一般用三位或四位数字表示。仪表位号的标注方法是把字母代号填写在圆圈的上半圆中,数字编号填写在圆圈的下半圆中。常见被测变量及仪表功能字母组合示例见表 4-11。

4.3.6　工艺管道及仪表流程图的作图步骤

(1) 根据需要先用细实线绘制地坪、楼板、操作台台面等基准面线。

(2) 按照流程从左至右用细实线画出设备(机器)的规定图例,并使各设备(机器)横向间留有一定的间距,以便布置管道流程线。设备(机器)的高低位置,尽可能符合实际安装情况。

(3) 用粗实线画出主要物料管道流程线,并配以表示流向的箭头,同时用细实线画出主要物料管道流程线上的阀、管件以及与工艺有关的检测仪表,调节控制系统,分析取样点的符号和代号。

(4) 用中实线画出辅助物料管道流程线,同样配以表示流向的箭头,并用细实线画出在辅助物料管道流程线上的阀、管件以及有关的检测仪表,调节控制系统,分析取样点的符号和代号。

(5) 分别对设备(机器)、管道等进行标注。

（6）填写标题栏。

（7）把图中所采用的部分规定（如图例、符号、设备位号、物料代号、管道编号以及自控仪表等）以图表形式绘制在图形中，或绘制成首页图以便更好地了解和使用各设计文件。

总的来说，所有工艺流程图不按精确比例绘制，一般设备（机器）图例只取相对比例。允许实际尺寸过大的设备（机器）按比例适当缩小，实际尺寸过小的设备（机器）按比例可适当放大，可以相对示意出各设备位置高低，整个图面要协调、美观（一般使用 AutoCAD 绘图时，往往采用实际幅面绘图，即先绘制图纸幅面，然后按需要表达的对象大小据实画出）。

4.3.7 工艺管道及仪表流程图的阅读

由于工艺管道及仪表流程图是设计、绘制设备布置图和管道布置图的基础，又是施工安装和生产操作时的参考依据，因此读懂工艺管道及仪表流程图很重要。流程图中给出了物料的工艺流程，以及为实现这一工艺流程所需设备的数量、名称、位号，管道的编号、规格以及阀门和控制点的部位、名称等。阅读工艺管道及仪表流程图的任务就是要把图中所给出的这些信息完全搞清楚，以便在管道安装和工艺操作中做到心中有数。

阅读工艺管道及仪表流程图的一般方法和步骤通常如下：

（1）看标题栏和图例中的说明：从中了解所读图样的名称、各种图形符号、代号的意义及管道的标注等（一般可结合图形内容来看）。

（2）掌握系统中设备的数量、名称及位号：结合工艺基本原理，理解主要设备的作用及其在流程中的位置（上下关系）。

（3）了解主要物料的工艺施工流程线：工艺流程线反映了设备、管件、阀门、仪表控制等的位置和先后顺序，给出了整个生产过程中物料的走向及进出设备的情况

（4）了解其他物料的工艺施工流程线。

（5）统筹考虑整个流程所有设备、部件等的作用关系，理清其在整个流程中的作用，结合基本生产工艺原理进行整体把握。

第 5 章　设备布置图

用来表达厂房内外设备安装位置的图样称为设备布置图。设备布置图以管道和仪表流程图、土建图、设备表、设备图、管道走向和管道研究图及制造商提供的有关产品资料为依据按设计阶段进行绘制，分为基础工程设计阶段和详细工程设计阶段。每个阶段又有不同“版”，其内容的表达和深度要求不同，总的要求是符合《化工装置设备布置设计规定》（HG/T 20546—2009）相关规范。本章仅对设备布置图绘制过程中基本内容和规定进行说明，具体请参阅相关标准规范。

5.1　设备布置图的作用和内容

设备布置图是在简化了的厂房建筑图上增加了设备布置的内容，用来表示设备与建筑物、设备与设备之间的相对位置，并能直接指导设备安装的图样。设备布置图是化工设计、施工、设备安装、绘制管道布置图的重要技术文件。

图 5-1 为某设备布置图。从中可以看出，设备布置图一般包括以下几方面内容：

（1）一组视图。视图按正投影法绘制，包括平面图和剖视图，用以表示装置的界区范围、装置界区内建（构）筑物的形式和结构、设备在厂房内外的布置情况以及辅助设施在装置界区内的位置。

（2）尺寸和标注。包括设备的位号、定位尺寸、建筑物定位轴线的编号和其他必要的相关标注及说明等。

（3）安装方位标。表示厂房和设备安装方位基准的图标，一般位于设备平面布置图纸的右上方。

（4）设备一览表。将设备的位号、名称、技术规格及有关参数列表说明。

（5）图上的附注。如立面图图号、地面设计标高、图中缩写词的说明，以及对设备安装有关的特殊要求的说明等，位于标题栏的正上方。

（6）标题栏及修改栏。填写图名、图号、比例、设计阶段等。

（7）设备一览表。有的设备布置图还有设备一览表，在设备一览表中详细列出设备布置图上各设备的名称、位号、型号规格、数量及所在图号等相关信息，以便为进一步了解设备的布置提供参考。

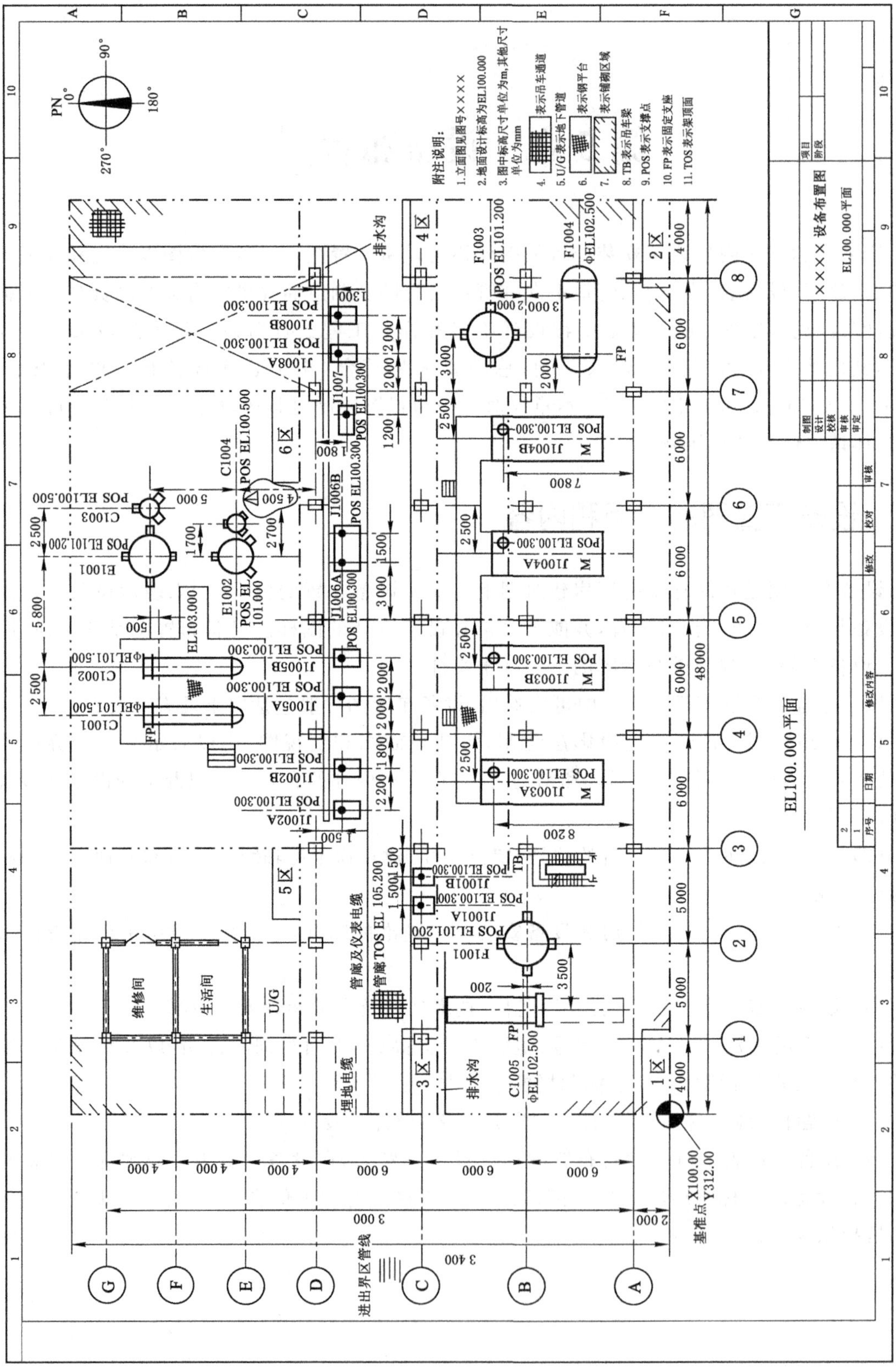
附注说明:
1.立面图见图号××××
2.地面设计标高为EL100.000
3.图中标高尺寸单位为m,其他尺寸单位为mm
4. 表示吊车通道
5.U/G表示地下管道
6. 表示钢平台
7. 表示铺砌区域
8.TB表示吊车梁
9.POS表示支撑点
10.FP表示固定支座
11.TOS表示架顶面
××××设备布置图
EL100.000平面
EL100.000平面
PN
0°
90°
180°
270°
基准点 X100.00 Y312.00
进出界区管线
维修间
生活间
U/G
埋地电缆
管廊及仪表电缆
管廊TOS EL 105.200
排水沟
C1005
ΦEL102.500
E1001
E1002
C1001
C1002
C1003
C1004
F1001
F1003
F1004
J1001A
J1001B
J1002A
J1002B
J1003A
J1003B
J1004A
J1004B
J1005A
J1005B
J1006A
J1006B
J1007
J1008A
J1008B
48 000

图 5-1　某设备布置图

5.2 绘制设备布置图应遵循的规定

设备布置图的设计要遵循《石油化工企业设计防火标准》(GB 50160—2008)、《建筑设计防火规范》(GB 50016—2014)、《化工装置设备布置设计规定》(HG/T 20546—2009)和《化工工艺设计施工图内容和深度统一规定》(HG/T 20519—2009)等。

设备布置图的绘制应以管道及仪表流程图、土建图、设备表、设备图、管道走向和管道研究图及制造商提供的有关产品资料为依据，并遵守下列规定：

(1) 图线宽度应符合 HG/T 20546.1—2009 的规定，见表 5-1。

表 5-1　图线用法的一般规定(摘自 HG/T 20546—2009)

线型	图例	图线宽度		
		粗线 0.6～0.9 mm	中粗线 0.3～0.5 mm	细线 0.15～0.25 mm
实线	———	1. 可见设备轮廓线。 2. 动设备的基础(不绘制动设备外形时)	设备基础	1. 原有设备轮廓线。 2. 设备管口。 3. 土建的柱、梁、门窗。 4. 楼梯、墙、楼板、开孔等
虚线	-----	1. 不可见设备轮廓线。 2. 不可见动设备的基础(不绘制动设备外形时)	设备基础	
点画线	—·—			1. 设备中心线。 2. 设备管口中心线。 3. 建筑轴线
双点画线	—··—	界区线、区域分界线、接续分界线		预留设备

(2) 设备布置图图例及简化画法应符合 HG/T 20546.1—2009 的规定。布置图中常见的图例及简化画法见表 5-2。

表 5-2　设备布置图中的图例及简化画法(摘自 HG/T 20546—2009、HG/T 20519—2009)

名称	图例及简化画法	备注
坐标原点		圆直径为 10 mm
方向标	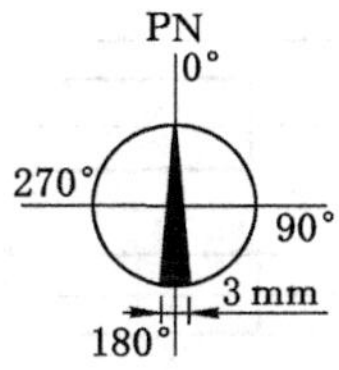	圆直径 20 mm，细实线绘制

表 5-2(续)

名称	图例及简化画法	备注
指北针和风玫瑰图	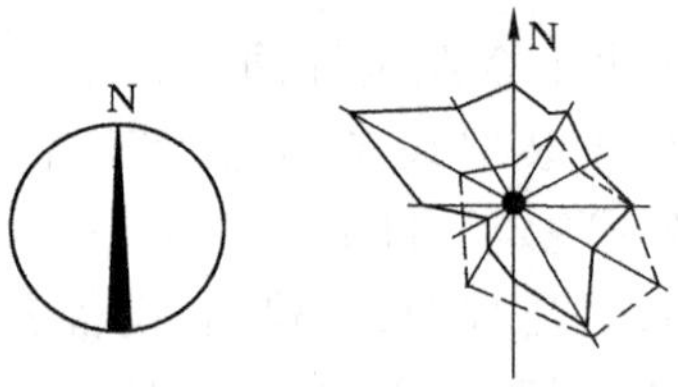	
素土地面	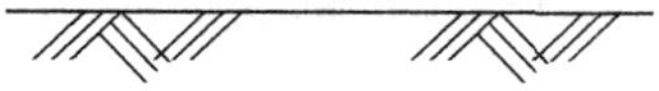	
砾石(碎石)地面	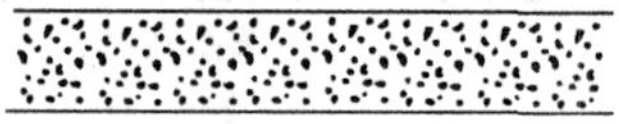	
混凝土地面	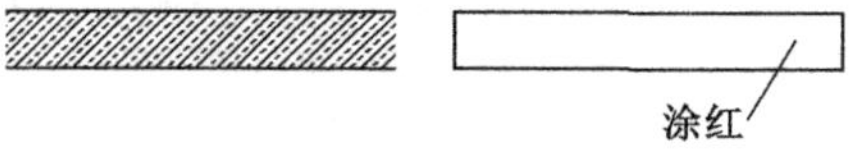	
钢筋混凝土	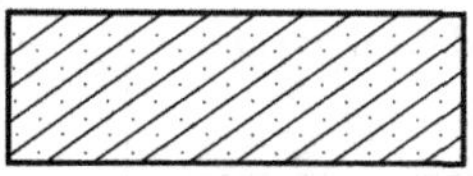	
安装孔、地坑	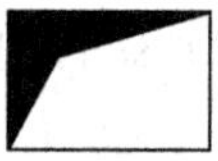	
电动机	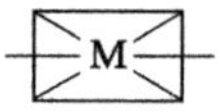	
圆形地漏	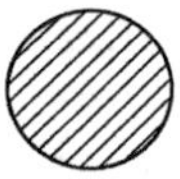	
仪表盘、配电箱		
双扇门		剖面涂红色或填充灰色
单扇门	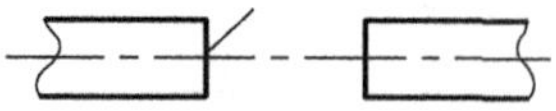	剖面涂红色或填充灰色
空洞门	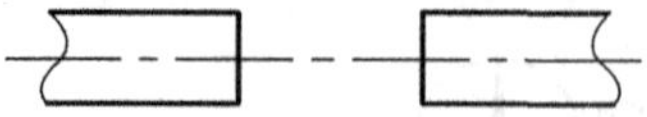	剖面涂红色或填充灰色
窗	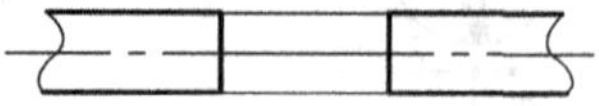	剖面涂红色或填充灰色

表 5-2(续)

名称	图例及简化画法	备注
栏杆	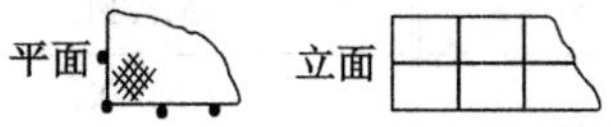	
楼梯	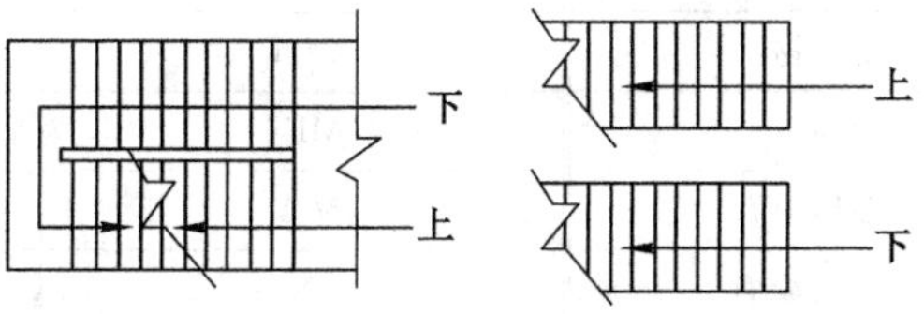	
直梯	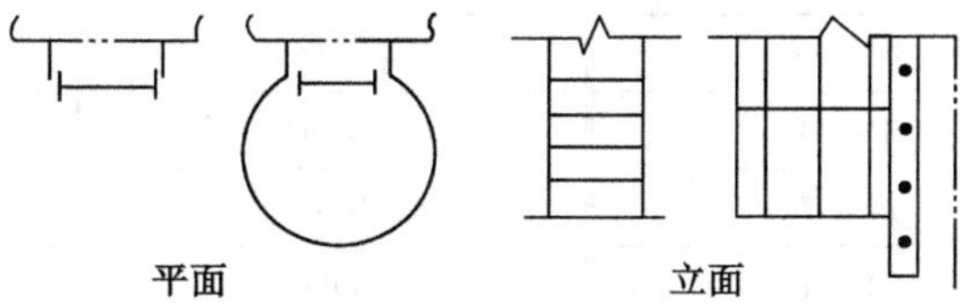	
地沟混凝土盖板	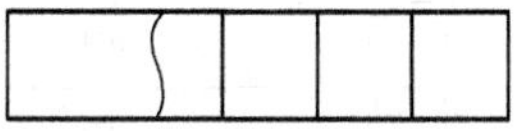	
花纹钢板	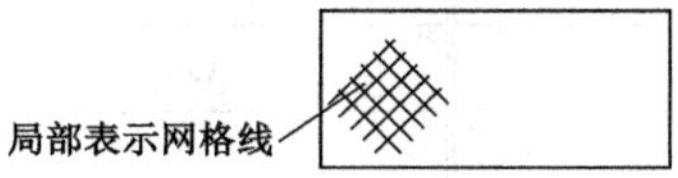	
篦子板	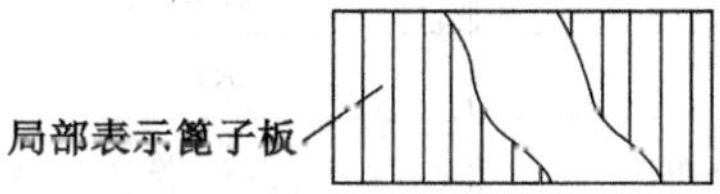	
柱子	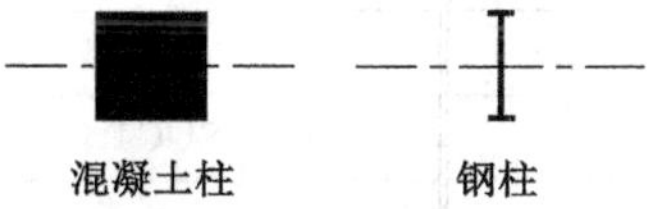	剖面涂红色或填充灰色
平台和平台标高	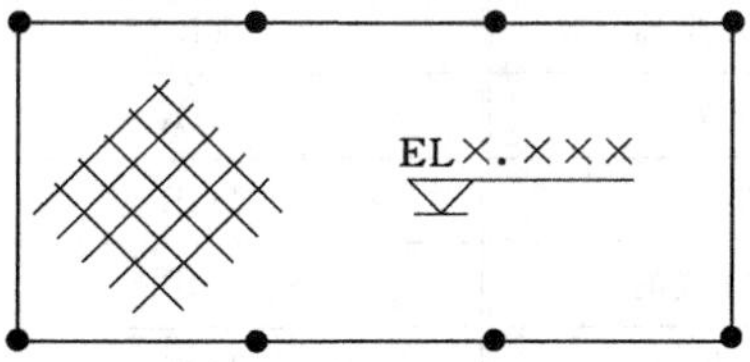	
铁路	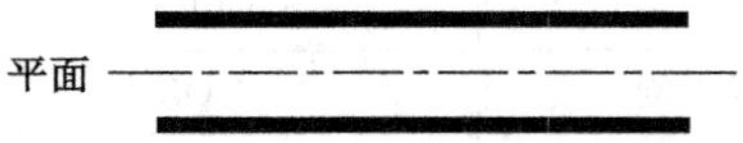	粗实线线宽 0.9 mm

(3) 设备布置图常用的缩写词应符合 HG/T 20546.1—2009 的规定。设备布置图中部分缩写词见表 5-3。

表 5-3 设备布置图中部分缩写词(摘自 HG/T 20546—2009)

缩写词	词 意	缩写词	词 意
ABS	绝对的	MATL	材料
ATM	大气压	MAX	最大
BL	装置边界	MFR	制造厂、制造者
BLDG	建筑物	MH	人孔
BOP	管底	MIN	最小
C-C	中心到中心	M.L	接续线
C-E	中心到端面	N	北
C-F	中心到面	NOM	公称的、额定的
CHKD PL	网纹板	NOZ	管口
C.L	中心线	NPSH	净正吸入压头
COD	接续图	N.W	净重
COL	柱、塔	OD	外径
COMPR	压缩机	PID	管道及仪表流程图
CONTD	续	PL	板
DEPT	部门、工段	PF	平台
DIA	直径	POS	支撑点
DISCH	排出口	QTV	数量
DWG	图纸	R	半径
E	东	REF	参考文献
EL	标高	REV	修订
EQUIP	设备、装备	RPM	转/分
EXCH	换热器	S	南
FDN	基础	STD	标准
F-F	面至面	SUCT	吸入口
FL	楼板	T	吨
GENR	发电机、发生器	TB	吊车梁
HC	软管接头	THK	厚
HH	手孔	TOB	梁顶面
HOR	水平的、卧式的	TOP	管顶
HS	软管站	TOS	架顶面或钢的顶面
ID	内径	VERT	垂直的、立式的
IS.B.L	装置边界内侧	VOL	体积、容积
LG	长度	W	西

5.3　设备布置图的视图

5.3.1　图幅与比例

5.3.1.1　图幅

一般采用 A1 幅面，不加长加宽。特殊情况也可采用其他图幅。同一装置（或主项）应尽可能绘于同一张图纸上，也可分开绘于几张图纸上，但要求采用相同的幅面，以求整齐，并利于装订及保存。

图纸内框的长边和短边的外侧，以 3 mm 长的粗线划分等分，在长边等分的中点自标题栏侧起依次写 A、B、C、D……在短边等分的中点自标题栏侧起依次写 1、2、3、4……A1 图幅长边分 8 等分，短边分 6 等分，A2 图长边分 6 等分，短边分 4 等分，如图 5-2 所示。

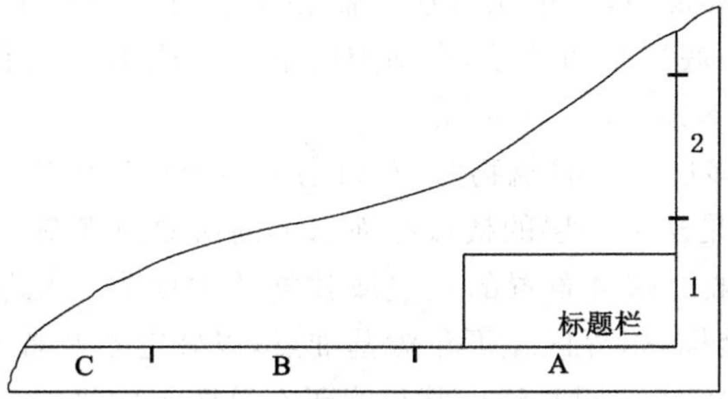

图 5-2　标题栏及网格号

5.3.1.2　比例

常用 1∶100，也可用 1∶200 或 1∶50，主要视装置的设备布置疏密程度、界区的大小和规模而定。但对于大型装置（或主项），需要进行分段绘制设备布置图时，必须采用统一的比例。

5.3.2　图面安排及视图要求

（1）设备布置图一般只绘平面图。对于较复杂的装置或有多层建（构）筑物的装置，当平面图表示不清楚时，可绘制剖视图。

平面图是表达厂房某层上设备布置情况的水平剖视图，它还能表示出厂房的方位，占地大小，分隔情况及与设备安装、定位有关的建筑物、构筑物的结构形状和相对位置。当厂房为多层建筑时，应按楼层或不同的标高分别绘制平面图。各层平面图是从上一层的楼板底面水平剖切的俯视图。平面图可以绘制在一张图纸上，也可绘在不同的图纸上。在同一张图纸上绘制几层平面图时，应从最底层平面图开始，将几层平面图按由下到上、由左到右顺序排列布置，并在图形下方注明相应的标高，如±0.00 平面、+10.00 平面等。

剖视图是假想用一平面将厂房建筑物沿垂直方向剖开后投影得到的立面剖视图，用来表达设备沿高度方向的布置安装情况。剖视符号规定用 $A—A$、$B—B$、$C—C$ 等大写英文字母或Ⅰ—Ⅰ、Ⅱ—Ⅱ、Ⅲ—Ⅲ等数字形式表示。剖视位置需要转折时，一般以一次为限，如图 5-3 所示。

（2）一般情况下，每一层只画一个平面图，当有局部操作台时，在该平面图上可以只画

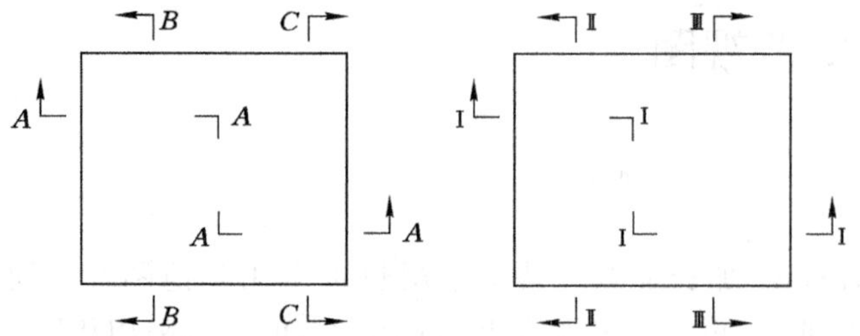

图 5-3 设备平面图上剖切位置及投影方向的标注方法

操作台下的设备，局部操作台及其上面的设备另画局部平面图。如不影响图面清晰，也可用一个平面图表示，操作台下的设备画虚线。

(3) 多层建筑物或构筑物，应依次分层绘制各层的设备布置平面图。如在同一张图纸上绘几层平面时，应从最底层平面开始，在图中由下至上或由左至右按层次顺序排列，并在图形下方注明“EL ×××.×××平面”等。

(4) 一台设备穿越多层建(构)筑物时，在每层平面上均需画出设备的平面位置，并标注设备位号。各层平面图是从上一层的楼板底面水平剖切的俯视图。

(5) 设备布置图一般以联合布置的装置或独立的主项为单元绘制，界区以粗双点画线表示，在界区外侧标注坐标，以界区左下角为基准点，以确定本装置与其他装置的相对位置。基准点坐标为 N、E(或 N、W)，同时注出其相当于在总图上的坐标 X、Y 数值。

(6) 对于设备较多、分区较多的主项，此主项的设备布置图，应在标题栏的正上方列一设备表，以便于识图，如图 5-4 所示。

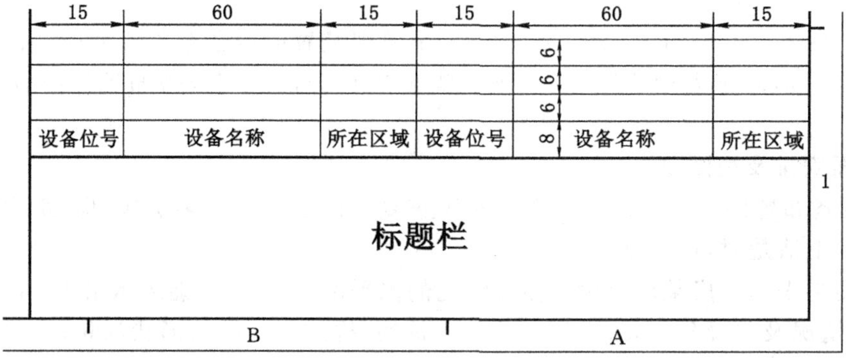

图 5-4 设备一览表的表例图

5.3.3 图示方法

设备布置图采用正投影法绘制。设备布置图中视图的表达内容主要包含两部分，一是建筑物及其构件，二是设备。建筑物及其构件制图应遵从《房屋建筑制图统一标准》(GB/T 50001—2017)、《建筑制图标准》(GB/T 50104—2010)，设备制图应遵从《化工装置设备布置设计规定》(HG/T 20546—2009)。

5.3.3.1　建筑物及其构件的图示方法

（1）按比例采用正投影法绘制出厂房建筑的平面图，一般每层只绘制一个平面图，建筑物平面图应在建筑物的门窗、洞口处水平剖切俯视（屋顶平面图应在屋面以上俯视），图内应包括剖切面及投影方向可见的建筑构造以及必要的尺寸、标高等。

（2）按土建专业图纸用细单点长画线绘制建筑和构筑物的定位轴线，标注轴线号和轴线间尺寸以及室内外的地坪标高。

（3）按建筑图纸所示位置画出门、窗、柱、楼梯、操作台（注出平台顶面标高）、下水箅子、管沟（按比例画出沟长、宽及坡向）、明沟（按比例画出沟长、宽及坡向）、散水坡等。部分图例及说明参见表 5-2。

（4）装置内如有控制室、配电室、生活及辅助间，应写出各自的名称。

如图 5-1 所示，厂房建筑物及其构件的绘制要注意以下几点：

a. 用细点画线画出承重墙、柱等结构的建筑定位轴线，其他用细实线画出。

b. 设备布置图图例及简化画法是根据《建筑制图》标准的有关规定并结合化工特点简化而成的，所有与设备布置有关的建筑物及其构件，如门、窗、墙、柱、楼梯、楼板和梁、操作及检修平台、栏杆、管廊、安装孔洞、地坑、地沟、管沟、散水坡、吊轨及吊车等，均应按规定图例画出。部分图例及说明参见表 5-2。

c. 与设备安装定位关系不大的门、窗等构件，一般只在平面图上画出它们的位置及门的开启方向等，在剖视图上则不予表示。

5.3.3.2　设备的图示方法

设备布置是图中主要表达的内容，因此图中的设备及其附件（设备的金属支架、电机传动装置、基础等）都应以粗实线按比例画出。被遮盖的设备轮廓一般不画，如必须表示，则用粗虚线画出。设备的中心线用细点画线画出。设备轮廓在设备布置图中的画法如下：

a. 非定型设备：可适当简化画出设备的外形，包括附属的操作台、梯子和支架（注出支架代号）。如图 5-1 中立式贮罐 F1001、F1002、F1003（有设备支架）。

对于卧式设备不仅要简化画出设备的外形，还应画出其特征管口或标注固定侧支座。如图 5-1 中卧式贮罐 F1004，不仅画出外形，而且用 FP 标注固定侧支座位置。

设备的外形轮廓大小和形状应根据设备总装图的有关数据按比例画出。

b. 动设备：只画基础，并表示出特征管口和驱动机的位置，驱动机应按规定简化画法画出，且在设备中心线的上方标注设备位号，下方标注支撑点的标高“POS EL×.×××”或主轴中心线的标高“ϕEL×.×××或 CL EL××.×××”，如图 5-1 中泵 J1001、J1002 和 J1005～1008，压缩机 J1003、J1004 所示。

c. 位于室外而又与厂房不连接的设备及其支架等，一般只在底层平面图上予以表示。穿过楼层的设备，每层平面图上均需画出设备的平面位置，并可按图 5-5 所示的剖视形式表示。

d. 用虚线表示预留的检修场所，如图 5-6 所示。在图 5-1 中 C1005 也同样如此。

5.3.3.3　其他

在设备布置图中还需要表示出埋地管道、埋地电缆和进出界区管线等，如图 5-1 所示。对于外形比较复杂的设备，如机、泵，可以只画出基础外形。对于同一位号的设备多于三台

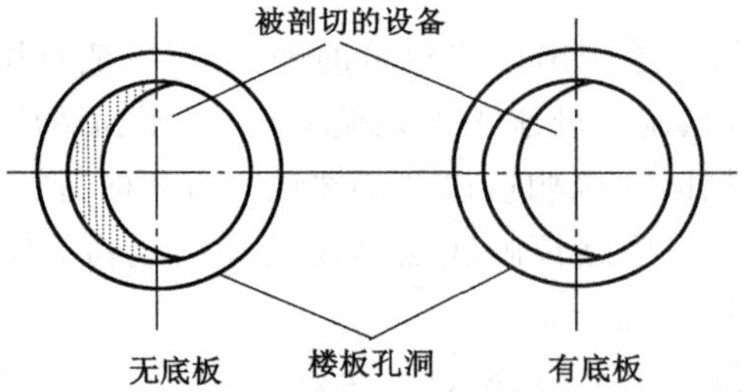

图 5-5 穿过楼层设备剖视的表示形式

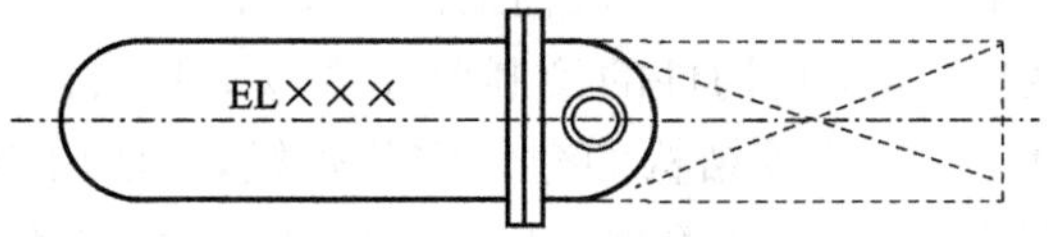

图 5-6 用虚线表示换热器预留的检修场地

的情况，在图上可以只画出首末两台设备的外形，中间的只画出基础或用双点画线的方框表示。

当某一平面图上还有局部平面或操作维修平台时，一般只表示上层的设备外形轮廓，下层的设备外形可用虚线或局部剖视表示出来。若下层平面中设备图形复杂，应单独绘制出局部的平面图。

在剖面图中，如沿剖视方向有几排设备，为使设备表示清楚，可按需要不画后排设备。图样绘有两个以上剖面图时，设备在各剖面图上一般只应出现一次，无特殊必要不予重复画出。

5.4 设备布置图的尺寸及必要标注

设备布置图中标注的标高、坐标以 m 为单位，小数以下应取三位数至 mm 为止。其余的尺寸一律以 mm 为单位，只注数字，不注单位。采用其他单位标注尺寸时，应注明单位。

5.4.1 厂房建筑、构件的尺寸标注

(1) 标注厂房建筑和构件的定位轴线编号。

(2) 标注厂房建筑及其构件的尺寸，包括：

a. 厂房建筑物的长度、宽度总尺寸，如图 5-1 所示，厂房建筑物的总长度和总宽度分别为 48 000 mm、34 000 mm。

b. 厂房建筑、构件的定位轴线间距尺寸，如图 5-1 所示，定位轴线编号 1、2 的间距 5 000 mm，定位轴线编号为 A、B 的间距为 6 000 mm。

c. 设备安装预留孔洞以及沟、坑等的定位尺寸。

d. 地面、楼板、平台、屋面的主要高度尺寸及其他与设备安装定位有关的建筑结构件的高度尺寸，以标高形式注写，如 POS EL＋0.200(泵支撑点标高)等。

(3) 注写辅助间和生活间的名称。

5.4.2 设备的尺寸标注

在设备布置图中一般不标注设备定形尺寸，只标注设备与设备之间或设备与厂房建筑物之间的安装定位尺寸、设备的标高及设备的位号等。几种典型设备在布置图中的图示和标注方法如图 5-7 所示。

(1) 设备平面定位尺寸

设备在平面图上的定位尺寸一般应以建(构)筑物的轴线或管架、管廊的柱中心线为基准线进行标注，也可采用坐标系进行标注定位尺寸，但是要尽量避免以界区的分界线为基准线标注定位尺寸。

a. 卧式的容器和换热器以中心线和靠近柱轴线一端的支座为基准。如图 5-1 所示，容器 F1004 以定位轴线编号 7、B 的轴线作为基准线，以容器中心线为基准的定位尺寸是 3 000，靠近柱轴线一端容器支座为基准的定位尺寸是 2 000。

b. 立式反应器、塔、槽、罐和换热器以中心线为基准。如图 5-1 所示，塔 E1001 以定位轴线编号 6、D 的轴线作为基准线，塔 E1001 以中心线为基准的定位尺寸分别是 2 700、4 500＋5 000。

c. 离心式泵、压缩机、鼓风机、蒸汽透平以中心线和出口管中心线为基准。如图 5-1 所示，离心式压缩机 J1003A 以定位轴线编号 4、A 的轴线作为基准线，以离心式压缩机 J1003A 中心线和出口管中心线为基准的定位尺寸分别是 2 500、8 200。

d. 往复式泵、活塞式压缩机以缸中心线和曲轴(或电动机轴)中心线为基准。

e. 板式换热器以中心线和某一出口法兰端面为基准。

f. 当某一设备已采用建筑定位轴线为基准线标注定位尺寸后，邻近设备可依次用已标出定位尺寸设备的中心线为基准来标注定位尺寸，如图 5-1 中换热器 C1002 的定位尺寸 5 800、500 就是以 E1001 中心线为基准标注的定位尺寸。

g. 直接与主要设备有密切关系的附属设备，如再沸器、回流冷却器等，应以主要设备的中心线为基准标注定位尺寸。

(2) 设备高度方向定位尺寸

在设备布置图中，设备在高度方向上的位置一般是以标注设备的基础面或设备中心线(卧式设备)的标高来确定的。一般以厂房首层室内地面作为零点进行标注，零点标高标注成 EL±0.000。一个装置宜采用同一基准标高，与该基准标高相适应的绝对标高由总图专业在设计中确定。

设备的标高注写在设备基准线的下方或右方，设备基准线的上方或左方标注设备位号。

a. 卧式换热器、槽、罐一般以中心线标高表示(ϕEL××××)，如图 5-1 所示，容器 F1004 以室内地面 EL100.000 作为基准，标高表示为 ϕEL102.500，说明容器中心线到室内地面的距离是 2.5 m。

b. 立式、板式换热器一般以支撑点标高表示(POS EL××××)，如图 5-1 所示，立式换热器 C1003 以室内地面 EL100.000 作为基准，标高表示为 POS EL100.500，说明换热器支座的支撑点与地面的距离是 0.5 m。

c. 反应器、塔和立式槽罐一般以支撑点标高表示(POS EL××××)，如图 5-1 所示，塔 E1001 以室内地面 EL100.000 作为基准，标高表示为 POS EL101.200，说明塔支座的支撑点与地面的距离是 1.2 m。

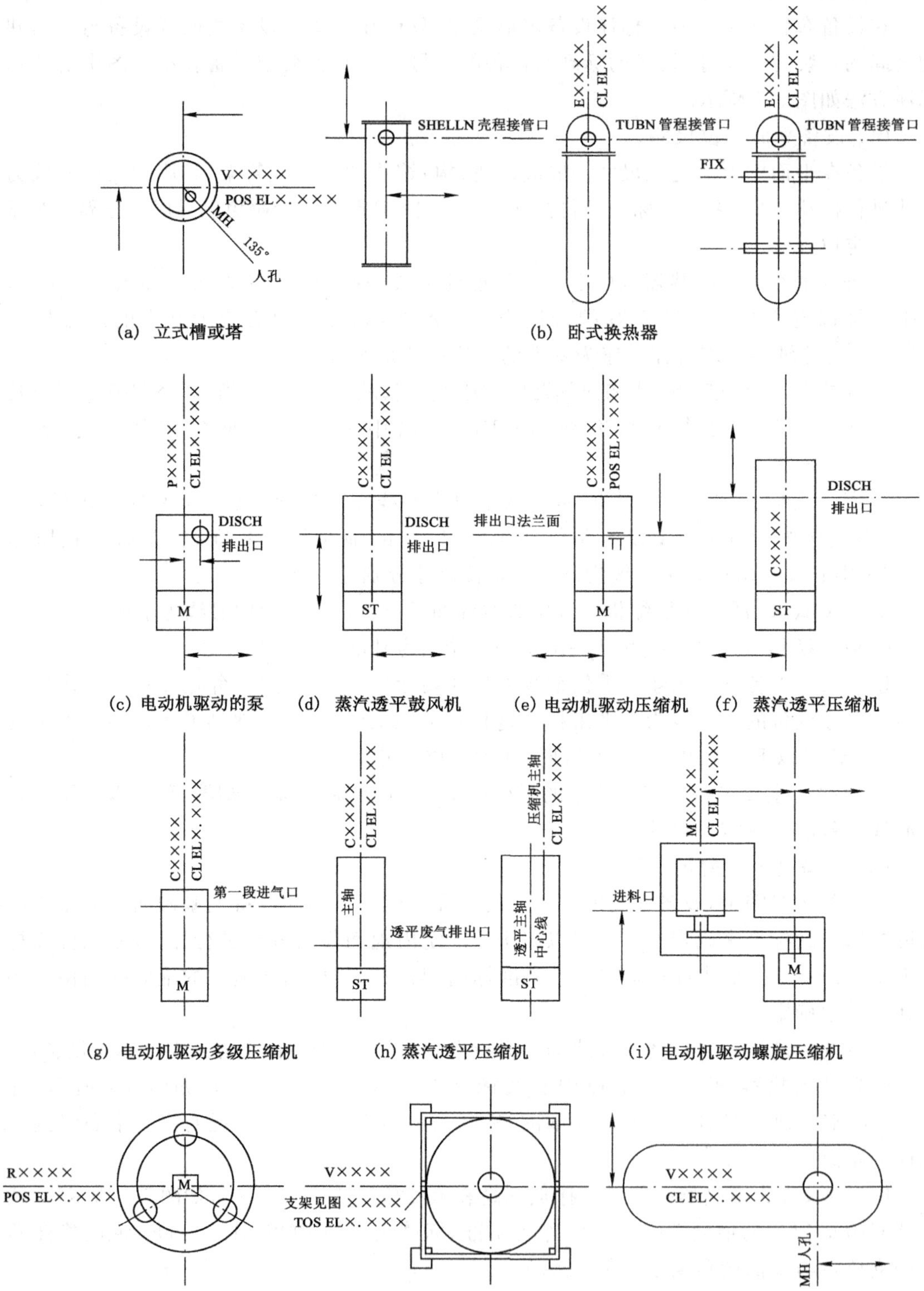

(a) 立式槽或塔　(b) 卧式换热器

(c) 电动机驱动的泵　(d) 蒸汽透平鼓风机　(e) 电动机驱动压缩机　(f) 蒸汽透平压缩机

(g) 电动机驱动多级压缩机　(h) 蒸汽透平压缩机　(i) 电动机驱动螺旋压缩机

(j) 带电动搅拌立式设备　(k) 钢筋混凝土基础与设备的组合　(l) 卧式容器

图 5-7　典型设备在设备布置图中的图示及标注方法

d. 泵、压缩机以主轴中心线标高(ΦEL××××)或表示底盘底面标高(即基础顶面标高POS EL××××)表示。如图 5-1 所示，离心式压缩机 J1003A 以室内地面 EL100.000 作为基准，标高表示为 POS EL100.300，说明压缩机基础顶面到室内地面的距离是 0.3 m。

5.4.3　设备的位号标注

如图 5-1 所示，在设备图形中心线上方(或左方)标注出设备位号，该位号必须与管道仪表流程图中的一致，下方标注支撑点(如 POS EL×××.×××)或中心线(如 ΦEL×××.×××)或支架架顶(如 TOS EL×××.×××)的标高。设备位号注写方法一般有两种，一种方法是注在设备图形的上方或下方，另一种方法是注在设备图形附近用指引线指引或注在设备图形内。

5.4.4　其他标注

(1) 管廊、管架应注出架顶的标高(TOS EL××××)，如图 5-1 所示，管廊 TOS EL105.200。

(2) 辅助间和生活间应写出各自的名称，如图 5-1 所示。

(3) 对于管廊、进出界区管线、埋地电缆、地下管道、排水沟，应在图示处标注出来。除了图例绘制外，还要加上文字说明。

(4) 局部剖视图剖切位置符号标注，如图 5-3 所示。

5.5　设备布置图其他内容

5.5.1　方向标

在绘制平面图的图纸右上角，应画一个工厂北向的方向标。方位标一般用细实线画出直径为 20 mm 的圆和水平、垂直两轴线，并分别注以 0°、90°、180°、270°等字样。一般采用建筑北向(以“PN”表示)作为零度方位基准，如图 5-8 所示。该方位一经确定，凡必须表示方位的图样(如管口方位图等)均应统一。

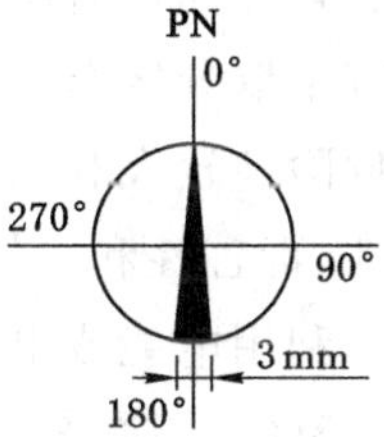

图 5-8　方向标的画法

5.5.2　图上的附注

(1) 通用附注

在任何一张设备布置图上要附注以下几点：

a. 立面图见图号××××。

b. 地面设计标高为 EL××××。

c. 图例及简化画法(见表 5-2)。

(2) 其他附注

如图 5-1 所示，对设备布置图上一些不在“设备布置图图例及简化画法”中表示的图形加以说明，对设备布置图上的缩写词加以说明。

5.5.3　标题栏和修改栏

标题栏中要注写项目名称、图名、图(编)号、比例、设计者等。图名一般分成两行，上行写“××××设备布置图”，下行写“EL×××.×××平面”或“×—×剖视”等。每张设备布置图均应单独编号,同一主项的设备布置图不应采用一个号,不应采用第几张共几张的编号方法。

5.6 设备布置图的绘制

5.6.1 绘图前的准备工作

5.6.1.1 了解有关图纸和资料

绘制设备布置图时,应以管道仪表流程图、厂房建筑图、设备一览表和设备条件表等原始资料为依据。通过这些图纸资料,充分了解工艺过程的特点和要求、厂房建筑的基本结构等。

5.6.1.2 考虑设备布置的合理性

(1) 工艺及流程的要求

设备(装置)布置设计应满足工艺及流程的要求。如真空、重力流、固体卸料等,一律按管道仪表流程图的标高要求布置设备。对处理腐蚀性、有毒、黏稠物料的设备宜按物料性质紧凑布置,必要时还需采取设隔离墙等措施。另外,还应根据地形、全年最小频率风向等情况布置,以免影响工艺的要求,例如空气吸入口及循环水冷却塔等。

(2) 环境保护、防火及其他安全生产的要求

设备、建筑物、构筑物等的防火间距应严格执行现行的有关防火的法规、规范,工艺装置内如有配套的公用工程及辅助设施,应单独布置成一个小区,且位于爆炸危险区之外,与工艺装置之间留有防火间距。要注意环境保护,对使用、储存和产生有毒物质及污染严重的设备宜采取分区布置的方式,对产生噪声的设备宜采取与其他设备隔离布置的方式;火灾、爆炸危险性较大和散发有害气体的装置和设备,应尽可能露天或半敞开布置,以相对降低其危险性、毒害性和事故的破坏性。应根据危险程度的划分来分区布置设备。

利用电能或电动机的电气设备的布置,应符合国家现行的《爆炸危险环境电力装置设计规范》(GB 50058—2014)的要求。装置的集中控制室、变配电室、化验室、办公室等辅助建筑物,应布置在爆炸危险区范围以外,且靠近装置区边缘。

对于有明火的设备及控制室、配电室等的位置要考虑全年最小频率风向的问题。有明火的设备装置宜布置在有可能散发可燃性气体的装置、液化烃和易燃液体储罐区的全年最小频率风向的下风侧。烟囱排出的烟气不应吹向压缩机室或控制室。配电室宜布置在有可能泄露出易燃易爆气体场所的上风侧。

在劳动安全卫生及职业安全卫生方面必须贯彻执行“安全为了生产,生产必须安全”的原则和“预防为主”的卫生工作方针。

(3) 方便操作

装置布置应考虑能给操作者创造一个良好的操作条件,主要包括:必要的操作通道和平台;楼梯与安全出入口要符合规范要求;合理安排设备间距和净空高度;等等。

控制室的位置要合理,应避开危险区,远离振动设备,以免影响仪表的运行。

(4) 便于安装和维修

设备的安装和维修应尽量采用可移动式的起吊设备。在布置中应满足以下各方面要求：

a. 道路的出入口要方便吊车的出入；

b. 搬运及吊装所需的占地面积和空间；

c. 设备内填充物的清洗在定期大修时，能对所有设备同时进行大修；

d. 对换热器、加热炉等的管束抽芯要考虑有足够的场地，应避免拉出管束时延伸到相邻的通道上。对压缩机、驱动机等转动设备部件的检修和更换，也要提供足够的检修区。

下述场合需设置固定式维修设备：

a. 人孔盖需设置吊柱；

b. 塔板及塔内部件需设置吊柱；

c. 室内压缩机、透平机等需设置起重机；

d. 小型压缩机可酌情设置简易起重设施；

e. 建筑物内的搅拌器需设置吊梁或起重机。

(5) 经济合理的要求

设备布置在符合工艺要求的前提下应以经济合理为主，并注意整齐美观。除热膨胀有要求的管道外，设备布置时应考虑管道尽量短而直，有的设备为了经济的目的可以不按工序来布置。

为了考虑整齐美观，可采取下列方式布置：

a. 成排布置的塔，如可能时可设置联合平台。

b. 换热器并排布置时，推荐靠管廊侧管程接管中心线取齐。

c. 离心泵的排列应以泵出口管中心线取齐。

d. 卧式容器推荐以靠管廊侧封头切线取齐；加热炉、反应器等推荐以中心线取齐。

(6) 设备间的最小净距

设备间的净距应首先满足防火间距的要求，详见《石油化工企业设计防火规范》(GB 50160—2018)及《建筑设计防火规范》(GB 50016—2014)的规定(表 5-4)。

表 5-4　设备之间或设备与建(构)筑物(或障碍物)间的最小净距

区　域	内　容	最小净距/mm
	控制室、配电室至加热炉	15 000
管廊下或两侧	两塔之间(考虑设置平台，未考虑基础大小)	2 500
	塔类设备的外壁至管廊(或构筑物)的柱子	3 000
	容器壁或换热器端部至管廊(或构筑物)的柱子	2 000
	两排泵之间维修通道	3 000
	相邻两台泵之间(考虑基础及管道)	800
建筑物内部	两排泵之间或单排泵至墙的维修通道	2 000
	泵的端面或基础至墙或柱子	1 000

表 5-4(续)

区　　域	内　　容	最小净距/mm
任意区	操作、维修及逃生通道	800
	两个卧式换热器之间(维修净距)	600
	两个卧式换热器之间(有操作时净距,考虑阀门、管道)	750
	卧式换热器外壳(侧向)至墙或柱(通行时)	1 000
	卧式换热器外壳(侧向)至墙或柱(维修时)	600
	卧式换热器封头前面(轴向)的净距	1 000
	卧式换热器法兰边周围的净距	450
	换热器管束抽出净距(L:管束长)	L+1 000
	两个卧式容器(平行、无操作)	750
	两个容器之间	1 500
	立式容器基础至墙	1 000
	立式容器人孔至平台边(侧面)	750
	立式换热器法兰至平台边(维修净距)	600
	压缩机周围(维修及操作)	2 000
	压缩机	2 400
	反应器与提供反应热的加热炉	4 500

5.6.2　方法与步骤

(1) 确定视图配置:根据需要表达的对象及内容的复杂程度选用相应视图配置。

(2) 选定比例与图幅:见前述相应内容的介绍。

(3) 绘制设备布置平面图:

① 用细点画线画出建筑定位轴线,再用细实线画出厂房平面图,表示厂房的基本结构,如墙、柱、门、窗、楼梯等。注写厂房定位轴线编号。

② 用细点画线画出设备的中心线,用粗实线画出设备、支架、基础、操作平台等基本轮廓。若有多台规格相同的通用设备,可只画出一台,其余则用粗实线简化画出其基础的矩形轮廓。

③ 标注厂房定位轴线间的尺寸;标注设备基础的定形和定位尺寸。

(4) 绘制设备布置剖面图:剖面图应完全、清楚地反映设备与厂房高度方向的关系,在充分表达的前提下,剖面图的数量应尽可能少。

① 用细实线画出厂房剖面图。与设备安装定位关系不大的门、窗等构件和表示墙体材料的图例,在剖面图上则一概不予表示。注写厂房定位轴线编号。

② 用粗实线按比例画出带管口的设备立面示意图,被遮挡的设备轮廓一般不予画出。并加注位号及名称(应与工艺流程图中一致)。

③ 标注厂房定位轴线间的尺寸;标注厂房室内外地面标高;标注厂房各层标高;标注设备基础标高;必要时,标注主要管口中心线、设备最高点等标高。

(5) 绘制方位标。

(6) 制作设备一览表,注出必要的说明。

(7) 完成图样:填写标题栏;检查、校核,最后完成图样。

5.7 设备布置图的阅读

设备布置图主要关联两方面的知识:一是厂房建筑图的知识,二是与化工设备布置有关的知识。设备布置图与化工设备图不同,阅读设备布置图不需要对设备的零部件投影进行分析,也不需要对设备定形尺寸进行分析。它主要是确定设备与建筑物结构、设备间的定位问题。阅读设备布置图的步骤如下:

(1) 明确视图关系

设备布置图是由一组平面图和剖视图组成的,这些图样又不一定在一张图纸上,看图时要首先清点设备布置图的张数,明确各张图上平面图和立面图的配置,然后进一步分析各立面剖视图在平面上的剖切位置,弄清各个视图之间的关系。

(2) 看懂建筑结构

阅读设备布置图中的建筑结构主要是以平面图、立面图分析建筑物的层次,了解各层厂房建筑的标高,每层中的楼板、墙、柱、梁、楼梯、门、窗及操作平台、坑、沟等结构情况,以及它们之间的相对位置。由厂房的定位轴线间距可得厂房大小。

(3) 分析设备位置

先从设备一览表了解设备的种类、名称、位号和数量等内容,再从平面图、立面图中分析设备与建筑结构、设备与设备的相对位置及设备的标高。

读图的方法是根据设备在平面图和立面图中的投影关系、设备的位号,明确其定位尺寸,即在平面图中查阅设备的平面定位尺寸,在立面图中查阅设备高度方向的定位尺寸。平面定位尺寸基准一般是建筑定位轴线,高度方向的定位尺寸基准一般是厂房室内地面,从而确定了设备与建筑结构、设备间的相对位置。

在阅读过程中,可参考有关建筑施工图、工艺施工流程图、管路布置图以及其他的设备布置图以确认读图的准确性。

第 6 章　化工管道布置图

管道的布置和设计是以管道仪表流程图，设备布置图及有关土建、仪表、电气、机泵等方面的图纸和资料为依据的。设计首先应满足工艺要求，使管道便于安装、操作及维修，另外应合理、整齐和美观。根据 HG/T 20519.1—2009《化工工艺设计施工图内容和深度统一规定》的要求，化工装置管道布置设计需绘制提交的图样一般包括以下几种：(1) 管道布置图，又称配管图或管道安装图，是表达车间(装置)内管道空间位置及平面、立面布置情况的图样；(2) 软管站布置图，是用以表达氮气、装置空气、水蒸气和水等公用物料软管布置设置的图样；(3) 伴热系统图，是表达车间(装置)内各蒸汽分配管与冷凝液收集管在平面、立面布置情况的图样；(4) 管道轴测图，又称管道空视图或管段图，它是表达一段管道及其所附管件、阀门、仪表等布置情况的立体图样；(5) 管架图与管件图，是表达管架、管件结构的零部件的图样。本章主要介绍管道布置图相关内容。

6.1　管道布置图

6.1.1　管道布置图的作用和内容

管道布置图，主要用于表达车间或装置内管道的空间位置，尺寸规格，以及与机器、设备的连接关系。管道布置图是管道安装施工的重要依据。

图 6-1 所示为某天然气脱硫系统管道布置图。从图中可以看出，管道布置图一般包括以下内容。

(1) 一组视图。视图按正投影法绘制，包括平面图和剖视图，用以表达整个车间(装置)建筑物和设备的基本结构以及管道、阀、管件、仪表控制点等的布置安装情况。

(2) 尺寸和标注。包括管道、管件、阀门、仪表控制点的定位尺寸和其他必要的相关标注和说明等。一般要分别在平面图和剖面图中标注管道和部分管件、控制点的平面位置尺寸和标高，注写厂房建筑定位轴线的编号、设备位号、管段号、控制点代号等。

(3) 管口表：填写该管道布置图中的设备管口，一般位于管道布置图的右上角。

(4) 安装方位标：表示管道安装方位基准的图标，一般位于图面的右上角、管口表的左边。

(5) 标题栏及修改栏：填写图名、图号、比例、设计阶段及修改情况等内容。

(6) 索引标记。对于分区绘制的管道布置图，在标题栏的上方应绘制缩小的分区索引图，并用阴影线(细斜线)表示出该图所在区的位置。

6.1.2　管道的表达方法

6.1.2.1　管道及其附件在管道布置图中的表达方法

管道布置图是按正投影原理绘制的管道平面图和立面图。

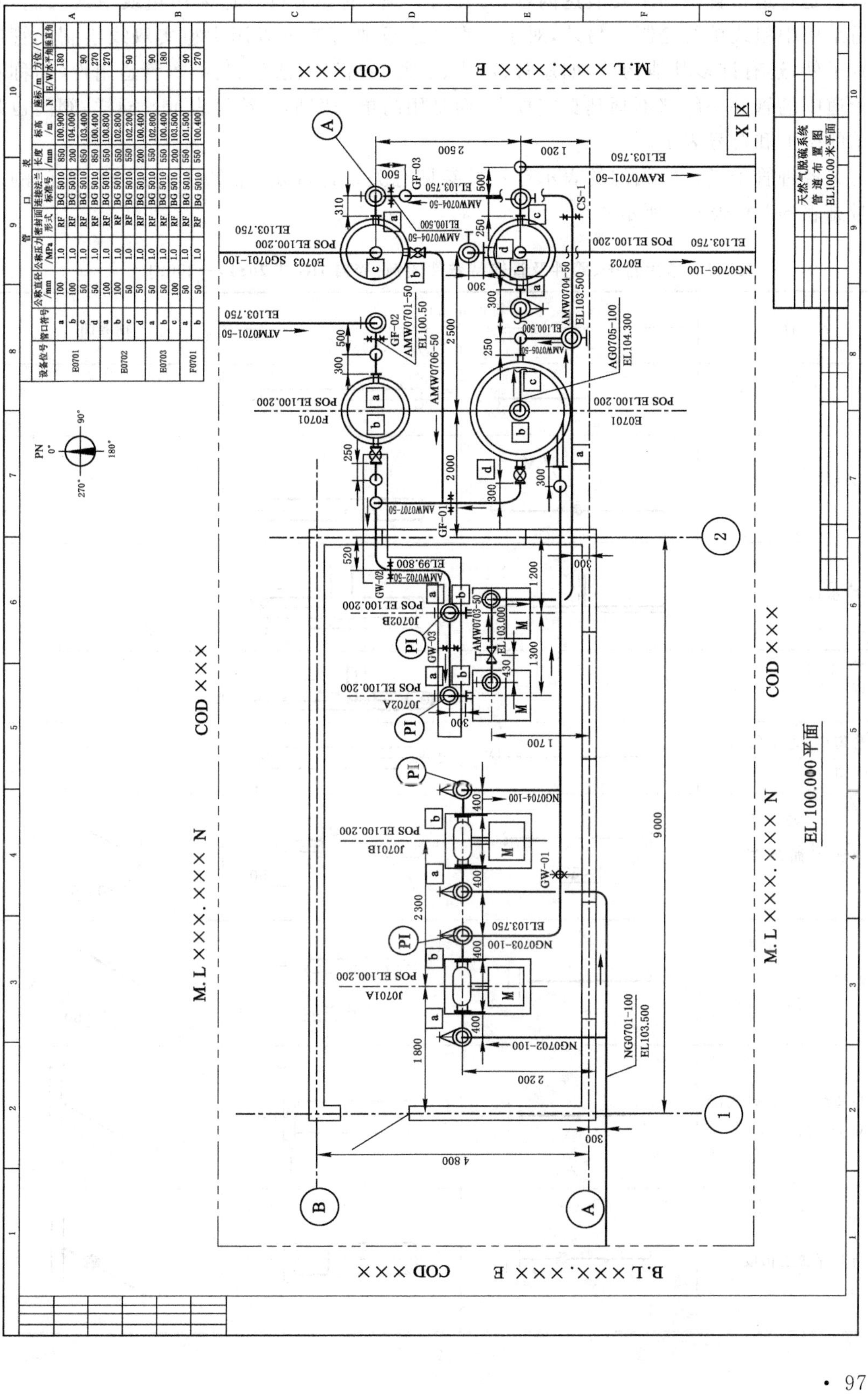

管口表

设备位号	管口符号	公称直径/mm	公称压力/MPa	密封面形式	连接法兰标准号	长度/mm	标高/m	座标/m N	座标/m E/W	方位/(°) 水平角	方位/(°) 垂直角
E0701	a	100	1.0	RF	BG 5010	850	100.900			180	
	b	100	1.0	RF	BG 5010	200	104.000				
	c	50	1.0	RF	BG 5010	850	103.400			90	
	d	50	1.0	RF	BG 5010	850	100.400			270	
E0702	a	100	1.0	RF	BG 5010	550	100.800			270	
	b	100	1.0	RF	BG 5010	550	102.800				
	c	50	1.0	RF	BG 5010	550	102.200			90	
	d	50	1.0	RF	BG 5010	200	100.400				
E0703	a	50	1.0	RF	BG 5010	550	102.800			90	
	b	50	1.0	RF	BG 5010	550	100.400			180	
	c	100	1.0	RF	BG 5010	200	103.500				
F0701	a	50	1.0	RF	BG 5010	550	101.500			90	
	b	50	1.0	RF	BG 5010	550	100.400			270	

图 6-1　某天然气脱硫系统管道布置图

管道是管道布置图的主要表达内容，为突出管道，主要物料管道采用粗线单线绘制，其他管道采用中粗线单线绘制。另外，对于大直径或重要管道可以用中粗实双线绘制。管道中除管子外，还有许多其他构件，如短管、弯头、三通、异径管、法兰、盲板等管道附件（简称管件），管道中的管件一般都不画其真实投影，而是用简单的图形和符号表示。同样，阀门也是用简单的图形和符号表示。

有关各种管子、管件、阀门的表示符号可参见有关设计规定，常见管子、管件、阀门的表示符号见表 6-1 和表 6-2 所示。

表 6-1　常用管子、管件及管道特殊件图例（摘自 HG/T 20519—2009）

名称		管道布置图		轴测图
		单线	双线	
管子				
现场焊		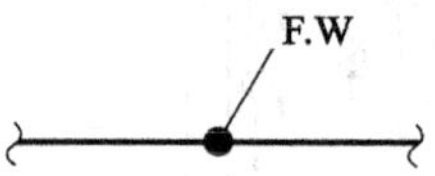	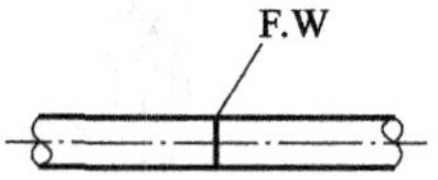	
伴热管（虚线）		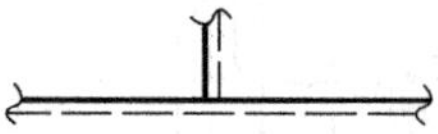	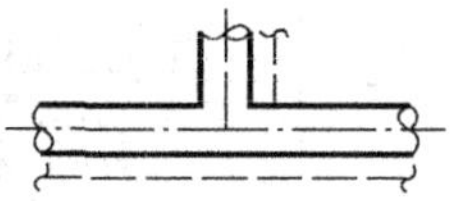	
夹套管			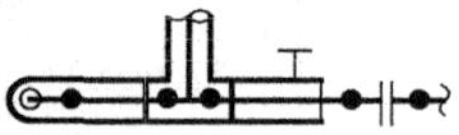	
地下管道（与地上管道合画一张图）			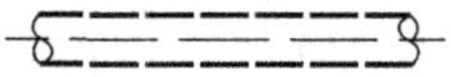	
异径法兰	螺纹、承插焊、滑套	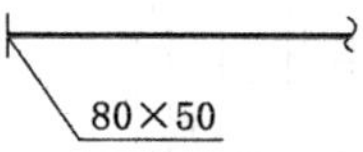	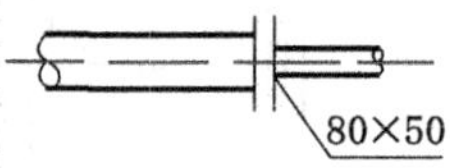	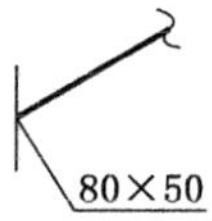
	对焊	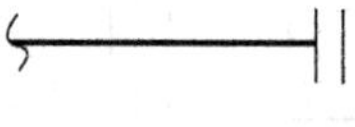	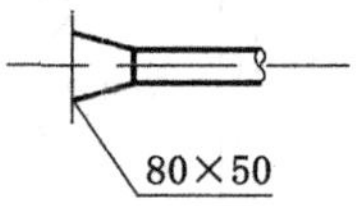	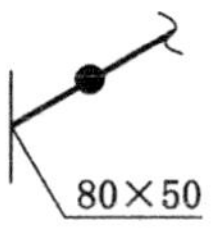
法兰盖	与螺纹、承插焊或滑套法兰相接	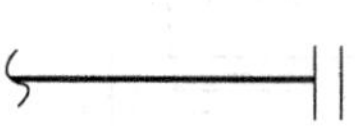		
	与对焊法兰相接		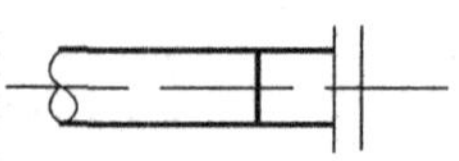	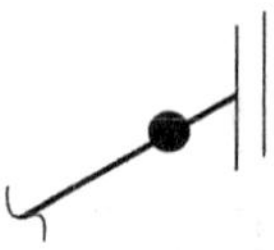

表 6-1(续)

名称			管道布置图				轴测图	
			单线		双线			
同心异径管	螺纹或承插焊		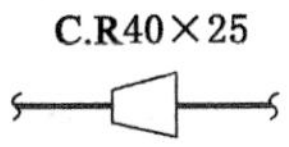				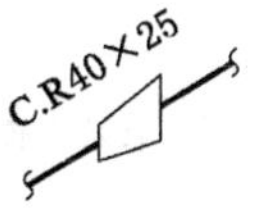	
同心异径管	对焊		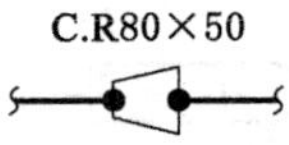		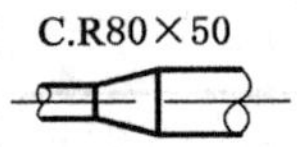		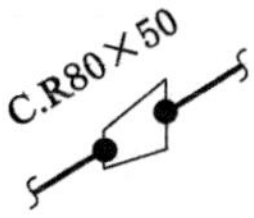	
同心异径管	法兰式		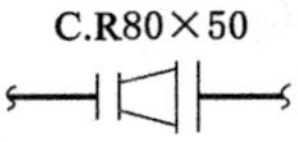		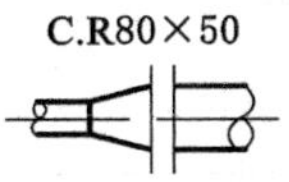			
偏心异径管	螺纹或承插焊	平面	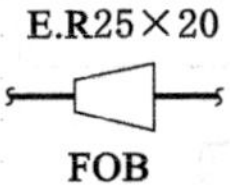	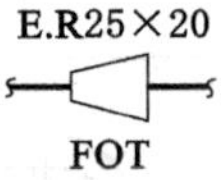			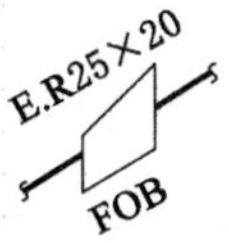	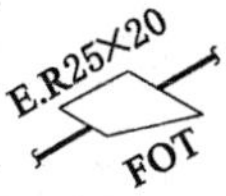
偏心异径管	螺纹或承插焊	立面	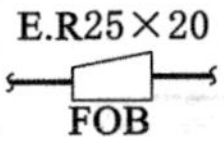	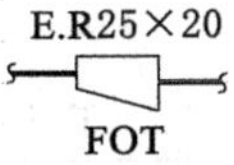				
偏心异径管	对焊	平面	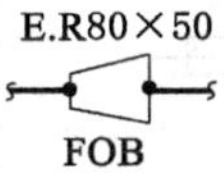	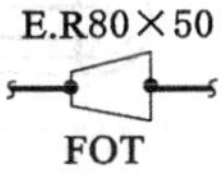	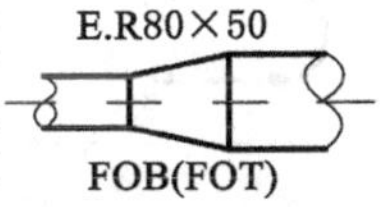		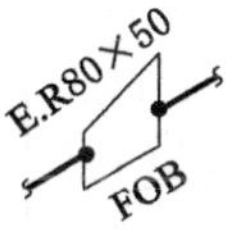	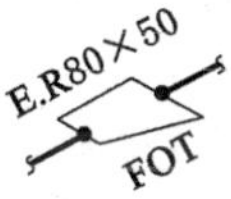
偏心异径管	对焊	立面	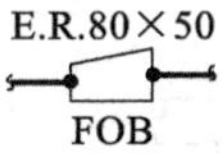	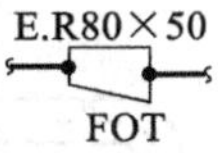		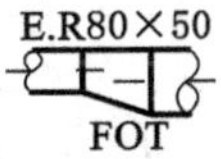		
偏心异径管	法兰式	平面	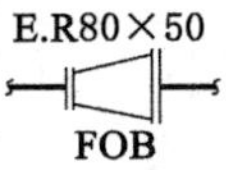	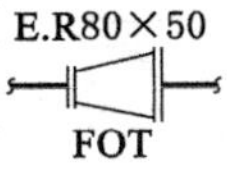	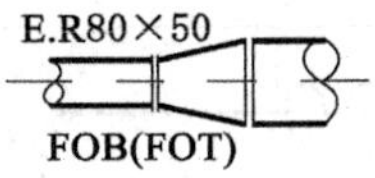		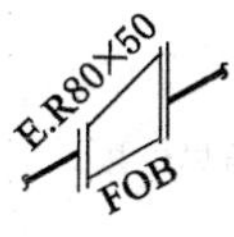	
偏心异径管	法兰式	立面	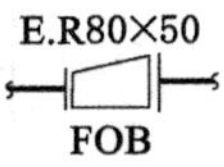	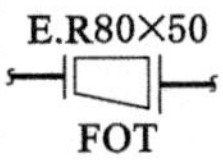		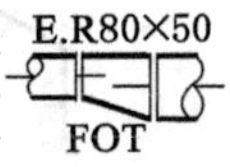		

表 6-1(续)

名称		管道布置图		轴测图
		单线	双线	
90°弯头	螺纹或承插焊连接			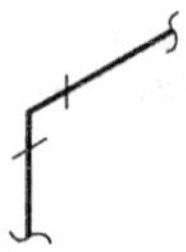
		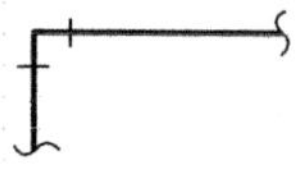		
	对焊连接		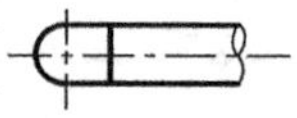	
		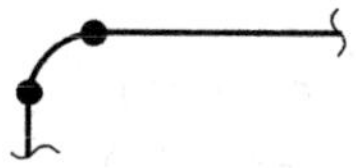	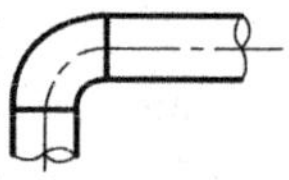	
	法兰连接		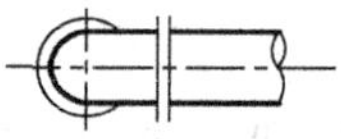	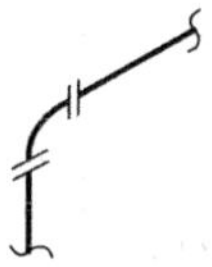
		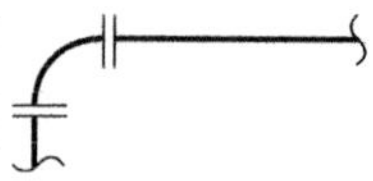	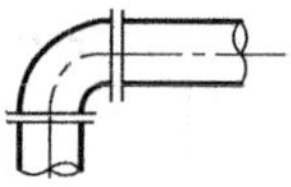	
U型弯头	对焊连接	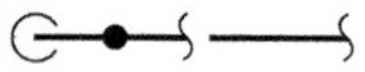	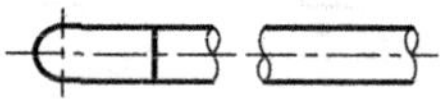	
		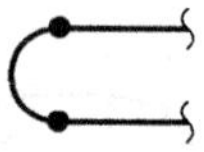	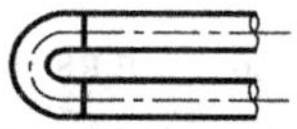	
	法兰连接	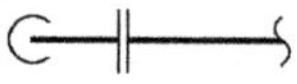	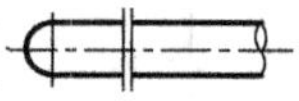	
		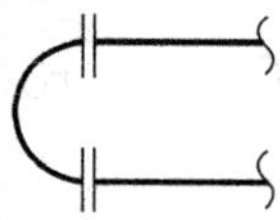	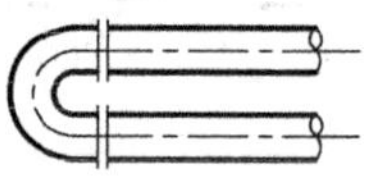	
45°弯头	螺纹或承插焊连接			

表 6-1(续)

<table>
<tr><th colspan="2" rowspan="2">名　称</th><th colspan="2">管道布置图</th><th rowspan="2">轴测图</th></tr>
<tr><th>单线</th><th>双线</th></tr>
<tr><td rowspan="4">45°弯头</td><td rowspan="2">对焊连接</td><td></td><td>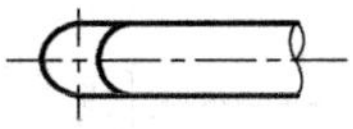</td><td rowspan="2"></td></tr>
<tr><td></td><td></td></tr>
<tr><td rowspan="2">法兰连接</td><td></td><td>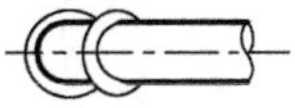</td><td rowspan="2"></td></tr>
<tr><td></td><td></td></tr>
<tr><td colspan="2" rowspan="2">斜接弯头</td><td></td><td>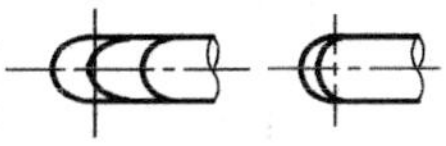</td><td rowspan="2">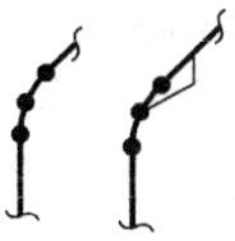</td></tr>
<tr><td>
（仅用于小角度斜接弯）</td><td>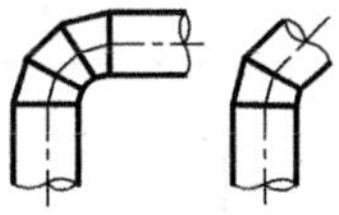</td></tr>
<tr><td rowspan="6">三通</td><td rowspan="2">螺纹或承插连接</td><td></td><td></td><td rowspan="2">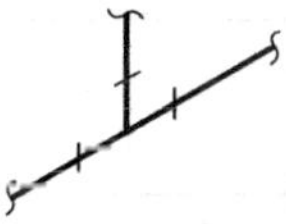</td></tr>
<tr><td>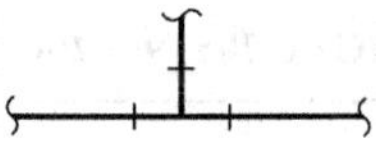</td><td></td></tr>
<tr><td rowspan="2">对焊连接</td><td></td><td></td><td rowspan="2"></td></tr>
<tr><td>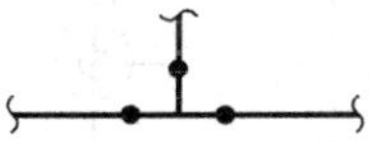</td><td>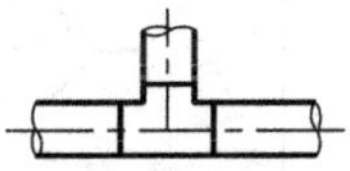</td></tr>
<tr><td rowspan="2">法兰连接</td><td></td><td></td><td rowspan="2"></td></tr>
<tr><td>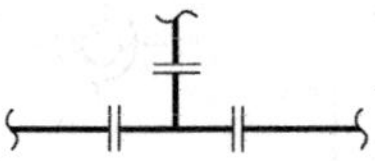</td><td>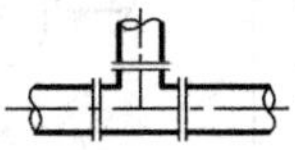</td></tr>
<tr><td rowspan="2">软管接头</td><td>螺纹或承插焊连接</td><td>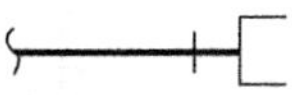</td><td></td><td>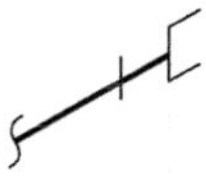</td></tr>
<tr><td>对焊连接</td><td></td><td></td><td>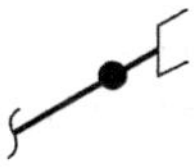</td></tr>
</table>

表 6-1(续)

名称		管道布置图		轴测图
		单线	双线	
快速接头	阳			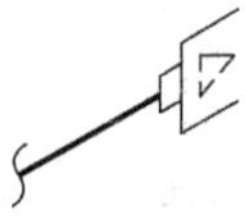
	阴			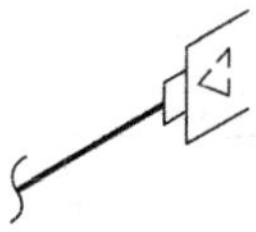
螺纹或承插焊接头				
螺纹或承插焊活接头		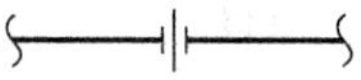		
焊接支管	不带加强版		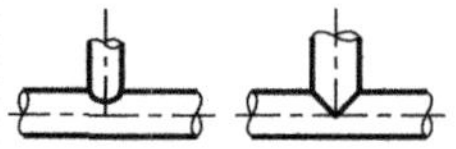	
	带加强版	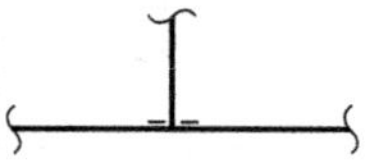	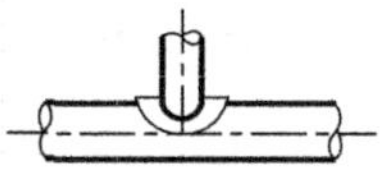	

表 6-2 常用阀门图例(摘自 HG/T 20519—2009)

名称	管道布置图中各视图			轴测图
	正视	俯视	侧视	
闸阀	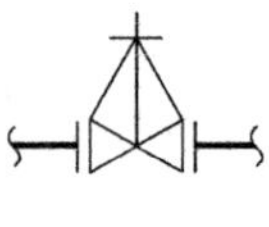			
截止阀	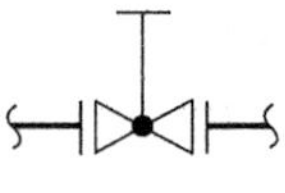	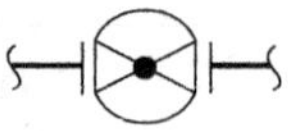		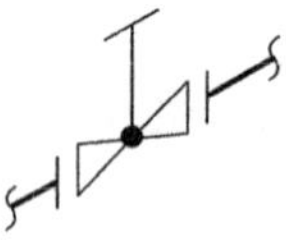
角阀	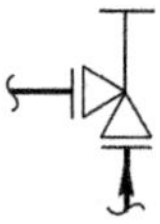	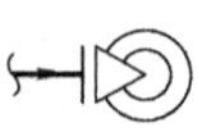		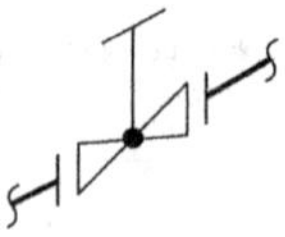

表 6-2(续)

名称	管道布置图中各视图			轴测图
	正视	俯视	侧视	
节流阀	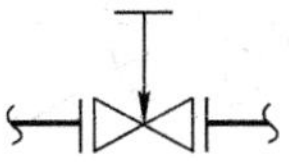			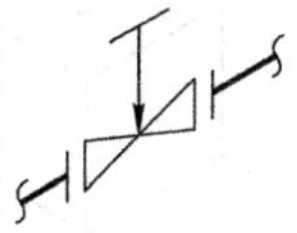
Y 型阀		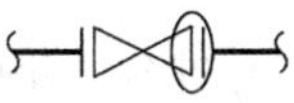	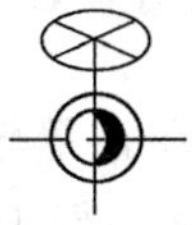	
球阀	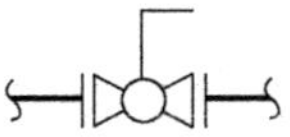	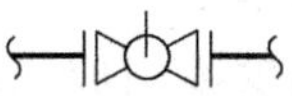		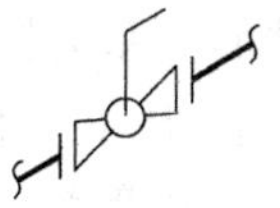
三通球阀			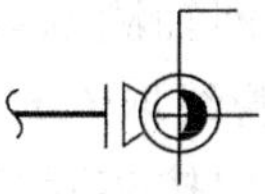	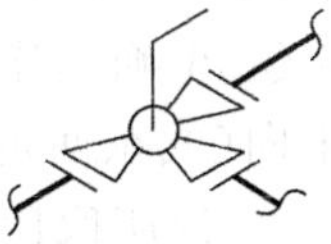
旋塞阀	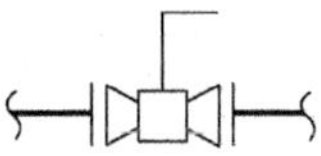	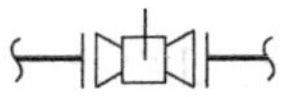		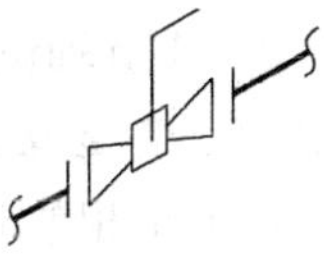

6.1.2.2　管道及其附件在管道空视图中的表达方法

管道空视图按正等轴测投影绘制，能反映长、宽、高三个长度，具有立体感，容易看懂。管道空视图也是管道施工图的重要图样之一。

让射线方向系穿过立方体的对顶角，且垂直于轴测投影面。将立方体 X、Y、Z 轴放在同一投影面上，倾角都相等，所得的轴测投影图称为正等轴测图，如图 6-2 所示。其特点是立方体三条坐标轴与轴测投影面的倾角相等，而且立方体上的三个互相垂直的平面与轴测投影面的倾角也相等。据推导，此时它们的轴间角 $\angle XOY$、$\angle YOZ$、$\angle ZOX$ 均等于 120°，如图 6-3所示。轴测轴 OX 和 OY 与水平线的夹角 $\angle XON$、$\angle YOM$ 称之为轴倾角。在正等轴测图中，轴倾角均为 30°，三个轴的轴向缩短率也相等，都是 0.82。为了作图方便，轴向缩短率都取 1。

(1) 画正等轴测图的方法

① 轴测轴 OZ 应画成垂直位置，OX 轴与 OY 轴可以换位，应画成相互之间的交角均为 120°。轴测轴可向相反方向任意延长。

② 空间两条直线互相平行，画在正等轴测图上也平行。

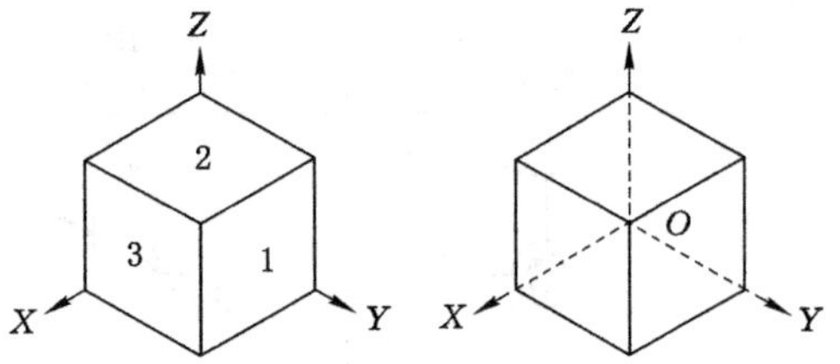

图 6-2　物体的正等轴测图

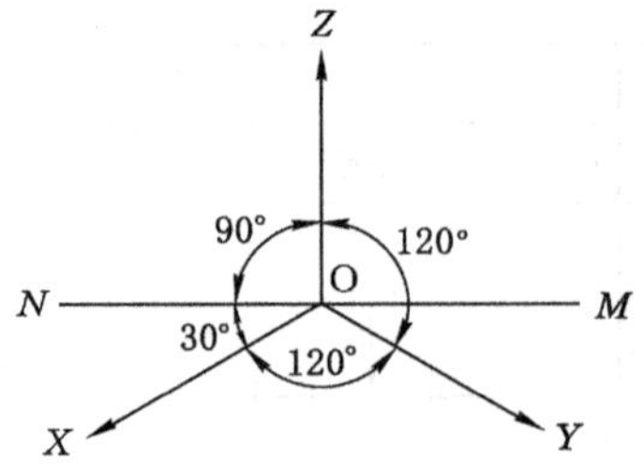

图 6-3　正等轴测图的坐标轴

③ 物体上的直线，画在正等轴测图上仍为直线。物体上的直线若平行于某一坐标轴，画它的正等轴测图时，也应平行于其对应的轴测轴。

④ 凡不平行于轴测轴方向的直线可以用添加平行于坐标轴辅助线的方法，找出它与坐标轴的关系，然后再将需要连接的端点连成线段。

⑤ 凡不平行于轴测投影面的圆，其轴测投影画成椭圆。

(2) 管道正等轴测图的画法

画管道正等轴测图，除上述规定外，还有它的特殊性。

① 正确选择坐标轴即轴测轴，可以按前后走向(或南北走向)的管线取 OX 轴方向，左右走向(或东西走向)的管线取 OY 轴方向，高度走向的管线取 OZ 轴方向。

② 依所取比例沿轴向按实际长度量取各轴向上的管线尺寸。但在化工设计中，管道空视图一般不按比例绘制，只取相对比例。

③ 管道轴测图多用单线条绘制。

6.1.2.3　管道及其附件在平面图、立面图、空视图中的画法示例

(1) 单根管道平面图、立面图、空视图的画法

单根管道的平面图、立面图、空视图的画法示例如图 6-4 所示。

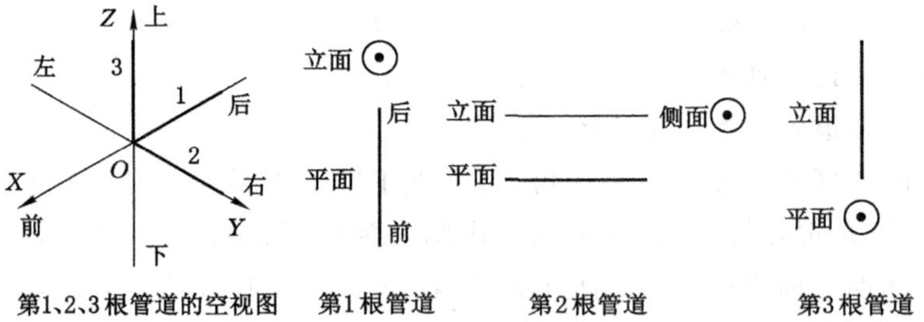

图 6-4　单根管道的平面图、立面图及空视图

(2) 多根管道平面图、立面图、空视图的画法

多根管道的平面图、立面图、空视图的画法示例如图 6-5 所示。

(3) 交叉管道平面图、立面图、空视图的画法

在正等轴测图中，标高高的或前面的管道应画完整，而标高低的或后面的管道应采用断开线的形式加以表示，其画法示例如图 6-6 所示。

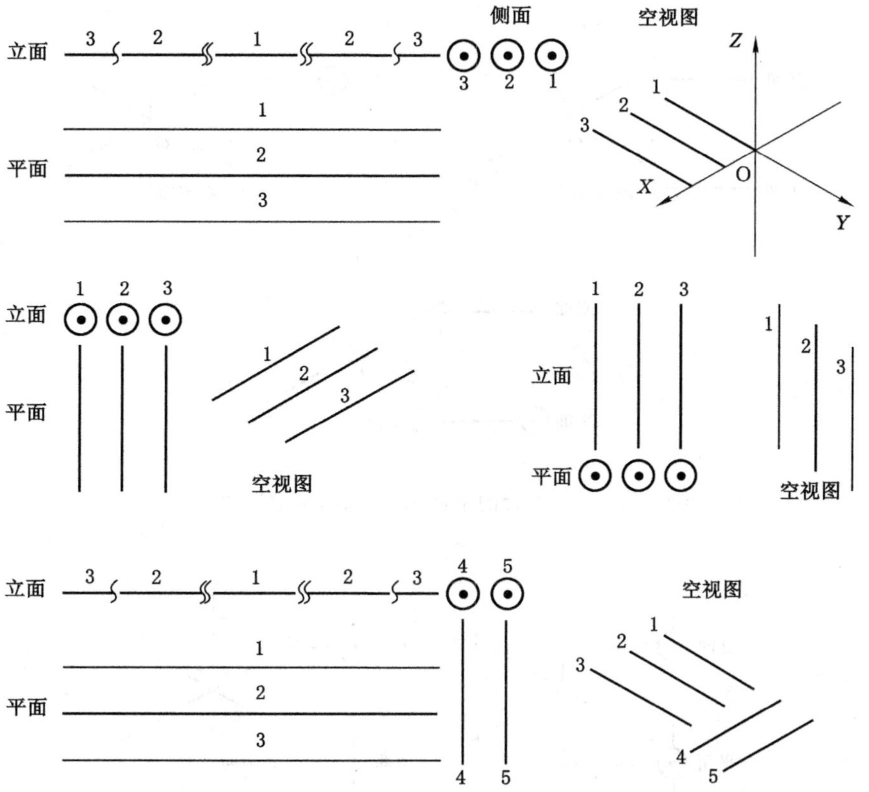

图6-5 多根管道的平面图、立面图及空视图

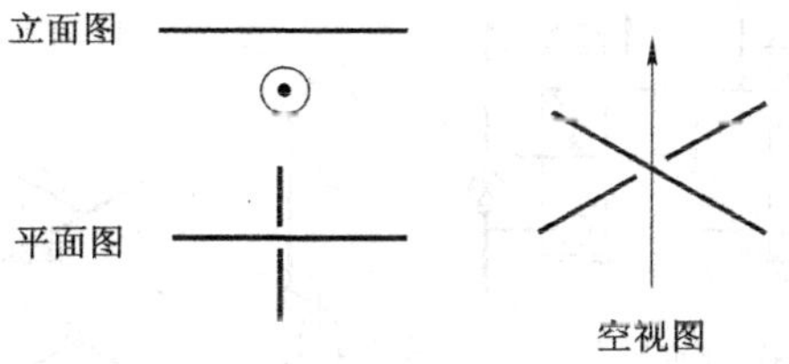

图6-6 交叉管道的平面图、立面图及空视图

(4) 弯管平面图、立面图、空视图的画法

弯管的平面图、立面图、空视图的画法示例如图6-7所示。

(5) 三通平面图、立面图、空视图的画法

三通平面图、立面图、空视图的画法示例如图6-8所示。

(6) 管道、阀门及设备相互间连接的画法

管道、阀门及设备的连接画法示例如图6-9所示。

6.1.3 管道布置图的视图

6.1.3.1 图幅与比例

(1) 图幅

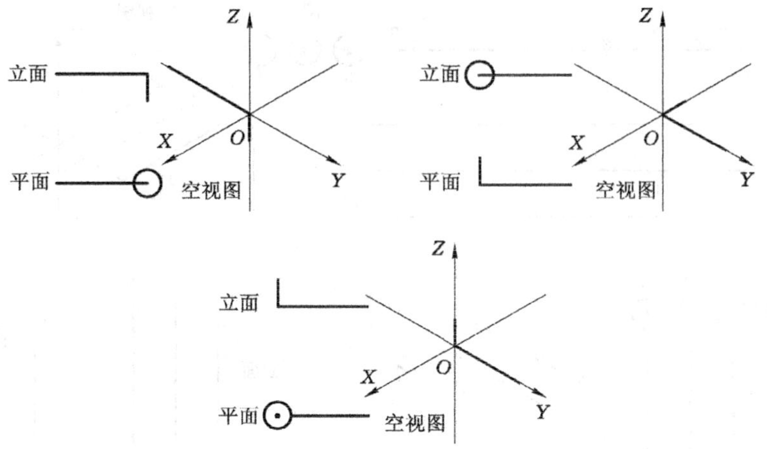

图 6-7　弯管的平面图、立面图及空视图

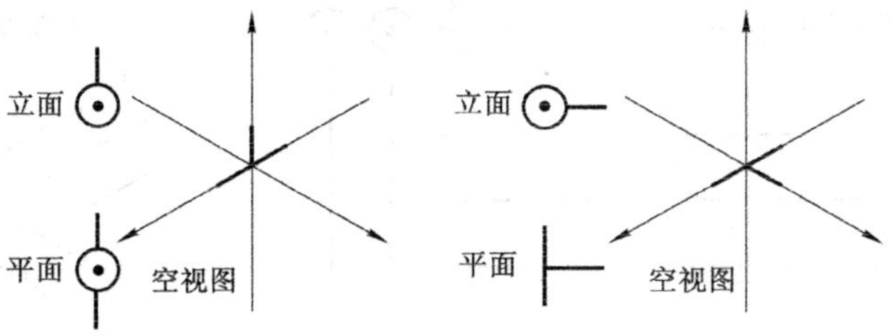

图 6-8　三通的平面图、立面图及空视图

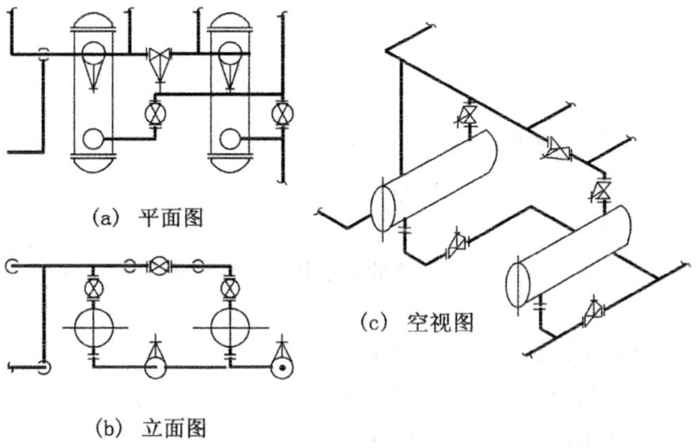

图 6-9　管道、阀门及设备间连接的平面图、立面图及空视图

管道布置图图幅应尽量采用 A1，比较简单的也可采用 A2。同区的图应采用同一种图幅。图幅不宜加长或加宽。

(2) 比例

常用比例为 1∶50，也可采用 1∶25 或 1∶30，但同区的或各分层的平面图，应采用同一比例。

（3）尺寸单位

管道布置图中标注的标高、坐标均以米（m）为单位，小数点后取三位数至毫米（mm）为止。其余的尺寸一律以毫米（mm）为单位，只注数字，不注单位。管子的公称直径一律用毫米（mm）表示。

（4）地面设计标高

管道布置图的基准地面设计标高与设备布置图一样，都采用 EL±0.000。

（5）图名

管道布置图标题栏中的图名一般分成两行，上行写“管道布置图”，下行写“EL＋××.×××平面”或“*A*—*A*（*B*—*B* 等）剖视”等。

（6）尺寸线的起止符号及尺寸数字标注方式

尺寸线的起止符号与设备布置图中的尺寸线形式一样，应打箭头或打斜杠。不按比例画图的尺寸应在其下面画一道横线（轴测图除外）。尺寸数字应注写在尺寸线的上方中间，并且平行于尺寸线。

6.1.3.2　图面安排及视图要求

（1）管道布置图应按设备布置图或分区索引图所划分的区域（以小区为基本单位）绘制。区域边界线用粗双点画线表示。在区域边界线的外侧标注分界线的代号、坐标和与此图标高相同的相邻部分的管道布置图图号，如图 6-10 所示。

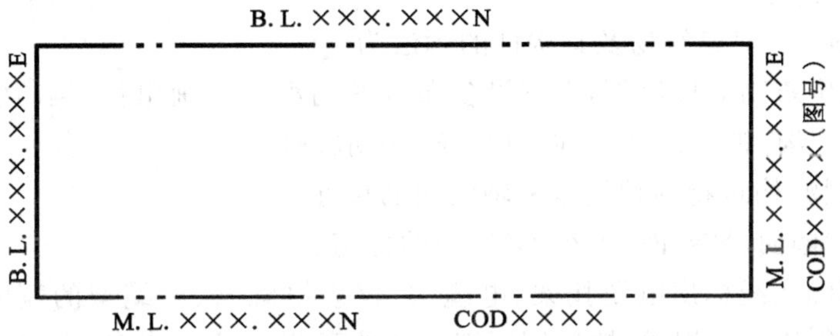

注：B. L — 装置边界；M. L— 接续线；COD— 接续图；E—东向；N—北向。

图 6-10　区域分界线的表示方法

（2）管道布置图一般只绘平面图。当平面图中局部表示不够清楚时，可绘制剖视图或轴测图，此剖视图或轴测图可画在管道平面布置图边界线以外的空白处（不允许在管道平面布置图内的空白处再画小的剖视图或轴测图）或绘在单独的图纸上。绘制剖视图时要按比例画，可根据需要标注尺寸。轴测图可不按比例，但应标注尺寸。剖视符号规定用 *A*—*A*、*B*—*B* 等大写英文字母表示，在同一小区内符号不得重复。平面图上要表示所剖截面的剖切位置、方向及编号。

（3）对于多层建筑物、构筑物的管道平面布置图应按层次绘制，且各层管道布置平面图将楼板（或层顶）以下的建（构）筑物、设备、管道等全部画出。在同一张图纸上绘制几层平面图时，应从最低层起，在图纸上由下至上或由左至右依次排列，并于各平面图下注明“EL ×××. ×××平面”。

(4) 在管道布置图的右上角需绘制管口表，填写该管道布置图中的设备管口。

(5) 在绘有管道平面图的图纸右上角，管口表的左边，应画一个与设备布置图的设计北向一致的方向标。

6.1.3.3 视图的配置

管道布置图需要表达的内容较多，通常采用平面图、剖视图、向视图、局部放大图等一组视图来表达。

平面图是表达厂房某层上管道布置情况的水平剖视图。当厂房为多层建筑时，需要按楼层或标高分别绘出各层的平面图。平面图可以绘制在一张图纸上，也以可分画在几张图纸上。若各层平面的绘图范围较大而图幅有限，可将各层平面上的管道布置情况分区绘制。

当在平面图上不能表达高度方向的管道布置情况时，可在平面图的适当部位垂直剖切。绘出立面剖视图(立面或剖面图)。剖视图可以与平面图绘制在一张图纸上，也可以单独绘制。立面剖视图应按比例画，不需要标注尺寸而只需注写标高。必须在平面图上标注剖切位置，并在立面剖视图的下方注明相应的视图名称。

6.1.3.4 管道及附件的图示方法

管道布置图采用正投影法绘制。管道布置图中视图的表达内容主要是三部分，一是建筑物及其构件，二是设备，三是管道，现分别讨论如下。

(1) 建筑物及其构件

如图 6-1 所示，厂房建筑物及其构件的画法为：

a. 建筑物和构筑物应按比例，根据设备布置图用细实线画出柱、梁、楼板、门、窗、楼梯、操作台、安装孔、管沟、箅子板、散水坡、管廊架、围堰、通道等。

b. 标注建筑物、构筑物的轴线号和轴线间的尺寸。

c. 标注地面、楼面、平台面、吊车、梁顶面的标高。

d. 按比例用细实线标出电缆托架、电缆沟、仪表电缆盒、电缆架的宽度和走向，并标出底面标高。为避免与管道相碰，按比例用细点画线画出就地仪表盘、电气盘的外轮廓，但不必标注尺寸。

e. 生活间及辅助间应标出其组成和名称。

(2) 设备

用细点画线、细实线，按设备布置图所确定的位置画出所有设备的中心线(或定位线)以及设备的外形和基础。在管道布置图上的设备中心线上方标注与流程图一致的设备位号，下方标注支撑点的标高(如 POS EL××.×××)或主轴中心线的标高(如 CEL××.×××)。剖视图上的设备位号注在设备近侧或设备内。

为了避免管道布置设计考虑不周到，发生管道和辅助设施碰撞，或操作检修的不方便，要在原有设备布置图的基础上画出以下几部分内容：

a. 用细实线表示吊车梁、吊杆、吊钩和起重机操作室。

b. 按比例用细实线画出卧式设备的支撑底座，并标注固定支座的位置，支座下如为混凝土基础，应按比例画出基础的大小，不需标注尺寸。

c.对于立式容器或塔还应用细实线表示出裙座、人孔的位置及标记符号。

d.按设备图用 5 mm×5 mm 的方块标注设备管口(包括需要表示的仪表接口及备用接口)符号,以及管口定位尺寸(由设备中心至管口端面的距离,如已标注在管口表上,在图上可不标注),如图 6-11 所示。

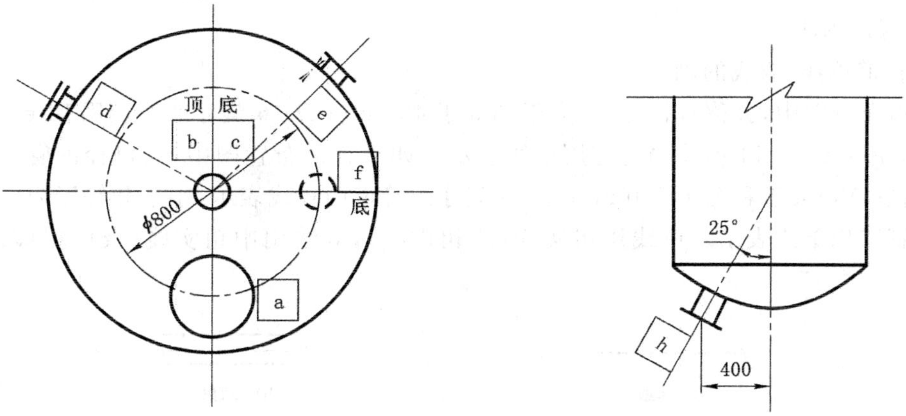

图 6-11　管口标注示意图

e. 对于工业炉,凡是与炉子和其平台有关的柱子及炉子外壳和总管连箱的外形、风道、烟道等均应用细实线表示出。

f. 用双点画线按比例表示出重型或超限设备的“吊装区”或“检修区”和换热器抽芯的预留空地,但不标注尺寸,如图 6-12 所示。

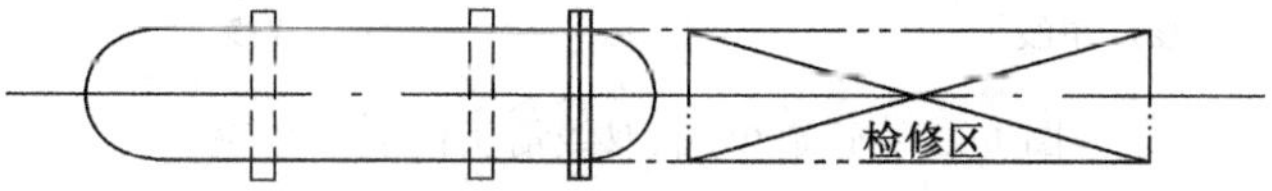

图 6-12　预留检修区的图示方法

g. 对于设备自带的液面计、液面报警器、排气装置、排液装置、取样点、测温点、测压点等,按管道仪表流程图给定的符号画出,其中某项若有管道及阀门应画出,不必标注尺寸。

(3) 管道

管道上不仅包括管子而且还有管道附件(阀门、管件及仪表控制点)和管道支架。应按 HG/T 20519.4—2009 规定的图例(见表 6-1、表 6-2),按比例画出管道及管道上的阀门、管件(包括弯头、三通、法兰、异径管、软管接头等管道连接件)、其他管道附件和特殊管件等。

所有管道的最高点应设放空装置,最低点应设排液装置。液体管道的放空装置、排液装置应装阀门及螺纹管帽,而气体管道的排液装置也应装阀门及管帽。用于压力试验的放空管道仅装螺纹管帽。排液阀门的尺寸一般不能小于以下值:公称直径 DN≤40 mm 的管道,阀门的尺寸为 15 mm;公称直径 DN≥50 mm 的管道,阀门的尺寸为 20 mm;公称直径 DN≥250 mm 的管道,阀门的尺寸为 25 mm。但对于易燃、易爆、有毒流体的放空或排液装置,必须经安全措施处理后方可实施。

当几套设备的管道布置完全相同时，允许只绘制一套设备的管道，其余可简化为方框表示，但在总管上应绘出每套支管的接头位置。

管道上的检测（压力、温度、流量、液面、分析、料位、取样等）元件及测温点、测压点在管道布置平面图上用 ϕ10 mm 的细实线圆圈表示，圆圈内按工艺管道及仪表流程图中检测元件的符号和编号填写，并在检测元件的平面位置用细实线和圆圈连接起来。

① 管道画法

a. 管道单线、双线的画法

管道布置图中，公称直径（DN）大于和等于 400 mm 或 16 英寸的管道用双线表示，小于和等于 350 mm 或 14 英寸的管道用单线表示。如果管道布置图中，大口径的管道不多，则公称直径（DN）大于和等于 250 mm 或 10 英寸的管道用双线表示，小于和等于 200 mm 或 8 英寸的管道用单线表示。单线用粗实线（或粗虚线），双线用中粗实线（或中粗虚线），如图 6-13 所示。

(a) 单线　　(b) 双线

图 6-13　管道单线、双线的表示方法

b. 管道箭头的画法

在适当位置画箭头表示物料流向，单线管道箭头画在管线上，双线管道箭头画在中心线上，如图 6-14 所示。

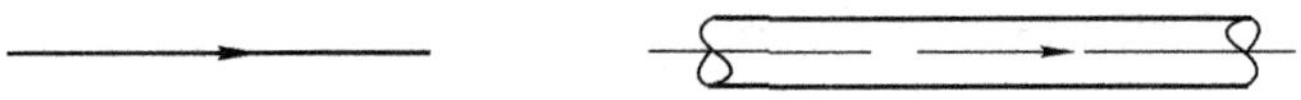

(a) 单线　　(b) 双线

图 6-14　管道单线、双线箭头的表示方法

c. 管道转折的画法

管道公称直径小于和等于 200 mm 或 8 英寸的弯头，可用直角表示，双线管用圆弧弯头表示。

向下弯折 90°角的管道，画法如图 6-15（a）所示；向上弯折 90°角的管道，画法如图 6-15（b）所示；大于 90°角的弯折管道，画法如图 6-15（c）所示。

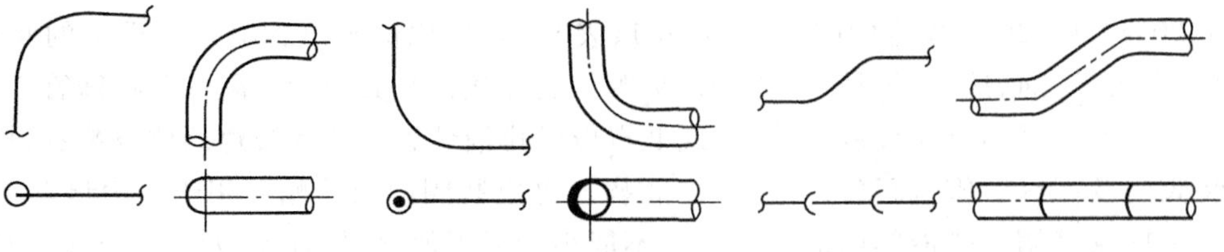

(a) 向下弯折 90°角　　(b) 向上弯折 90°角　　(c) 大于 90°角弯折

图 6-15　管道转折的表示方法

d. 管道交叉的画法

当两管道交叉时，可把被遮挡管道的投影断开，画法如图 6-16(a)所示；也可将上面管道的投影断开，以便看见下面的管道，画法如图 6-16(b)所示。

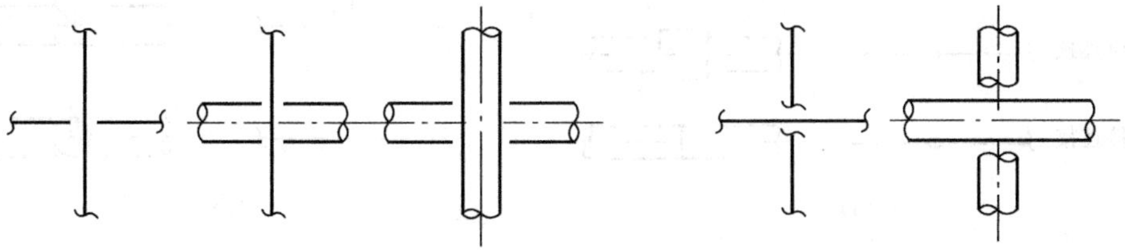

(a) 被遮挡管道断开的画法　　(b) 上面管道断开的画法

图 6-16　管道交叉的表示方法

e. 管道重叠的画法

当管道投影重叠时，将上面(或前面)管道的投影断开，下面管道的投影画至重影处，稍留间隙断开，如图 6-17(a)、(c)所示。当多条管道投影重叠时，可将最上(或最前)的一条用“双重断开”符号表示，如图 6-17(b)所示。也可在投影断开处注上相应的小写字母，如图 6-17(d)所示。

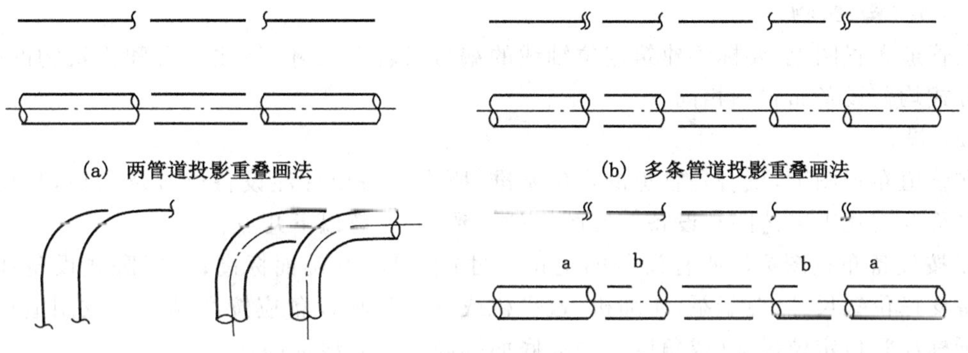

(a) 两管道投影重叠画法　　(b) 多条管道投影重叠画法

(c) 管道转折后投影重叠　　(d) 多条管道投影重叠画法二

图 6-17　管道重叠的表示方法

f. 管道连接画法

两段直管道相连有 4 种形式，如图 6-18(a)所示。当管道用三通连接时，可能形成三个不同方向的视图，其画法如图 6-18(b)所示。焊点位置应按管件长度比例画，标注尺寸时应考虑管件组合的长度。

② 管道上的管件、阀门画法

管道上的管件、阀门以正投影原理大致按比例用细实线绘制。通常遵循以下原则：

a. 对于常用的管件、阀门，通常不按真实投影绘制，而是按 HG/T 20519.4—2009 规定的图例(无标准图例时可采用简单图形画出外形轮廓)绘制。

b. 按工艺管道及仪表流程图中给定的符号标注容器上的液面计、液面报警器、放空装置、排液装置、取样点、测温点、测压点等，其中某项若有管道及阀门也应画出，尺寸不必标注。

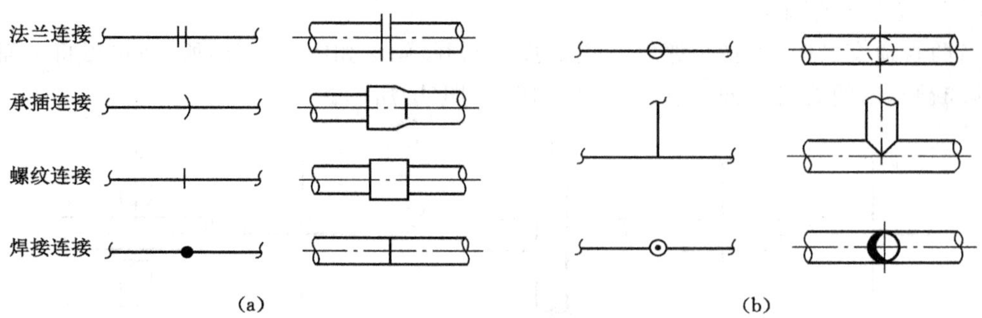

图 6-18 管理连接的表示方法

c. 对于工艺管道及仪表流程图上作为特殊件的管件、阀门，如消声器、爆破板、洗眼器、分析设备等，在管道布置图中允许适当简化，即用矩形(或圆形)细线表示该局部所占位置，注明标准号或特殊件编号，也可另画详图。

d. 管道上的检测(压力、温度、流量、液面、分析、料位、取样等)元件及测温点、测压点在管道布置平面图上用 ϕ10 mm 的细实线圆圈表示，圆圈内按工艺管道及仪表流程图中检测元件的符号和编号填写，并在检测元件的平面位置用细实线和圆圈连接起来。

6.1.3.5 管道布置图的标注

(1) 建(构)筑物

在管道布置图上，要标注建筑定位轴线的编号及柱距尺寸，标注平台和构筑物的标高，标注方式均与设备布置图相同。

(2) 设备

在管道布置图上，设备是管道的定位基准，所有设备要标注设备位号及名称，且设备位号及名称要与化工工艺图和设备布置图中的一致，并注意以下几点：

a. 按设备布置图标注所有设备的定位尺寸或坐标、基础面标高；对于卧式设备还要注出设备支撑位置尺寸；对于泵、压缩机、透平机或其他机械设备应按产品样本或制造厂提供的图纸标注管口定位尺寸(或角度)、底盘底面标高或中心线标高。

b. 按设备图相同的管口，用 5 mm×5 mm 的细实线方框标注设备管口符号(包括需要表示的仪表接口及备用接口)、管口方位(或角度)、底部或顶部法兰面标高、侧面管口的中心线标高和斜接管的工作点标高等，以及管口定位尺寸，即由设备中心线至管口端面的距离(如标注在管口表上，在图上可不标注)，如图 6-11 所示。

c. 在管道布置图上的设备中心线上方标注与管道及仪表流程图一致的设备位号，下方标注支撑点的标高(如 POS EL××.×××)或主轴中心线的标高(如 CL EL××.×××或 ϕEL××.×××)。剖视图上的设备位号标注在设备近侧或设备内。

d. 按管道及仪表流程图给定的符号标注容器上的液面计、液面报警器、排气装置、排液装置、取样点、测温点、测压点等，其中某项若有管道及阀门也应画出，尺寸可不标注。

(3) 管道

在管道布置图中，应标注所有管道的定位尺寸、标高及管段编号，并以平面布置图为主。管道的标注应符合下述要求：

a. 管道的定位尺寸以建(构)筑物的轴线、设备中心线、设备管口中心线、区域界线(或接续图分界线）等作为基准进行标注。

b. 按工艺管道及仪表流程图相同的标注代号，在管道的上方（双线管道在中心线上方）标注管段号、管径、管道等级和隔绝热（或隔声）代号及流向箭头；在管道的下方（双线管道在中心线下方）标注管道标高（标高以管道中心线为基准时，只需标注标高数字，如 EL××.×××；以管底为基准时，在标高数字前加注管底代号，如 BOP EL××.×××），如图 6-19 所示。

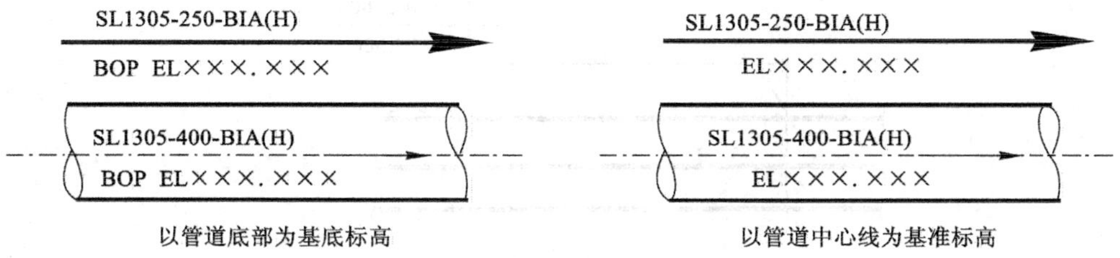

图 6-19　管道的标注方法

c. 对安装坡度有严格要求的管道，应在管道上方绘制一带箭头的细实线，箭头指向坡向，并注写坡度数字和代号“i”。当管道倾斜时，应标注工作点的标高字样“WP EL××.×××”，并将尺寸线指向可以定位的地方，如图 6-20 所示。

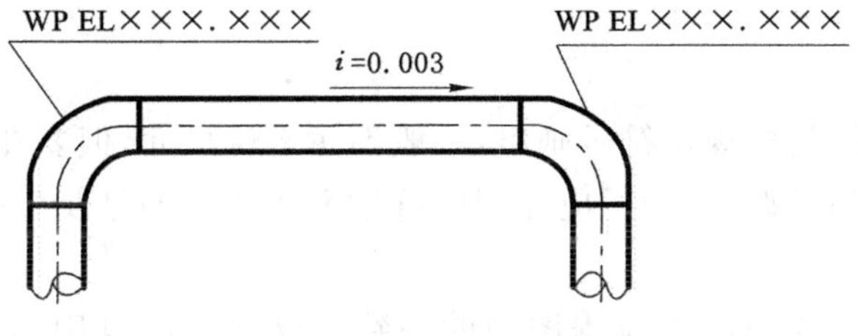

图 6-20　管道坡度的标注方法

d. 对于异径管，应标出前后端管子的公称直径，如 DN80/50 或 DN80×50。水平管道的异径管应以大端定位，螺纹管件或承插焊管件可以以任意一端定位。

e. 非 90°的弯管和非 90°的支管连接，应标注角度。

f. 在管道布置平面图上，不标注管段的长度尺寸，只标注管道、管件、阀门、过滤器、限流孔板等元件的中心定位尺寸或以一端法兰面定位。

g. 在同一个区域内，管道方向有改变时，支管和在管道上的管件位置尺寸应按容器、设备管口或邻近管道的中心线来标注。

h. 一般情况下，同一管道不应重复定位。当有管道跨区通过接续线到另一张管道平面布置图时，为了表示连续，每张图纸还需要从接续线上定位。只有在这种情况下，才出现尺寸的重复。

i. 标注位置不够时，为了避免在间隔很小的管道之间标注管道号和标高而缩小字样的书写尺寸，允许用附加线在图面空白处标注管道号和标高，此线穿越各管道并指向被标注的管道；当存在多条管道需要标注时，也可以将几条管道一起引出进行标注，此时管道与相应标注都要用数字分别进行编号，必要时指引线还可以转折，如图 6-21 所示。

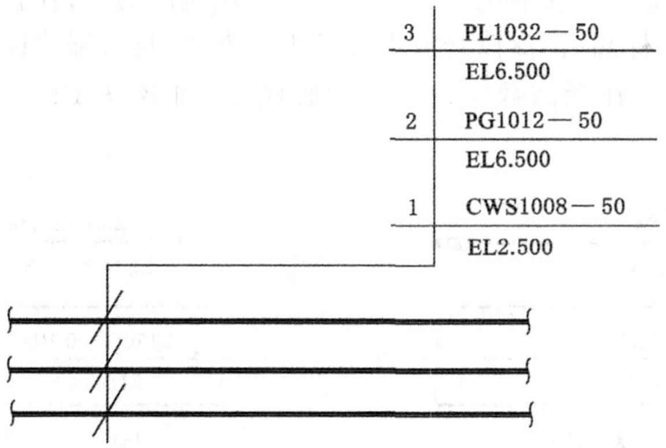

图 6-21　管道的引出标注方法

j. 带有角度的偏置管和支管，只在水平方向标注线性尺寸，不标注角度尺寸。

k. 当塔上的管道经过一个平面到另一个平面时，应标注此管道的编号。若管道有大小或位置变化，或出现了支管或附件，也应标注出管道号。

l. 当管道材料有变化(即等级有变化处)时，均应按工艺管道及仪表流程图在管道布置图中对应标注出来。

(4) 阀门及管件

管道布置图上的阀门按规定符号画出，一般不注定位尺寸，但要在立面剖视图上注出安装标高。当管道中阀门类型较多时，应在阀门符号旁注明其编号及公称尺寸。

(5) 仪表控制点

仪表控制点的标注要与施工流程图中的一致。仪表控制点用指引线指引在安装位置处，也可在水平线上写出规定符号。

(6) 管道支架

在管道布置图中，在管架的附近应标注管架的编号。管架编号应按管架类别及生根部位的结构分别编写，并标注在图中管架符号的附近，或引出标注。在管道布置图中标注管架编号时，每个管架均编一个独立的管架号，应注意与管架表中填写的编号保持一致，最好两者同时进行。

管架标注时，水平向管道的支架标注定位尺寸，垂直向管道的支架标注支架顶面或支撑面(如平台面、楼板面、梁顶面)的标高。

6.2　管道布置图的绘制

管道布置图的绘制是以管道及仪表流程图，设备布置图，化工设备图，管口方位图，以及土建、仪表、电气、机泵等方面的图纸和资料为依据，对所需管道做出适合工艺操作要求的合理布置与设计后所绘制的，在详细工程设计阶段进行绘制。其绘制步骤与设备布置图大体相似。

6.2.1　绘图前的准备工作

6.2.1.1　了解有关图纸和资料

在绘制管道布置图之前，应先从有关图纸资料中了解设计说明、本项目工程对管道布置的要求以及管道设计的基本任务，充分了解和掌握生产工艺流程、厂房建筑的基本结构、设备布置情况及管口的配置。

6.2.1.2　考虑管道布置的合理性

管道布置将直接影响工艺操作、安全生产、输出介质的能量损耗及管道的投资，同时也存在管道布置美观性的问题。对于管道布置的合理性，应遵循《化工装置管道布置设计规定》(HG 20549—1998)的相关规定。下面简要介绍布置管道的一些主要原则及应考虑问题。

(1) 物料因素

有腐蚀性物料的管道，一般应布置在平列管道的下方或外侧，易燃、易爆、有毒和有腐蚀性物料的管道不应敷设在生活间、楼梯和走廊处，并应配置安全阀、防爆膜、阻火器、水封等防火、防爆装置，其放空管应引至室外指定地点或高出屋面 2 m 以上。冷热管道尽量分开布置，不得已时热管在上、冷管在下，其保温层外表面的间距，上下并行时一般不应小于 0.5 m、交叉排列时不应小于 0.25 m。

管道敷设应有坡度，坡度方向一般均沿物料流动方向，坡度一般为 2‰～5‰。输送黏度大的物料管道，坡度要求大些，可至 1%；含固体结晶的物料，坡度可至 5%左右。埋地管道及敷设在地沟中的管道，在停止生产时，积存物料不考虑放尽者，可不考虑敷设坡度。对于坡度和坡向无明确规定的管道，可将敷设坡度定为 2‰，坡向朝着便于流体流动和排放的方向。

(2) 便于操作及安全生产

管道布置的空间位置不应妨碍设备的操作，如设备的人孔、手孔的前方不能有管道通过，以免影响其正常使用。阀门要安装布置在便于操作的部位，对操作时频繁使用的阀门，应按操作的顺序依次排列。不同物料的管道及阀门，可涂刷不同颜色的油漆加以区别。容易开错的阀门，相互要拉开间距布置，并在明显处加明确的标志。管道和阀门的重量，不要支承在设备上。

管道要集中架空布置，尽量走直线，少拐弯；不要挡住门窗和妨碍设备、阀门、管件等的维修，在行人的过道地面至 2.2 m 的空间，不应安装管道。管道应避免出现“气袋”“口袋”“盲肠”，集气系统的布置应使蒸汽能方便地向最高点排放，如图 6-22 所示。

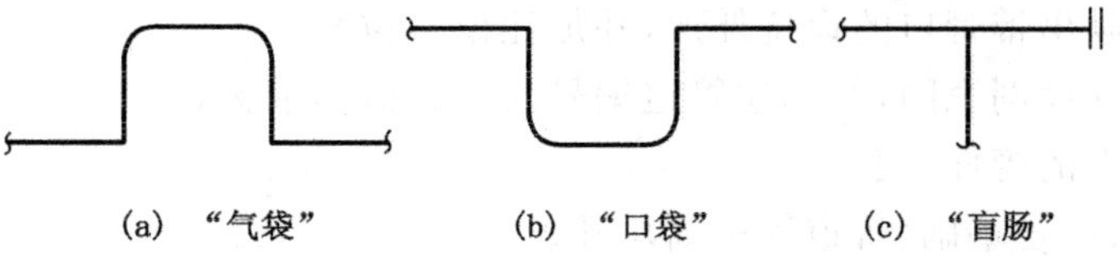

图 6-22　管理布置应避免的几种情况

距离较近的两设备之间，管道一般不应直连，如图 6-23(a)所示，因垫片不易配准，难以紧密连接，且会因热胀冷缩而损坏设备。建议用波形伸缩器或采用 45°斜接和 90°弯连接，如图 6-23(b)、(c)、(d)所示。

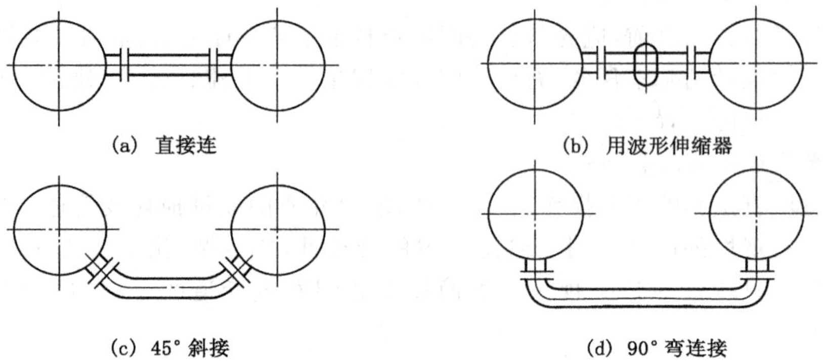

图 6-23　两设备较近时的管道连接

不同材料的管道与管架之间(如不锈钢管与碳钢管架)，不应直接接触，以防止产生电化学腐蚀。管道通过楼板、屋顶、墙壁或裙座时，应安装一个直径较大的管套，管套两端伸出 50 mm。

管道布置时应兼顾电缆、照明、仪表及采暖、通风等其他非工艺管道的布置。

6.2.2　绘制步骤

(1) 确定管道布置图的分区范围与边界位置。

(2) 确定界区内管道布置所需的视图数量与设置方案。

(3) 确定绘图比例与图纸幅面。

(4) 绘制平面图。管道平面图的布置一般应与设备布置图中的平面图一致。具体步骤如下：

① 用细实线画出厂房建筑、带管口方位的设备外形轮廓；

② 根据管道布置的原则，按流程顺序逐条画出管道的平面图，并标注管道编号(即物料代号、管段序号、公称直径)及物料流向箭头；

③ 根据设计要求，在相应部位用规定符号画出管件、管架、阀门、仪表控制点等；

④ 标注厂房的定位轴线、设备位号(设备名称可省略)及定位尺寸、管道定位尺寸及标高等。

(5) 绘制立面剖视图：

① 用细实线画出地平线及设备基础；

② 用细实线画出带管口的设备外形，并加注设备位号；

③ 画出管道立面剖视图，并标注管道编号及物料流向箭头；

④ 画出管道上的管件、阀门；

⑤ 标注地面、设备基础、管道等标高尺寸。

(6) 标注平面图与立面剖视图中其他所需的尺寸、编号及代号等。

(7) 绘制方位标，附表及注写说明。其中管口表格式可如表 6-3 所示。

表 6-3　管口表(摘自 HG/T 20519—2009)

设备位号	管口符号	公称直径 DN/mm	公称压力 PN/MPa	密封面形式	连接法兰标准号	长度 /mm	标高 /m	方位角/(°)
								水平角
T1304	A	65	1.0	RF	HG/T 20592		4.100	
	B	100	1.0	RF	HG/T 20592	400	3.800	180
	C	50	1.0	RF	HG/T 20592	400	1.700	
V1301	A	50	1.0	RF	HG/T 20592		1.700	180
	B	65	1.0	RF	HG/T 20592		0.400	135
	C	65	1.0	RF	HG/T 20592	800	1.700	120
	D	50	1.0	RF	HG/T 20592		1.700	270

其中：

a. 管口符号：管口表中填写的管口符号应与本管道布置图中设备上标注的符号一致。

b. 密封面形式：密封面形式同垫片密封代号，其中 RF 表示突面，MFM 表示凹凸面(凹面 FM，凸面 M)，TG 表示榫槽面(榫面 T，槽面 G)，FF 表示全平面，RJ 表示环连接面。

c. 连接法兰标准号：填写连接法兰标准号时，可不填写标准的年号。

d. 长度：长度一般为设备中心至管口端面的距离，如图 6-24 中的“L”(图中“L”仅表示此处有尺寸)，按设备图标注。图 6-24 中各个带括号的“L”值，应在图中标注，表中填写“见图”二字。

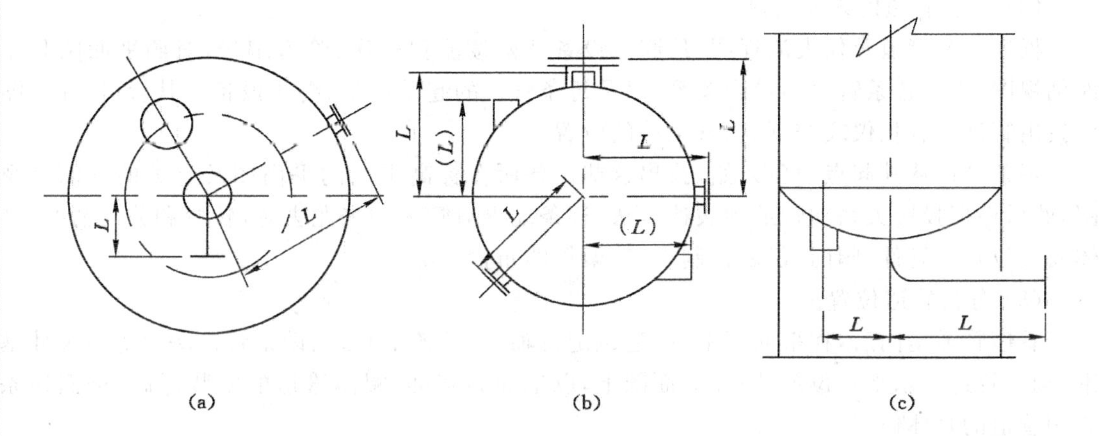

图 6-24　设备管口长度尺寸的表示法

e. 标高：水平管口的标高以设备管口轴向中心线为测量基准，垂直管口的标高以管口法兰的基准面为测量基准。标高的单位以米(m)计，要精确到毫米(mm)，小于毫米要四舍五入。

f. 方位：管口的水平角度以方向标为基准标注。管口垂直角度最大为 180°，即向上规定为 0°，向下为 180°，水平为 90°。对于特殊方位的管口，管口表中实在无法表示的，允许在图上标注，表中填写“见图”二字。凡是在管口表中能注明管口方位的，平面图上可不标注管口方位。

g. 坐标：若管口表中填写管口坐标，则管口坐标是指管口端面的坐标，按该图的基准点为基准标注。坐标可采用 E(东)、N(北)向，也可采用 W(西)、N(北)向，应与管道布置图坐标一致。单位以米(m)计。

(8) 最后，校核与审定图纸，按制图标准加粗相关图线，完成图样。

6.3 管道布置图的阅读

管道布置图是在设备布置图上增加了管道布置情况的图样。管道布置图中所解决的主要问题是如何用管道把设备连起来，阅读管道布置图应抓住这个主要问题，从而弄清装置的管道布置情况。

阅读管道布置图的目的是通过图样了解该工程设计的设计意图和弄清管道、管件、阀门、仪表控制点及管架等在装置中的具体布置情况。在阅读管道布置图之前，应从工艺管道及仪表流程图中初步了解生产工艺过程和流程中设备、管道的配置情况和规格型号，从设备布置图中了解厂房建筑的大致结构和各个设备的具体位置及管口方位。阅读管道布置图时，建议按照下列步骤进行。

(1) 明确视图数量及关系

阅读管道布置图首先要明确视图关系，了解平面图的分区情况，平面图、立面剖视图的数量及配置情况。在此基础上进一步弄清各立面剖视图在平面图上的剖切位置及各个视图之间的关系。同时还要注意管道布置图样的类型、数量，有关管段图、管件图及管架图等。

(2) 看懂管道的来龙去脉

根据工艺管道及仪表流程图，从起点设备开始按流程顺序、管道编号，对照平面图和立面剖视图，弄清各条管道的投影关系，以及每条管线的起始设备、终止设备及其管口，并在图中找出管件、阀门、仪表控制点、管架等的位置。

每条管道从其起点设备开始，找出这些设备所在标高平面的平面图及有关的立面剖视图，然后根据投影关系和管道的表达方法，逐条地弄清管道的来龙去脉，转弯和分支情况，具体安装位置及管件、阀门、仪表控制点、管架等的布置情况。

(3) 分析管道位置

看懂管道走向后，在平面图上，以建筑定位轴线、设备中心线、设备管口法兰等为尺寸基准，阅读管道的水平定位尺寸；在立面图上，以地面为基准，阅读管道的安装标高，进而逐条查明管道的具体位置。

在管道布置图的阅读过程中，还要参考工艺管道及仪表流程图、设备布置图、管道空视图等，以全面了解设备、管道、管件阀门、仪表控制点的布置情况。

第 7 章　AutoCAD 绘图基础

7.1　AutoCAD 软件基础

7.1.1　AutoCAD 简介

CAD(Computer Aided Design)是指计算机辅助设计，是计算机技术的一个重要的应用领域。AutoCAD 是用于二维及三维设计、绘图的工具，用户可以使用它来创建、浏览、管理、打印、输出、共享及准确复用富含信息的设计图形。目前 AutoCAD 已成为建筑、机械、化工、测绘、电子以及航空航天等领域中专用设计工具。

AutoCAD 软件具有如下特点：

(1) 具有完善的图形绘制功能。

(2) 具有强大的图形编辑功能。

(3) 可以采用多种方式进行二次开发或用户订制。

(4) 可以进行多种图形格式的转换。

(5) 支持多种硬件设备。

(6) 支持多种操作平台。

(7) 具有通用性、易用性，适用于各类用户。

从 AutoCAD 2000 开始，该系统又增添了许多强大的功能，如 AutoCAD 设计中心(ADC)、多文档设计环境(MDE)、Internet 驱动、新的对象捕捉功能、增强的标注功能以及局部打开和局部加载的功能，从而使 AutoCAD 系统更加完善。

虽然 AutoCAD 本身的功能集已经足以协助用户完成各种设计工作，但用户还可以通过 Autodesk 以及数千家软件开发商开发的几千种应用软件把 AutoCAD 改造成为满足各专业领域的专用设计工具。这些领域中包括建筑、机械、化工、测绘、电子以及航空航天等。本书以 AutoCAD 2014 版本为例，对相关内容及使用情况进行介绍。

7.1.2　AutoCAD 的操作界面

自 AutoCAD 2007 版本开始，AutoCAD 就引入了工作空间的概念，从而丰富了 AutoCAD 绘图界面的内容。工作空间是由分组组织菜单、工具栏、选项板和功能区控制面板组成的集合，使用户可以在专门的、面向任务的绘图环境中工作。AutoCAD 2007 提供了“AutoCAD 经典”和“三维建模”两种工作空间模式。若工作空间选择的是“AutoCAD 经典”，AutoCAD 2007 启动后，其界面是一标准的 Windows 操作界面。AutoCAD 2014 的操作界面如图 7-1 所示，由标题栏、菜单栏、工具栏、绘图区、十字光标、坐标系图标、命令行、状态栏和滚动条等组成(版本不同会略有不同)。

同其他标准的 Windows 应用程序界面一样，标题栏包括控制图标以及窗口的最大化、

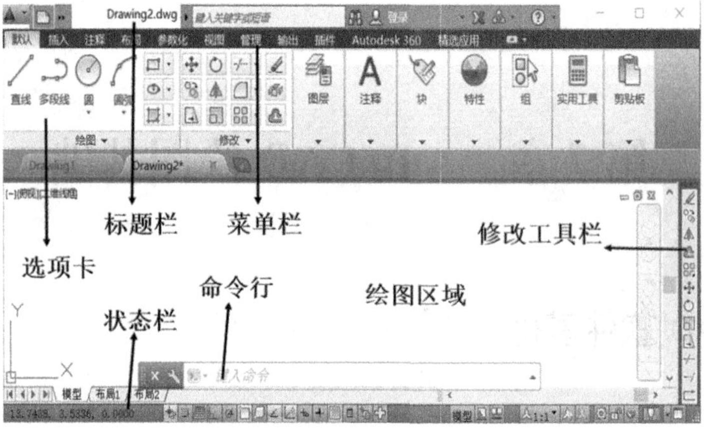

图 7-1　AutoCAD 2014 绘图视窗

最小化和关闭按钮，并显示应用程序名和当前图形的名称。

菜单是调用命令的一种方式。菜单栏以级联的层次结构来组织各个菜单项，并以下拉的形式逐级显示。AutoCAD 2014 中的主菜单包括文件、编辑、查看、插入、格式、工具、绘图、标注、修改、窗口、帮助等菜单项。点取下拉菜单选项，会显示出相应下拉菜单，如图 7-2 所示。

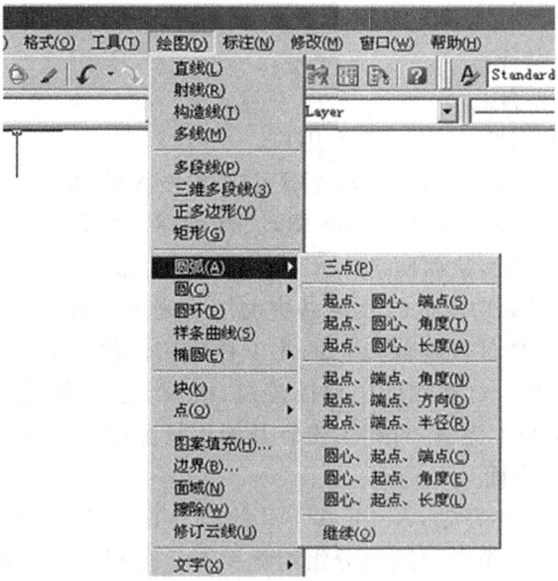

图 7-2　AutoCAD 2014 菜单栏

工具栏是代替命令的简便工具，包含许多图标按钮，单击这些按钮就可调用相应的 AutoCAD命令。每一个工具栏都有一个名称。将光标放置在某一工具栏上方右键单击，显示如图 7-3 所示内容，通过勾选即可添加某一工具栏到当前窗口。

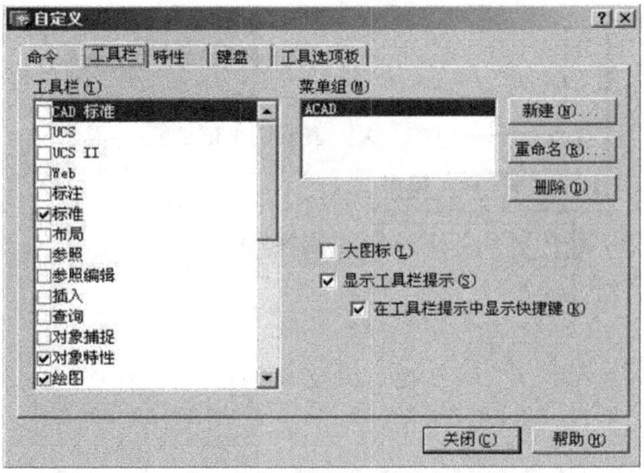

图 7-3　工具栏自定义窗口

绘图窗口是 AutoCAD 中显示、绘制图形的主要场所，相当于工程制图中绘图板上的绘图纸。在 AutoCAD 中创建新图形文件或打开已有的图形文件时，都会出现相应的绘图窗口用以显示和编辑其内容。由于从 AutoCAD 2000 版开始支持多文档，因此在 AutoCAD 中可以有多个图形窗口。

由于在绘图窗口中往往只能看到图形的局部内容，因此绘图窗口中都包括有垂直滚动条和水平滚动条，用来改变观察位置。

注意：只有在鼠标无中间滚轮的情况下才使用。一般绘图中通过鼠标中间滚轮进行位置移动。同时，绘图过程中，为了能最大限度保持绘图窗口的范围，建议用户不要调出过多的工具条，工具条可以随用随调，这样才能保证有一个好的绘图环境。

此外，绘图窗口的下部还包括有一个模型(Model)选项卡和多个布局(Layout)选项卡，分别用于显示图形的模型空间和图纸空间。对于绘制简单二维平面图形，一般只需在模型空间绘制、编辑等即可。

命令提示窗口是用户与 AutoCAD 对话的窗口，一方面，用户所要表达的一切信息都要从这里传递给计算机。另一方面，系统提供的信息也将在这里显示。为了使绘图区域尽可能大，同时不影响计算机回馈信息的阅读，命令提示窗口一般呈三行显示。

7.1.3　AutoCAD 中命令的输入方法

用户在 AutoCAD 系统中工作时，最主要的输入设备是键盘和鼠标，下面介绍如何在 AutoCAD 中使用键盘和鼠标。

7.1.3.1　使用键盘

AutoCAD 2014 同以前版本一样，同时提供了图形窗口和文字窗口。通常在图形窗口和状态栏之间显示其部分文本窗口和命令行，如图 7-4、7-5 所示。

AutoCAD 系统为用户提供了许多命令，用户可以使用键盘在命令行中的提示符“命令：”后输入 AutoCAD 命令，并按回车键或空格键确认，提交给系统去执行。例如，在命令行中输入命令“help”后回车，系统就会执行该命令，显示 AutoCAD 2014 的帮助信息窗口。在 AutoCAD 中，用户可以按下 Ctrl＋9 组合键来控制命令窗口的显示与隐藏，如图 7-6 所示。

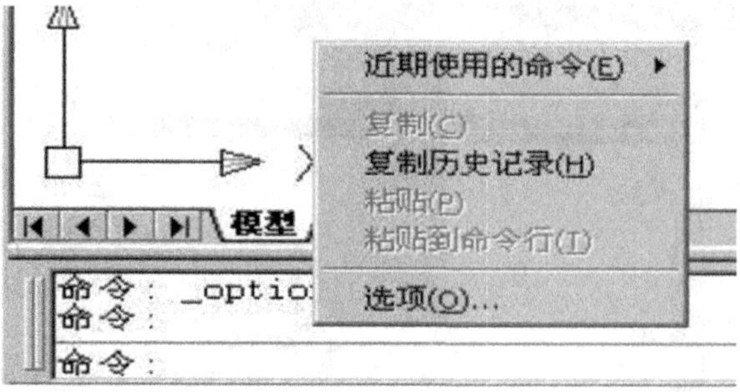

图 7-4　文本窗口

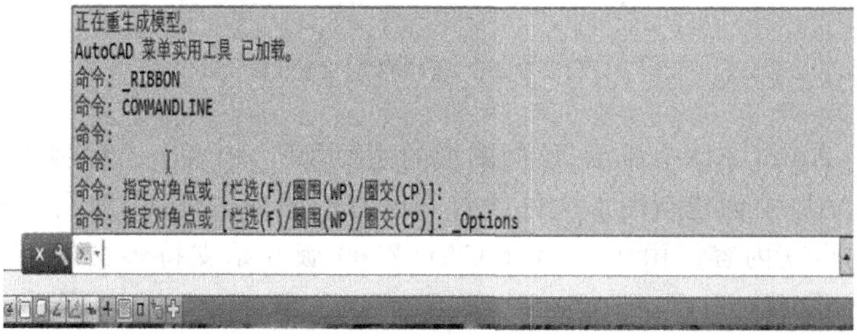

图 7-5　AutoCAD 命令行

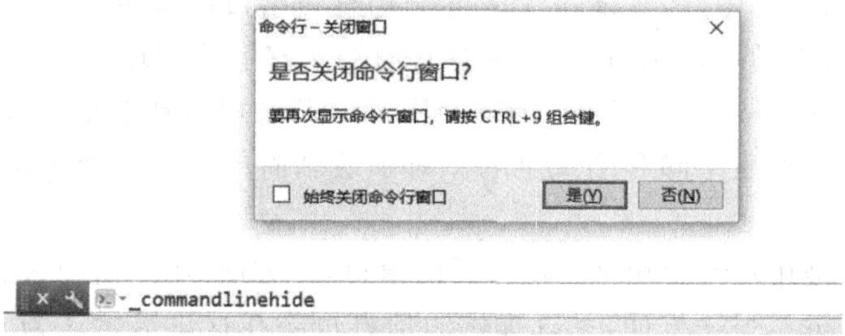

图 7-6　隐藏命令窗口

此外，用户还可以使用“Esc”键来取消操作，用向上或向下的箭头使命令行显示上一个命令行或下一个命令行。

注意：在命令行中输入命令时，不能在命令中间输入空格，因为 AutoCAD 系统将命令行中的空格等同于回车。如果需要多次执行同一个命令，那么在第一次执行该命令后，可以直接按回车键或空格键重复执行，而无须再进行输入。

7.1.3.2　使用鼠标

鼠标是最重要的输入设备，最常用的是使用其左、右两个键和滚轮来实现各种功能。

(1) 鼠标左键：鼠标左键的功能主要是选择对象和定位，比如单击鼠标左键可以选择菜单栏中的菜单项，选择工具栏中的图标按钮，在绘图区选择图形对象等。

（2）鼠标右键的功能主要是弹出快捷菜单，快捷菜单的内容将根据光标所处的位置和系统状态的不同而变化。

（3）鼠标中键主要用于快速浏览图形。在绘图过程中单击中键，光标将变为适时平移状态（形状为），此时移动光标即可快速移动图形；双击中键，在绘图窗口中将显示全部图形对象。当鼠标的中键为滚动轮时，将光标放置于绘图窗口中，然后直接向下滚动滚轮，则图形即可缩小；直接向上转动滚轮，则图形即可放大。

注意：从 AutoCAD 2000 开始，AutoCAD 支持鼠标左键双击功能，例如在直线、标注等对象上双击将弹出“Properties（特性）”窗口，在文字对象上双击则弹出文字编辑对话框，在图案填充对象上双击将弹出“Hatch Edit”（图案填充编辑）对话框等。

7.1.4　AutoCAD 中的坐标系简介

利用 AutoCAD 主要目的是用以绘制图形，因此，首先要了解图形对象所处的环境。AutoCAD 提供了一个三维的空间，通常我们的建模工作都是在这样一个空间中进行的。AutoCAD 系统为这个三维空间提供了一个绝对的坐标系，称之为世界坐标系（WCS，World Coordinate System），这个坐标系存在于任何一个图形之中，并且不可更改。本小节对这个坐标系的一个特例——平面坐标系（即第三维坐标始终为零）进行讨论，关于三维坐标系请参见相关文献资料。

7.1.4.1　笛卡儿坐标系

笛卡儿坐标系又称为直角坐标系，由一个原点［坐标为(0,0)］和两个通过原点的、相互垂直的坐标轴构成（见图 7-7）。其中，水平方向的坐标轴为 X 轴，以向右为其正方向；竖直方向的坐标轴为 Y 轴，以向上为其正方向。平面上任何一点 P 都可以由 X 轴和 Y 轴的坐标所定义，即用一对坐标值 (x, y) 来定义一个点。

例如，某点的直角坐标为(3,4)。

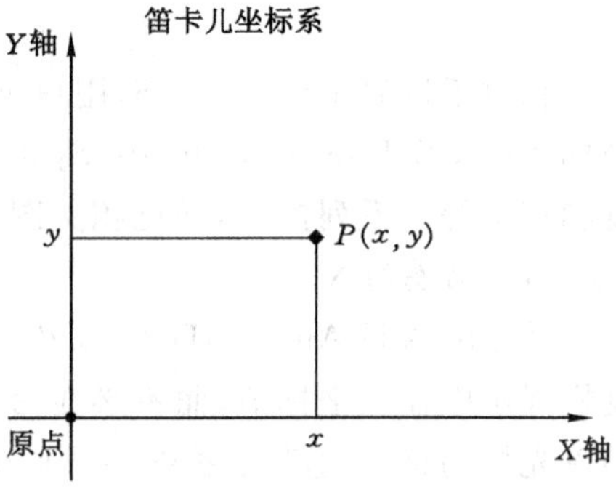

图 7-7　笛卡儿坐标系

7.1.4.2　极坐标系

极坐标系由一个极点和一个极轴构成（见图 7-8），极轴的方向为水平向右。平面上任何一点 P 都可以由该点到极点的连线长度 L (>0) 和连线与极轴的交角 α（极角，逆时针方向为正，如输入负值表示顺时针方向）所定义，即用一对坐标值 $(L<\alpha)$ 来定义一个点，其中“<”表示角度。

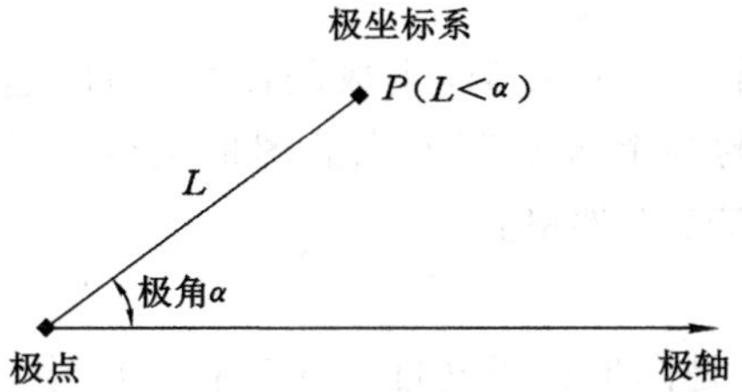

图 7-8　极坐标系

例如，某点的极坐标为(5<30)。

7.1.4.3　相对坐标

在某些情况下，用户需要直接通过点与点之间的相对位移来绘制图形，而不想指定每个点的绝对坐标。为此，AutoCAD 提供了使用相对坐标的办法。所谓相对坐标，就是某点与相对点的相对位移值，在 AutoCAD 中相对坐标用“@”标识。使用相对坐标时可以使用笛卡儿坐标，也可以使用极坐标，可根据具体情况而定。

例如，某一直线的起点坐标为(48,45)、终点坐标为(68,45)，则终点相对于起点的相对坐标为“@20,0”，用相对极坐标表示应为“@20<0”，如图 7-9 所示。

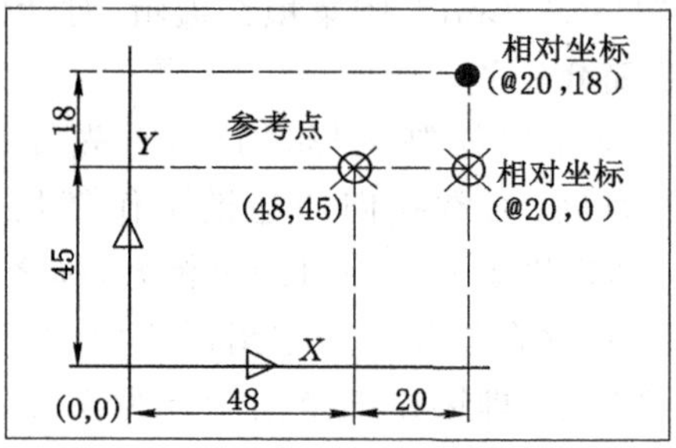

图 7-9　相对坐标

相对于世界坐标系 WCS，用户可根据需要创建无限多的坐标系，这些坐标系称为用户坐标系(UCS，User Coordinate System)。用户使用“ucs”命令来对 UCS 进行定义、保存、恢复和移动等一系列操作，详见相关图书资料。

7.1.4.4　动态输入

动态输入是 AutoCAD 2008 及以上版本常用的辅助功能。使用动态输入功能可以在工具栏提示中输入坐标值，而不必在命令行中进行输入。光标旁边显示的工具栏提示信息将随着光标的移动而动态更新。当某个命令处于活动状态时，可以在工具栏提示中输入值。动态输入虽然为用户绘制图样带来了很大方便，但它不会取代命令窗口。用户在绘图过程中，要自定义动态输入，可使用“草图设置”对话框。在状态栏上单击鼠标右键，然后单击“设置”，以控制启用“动态输入”时每个组件所显示的内容。

“动态输入”有三个组件：指针输入、标注输入和动态提示。相关使用可在实践中体会。

7.1.5　图形文件的创建

AutoCAD 2014 中可操作的文件类型共有四种，即 DWG 文件、DWT 文件、DWS 文件、DXF 文件。

7.1.5.1　DWG 文件

以 dwg 为后缀名的文件是 AutoCAD 生成的图形文件，也是 AutoCAD 用户最常接触到的文件类型。AutoCAD 的各个版本所生成的图形文件在格式上并不完全相同，一般来说，新版本都兼容旧版本 DWG 文件格式。

7.1.5.2　DWT 文件

以 dwt 为后缀名的文件是图形样板文件。在工程实践中，需要创建多个使用相同默认设置的图形时，一般创建或自定义样板文件，而不是每次启动时都指定设置，这样可以节省时间。

通常存储在样板文件中的惯例和设置包括:单位类型和精度、标题栏、边框和徽标、图层名、捕捉、栅格和正交设置、栅格界线、标注样式、文字样式,以及线型。

根据现有的样板文件创建新图形,对新图形的修改不会影响样板文件。用户可以使用程序提供的样板文件,也可以创建和自定义样板文件。默认情况下,图形样板文件都存储在 Template 文件夹中,以便于访问。

7.1.5.3 DWS 文件

它指以 dws 为后缀名的文件,也称标准文件,是 AutoCAD 创建并保存的用于定义图层特性、标注样式、线型和文字样式的文件。

在工程实践中,常常需要根据工程组织的方式,创建多个工程特定的标准文件并将其与某个图形关联起来。需要注意的是,在核查图形文件时,多个标准文件中的设置可能会产生冲突。比如,一个标准文件指定图层“墙体”为黄色,而另一个标准文件指定图层为红色,这样就会发生冲突。此时,第一个与图形关联的标准文件具有优先权。因此,可以改变标准文件的顺序来改变优先级。

7.1.5.4 DXF 文件

以 dxf 为后缀名的文件是一种用于图形交换格式的文件,其中包含可以由其他 CAD 系统读取的图形信息。

DXF 文件是文本或二进制格式文件,能够被其他 CAD 程序读取。如果用户正使用能够识别 DXF 文件的非 AutoCAD 的某个 CAD 程序,那么保存为 DXF 文件格式的图形就可以被共享。其中,如果使用 ASCⅡ 格式保存 DXF 文件,将生成可读取和编辑的文本文件;如果使用二进制格式保存 DXF 文件,生成的文件的体积会小很多,并且运行该文件时速度较快。

普通用户一般仅涉及 DWG 文件和 DWT 文件。

AutoCAD 2014 为用户提供了三种创建图形文件的方式:使用样板(Template)文件、缺省设置和向导。

图形样板文件包含标准设置。从提供的样板文件中的选择一种,或者创建自定义样板文件。图形样板文件的扩展名为“dwt”。使用样板来创建新的图形,则新的图形继承了样板中的所有设置。如果用户使用缺省设置创建图形,则通常使用“acad.dwt”样板(以英寸为单位)或“acadiso.dwt”样板(以毫米为单位)。

需要创建使用相同惯例和默认设置的几个图形时,通过创建或自定义样板文件而不是每次启动时都指定惯例和默认设置可以节省很多时间。

默认情况下,图形样板文件存储在易于访问的 Template 文件夹中,也可通过浏览方式,查找位于其他位置的自建样板文件。用户在绘制复杂的工程图样时,一般均选择自建的样板文件来绘图,以节省绘图时间和保证套图的统一。

7.1.6 绘图辅助定位工具的使用

在绘图过程中,为了快速、准确绘图,AutoCAD 提供了一些辅助定位命令,如捕捉、极轴和正交、对象捕捉、自动追踪等。

7.1.6.1 捕捉

捕捉给用户提供了一种定位方式。捕捉方法有栅格捕捉和极轴捕捉两种样式,若选择捕捉样式为栅格捕捉，则光标只能在栅格方向上精确移动；若选择捕捉样式为极轴捕捉，则光标可在极轴方向精确移动。需要注意的是，若在绘图中开启捕捉，则光标在屏幕上按栅格的间距呈现不连续的跳动，这样不便于绘图。因此实际中捕捉按钮需要处于关闭（上凸）状态。

7.1.6.2　正交和极轴模式

用户在绘图过程中，为了能使图线呈直线状态绘制，AutoCAD 提供了正交和极轴两种不同模式。所谓极轴是绘图中由极轴角度所定义的一条临时对齐路径（轴线），用以保证直线沿某一方向。通常经过设置，极轴可以是任意某一角度所在的直线路径，而正交模式仅指与坐标轴平行的水平或竖直两个状态。在实际中当开启极轴时，正交自动关闭，且当正交开启时，只能沿坐标轴方向绘制直线。实际中总是开启极轴模式，而较少使用正交模式。

单击状态栏中的极轴按钮，则极轴模式打开。将光标置于极轴按钮之上，右键单击，选择设置选项，则进入极轴追踪设置。

7.1.6.3　对象捕捉

对象捕捉实际上是 AutoCAD 为用户提供的一个用于拾取图形几何点的过滤器，它使光标能精确地定位在对象的一个几何特征点上。利用对象捕捉命令，可以帮助用户将十字光标快速、准确地定位在特殊或特定位置上，以便提高绘图效率。

根据对象捕捉方式，可以分为临时对象捕捉和运行对象捕捉两种模式。临时对象捕捉方式的设置，只能对当前进行的绘制步骤起作用；而运行对象捕捉在设置对象捕捉方式后，可以一直保持这种目标捕捉状态，如需取消这种捕捉方式，要在设置对象捕捉时取消选择这种捕捉方式。

（1）临时对象捕捉方式

用鼠标右键单击窗口内工具栏，在弹出的光标菜单中选择“对象捕捉”命令，弹出对象捕捉工具栏，如图 7-10 所示。

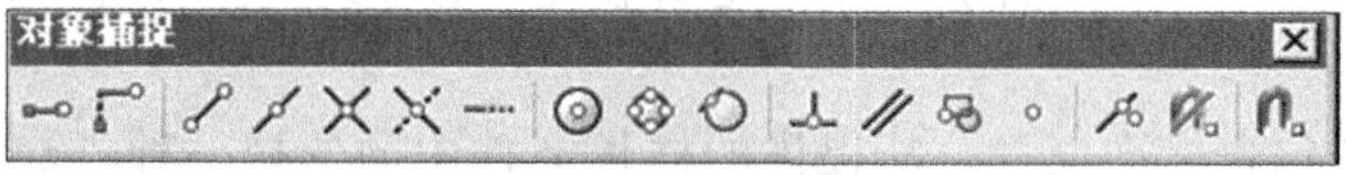

图 7-10　“临时对象捕捉”工具栏

在绘图时，当光标置于“对象捕捉”工具栏中某一按钮上方时，系统即提示该按钮选项的名称。

（2）运行对象捕捉模式

使用“运行捕捉”命令时，可以保持捕捉设置，不需要每次绘制图形时重新调用捕捉方式进行设置，这样就可以节省很多时间。

启用“运行捕捉”命令，可将光标置于对象捕捉按钮上单击鼠标右键，在弹出的光标菜单中选择“设置”命令，弹出如图 7-11 所示对话框。

在对话框中，选择“启用对象捕捉”复选框，通过选择复选框来选择需要启用的捕捉方式。

需要说明的是，在设置自动对象捕捉时，要根据绘图时实际要求，有目的地设置捕捉对象，不能选择太多(一般选择端点、圆心和交点即可)，否则在对象集中的区域很容易捕捉混淆，使绘图不准确或错误。初学者的尺寸错误往往是对象捕捉错误造成的。

7.1.6.4　*自动追踪*

自动追踪可用于按指定角度绘制对象，或者绘制其他有特定关系的对象。当自动追踪打开时，屏幕上出现的对齐路径有助于用户用精确位置和角度创建对象。自动追踪包含两种追踪选项：极轴追踪和对象捕捉追踪，用户可以通过状态栏上的极轴和对象追踪按钮打开或关闭该功能。

(1) 极轴追踪

以极轴模式绘图时，极轴追踪功能即打开，极轴追踪设置对话框如图 7-12 所示。

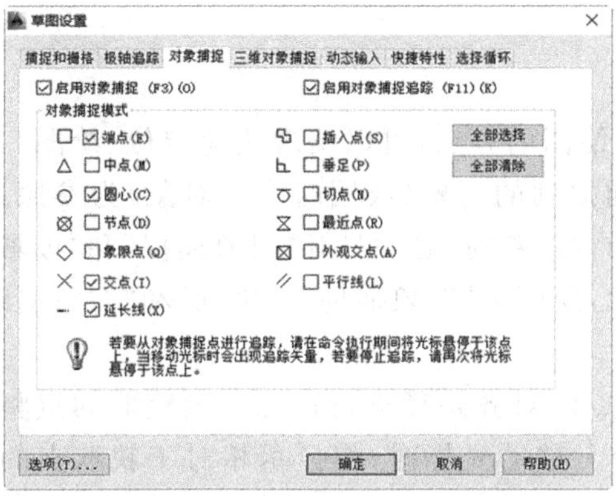

图 7-11　"对象捕捉"设置

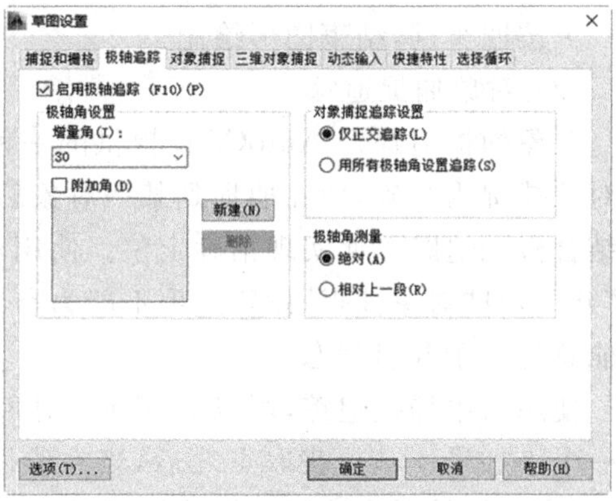

图 7-12　"极轴追踪"设置

"极轴追踪"设置对话框中各选项组的意义如下：

"启用极轴追踪"复选框：勾选，则开启极轴追踪命令；不勾选，则取消极轴极追踪命令。

"极轴角设置"选项组：在此选项中，用户可以选择"增量角"下拉列表框中的角度变化增量值，如设置增量角度为 30°，则光标移动到接近 30°、60°、90°、120°等方向时，极轴就会自动追踪。选择"附加角"复选框，单击"新建"按钮，也可以输入某一角度作为极轴追踪的追踪路径。

"对象捕捉追踪设置"选项组：该选项组中，"仅正交追踪"单选项用于设置在追踪参考点处显示水平或竖直的追踪路径；"用所有极轴角设置追踪"单选项用于在追踪参考点处沿极轴角度(和增量角)所设置的方向显示追踪路径。

"极轴角度测量"选项组：在此选项中，"绝对"单选项用于设置以坐标系的 X 轴为计算极轴角的基准线；"相对上一段"单选项用于设置以最后创建的对象为基准线计算极轴的角度。

例如启用"极轴追踪"命令绘制如图 7-13 所示的六边形(增量角设置为 30°)：

- 在命令行输入命令：line(或选择直线工具)。
- 单击 A 点位置，将鼠标沿 30°方向追踪，输入线段长度 50，即确定 B 点。
- 沿 120°方向追踪，输入线段长度 50 到在 C 点。
- 沿 180°方向追踪，输入线段长度 50 到 D 点。
- 沿 240°方向追踪，输入线段长度 50 到 E 点。

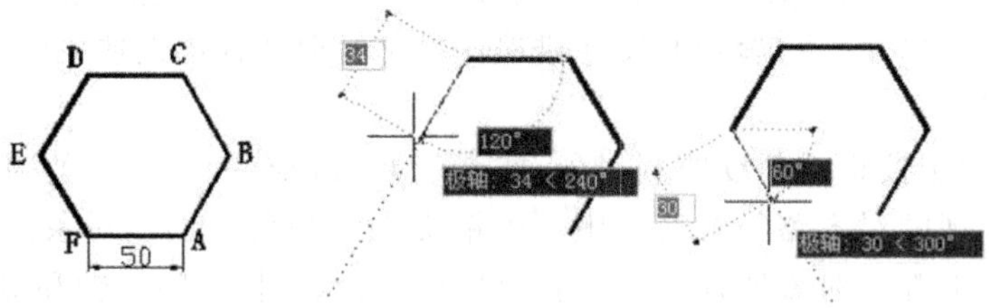

图 7-13　极轴追踪图例

· 沿 300°方向追踪，输入线段长度 50 到 *F* 点。

· 按回车键，结束图形绘制。

（2）对象捕捉追踪

对象捕捉追踪是 AutoCAD 提供的一种精确绘图的方法，可以实现快速定位、绘图。它以对象捕捉为基础，即在捕捉到某一对象后，以捕捉到的对象（或同时多个对象）为参照点，再结合极轴追踪等而实现精确定位。使用对象捕捉追踪时，必须打开“对象捕捉”和“极轴模式”开关，且“对象捕捉”设置选项不能为空。因此，绘图中“对象捕捉”、“极轴”和“对象追踪”功能总是处于开启状态。

使用对象捕捉追踪，可以沿着基于对象捕捉点的对齐路径进行追踪。已获取的点将显示一个小加号（+）。获取点之后，当在绘图路径上移动光标时，将显示相对于获取点的水平、竖直或极轴对齐路径。默认情况下，对象捕捉追踪设置为正交。对齐路径将显示在始于已获取的对象点的 0°、90°、180°和 270°方向上。

如图 7-14 所示，使用对象追踪确定与直线 A 和 B 延长线相交的点为圆心，作一圆。操作过程如下：设置端点捕捉方式（延伸）→激活状态栏中的“启用对象捕捉”和“启用对象捕捉追踪”。图 7-12 中设置增量角为 30°，执行 circle 命令→光标在 A 处暂停，出现十字标记并拖动对象追踪线→光标在 B 处暂停，出现十字标记并拖动对象追踪线→屏幕上出现两条相交的虚线，交点为圆的圆心，单击左键→输入半径后回车确认。

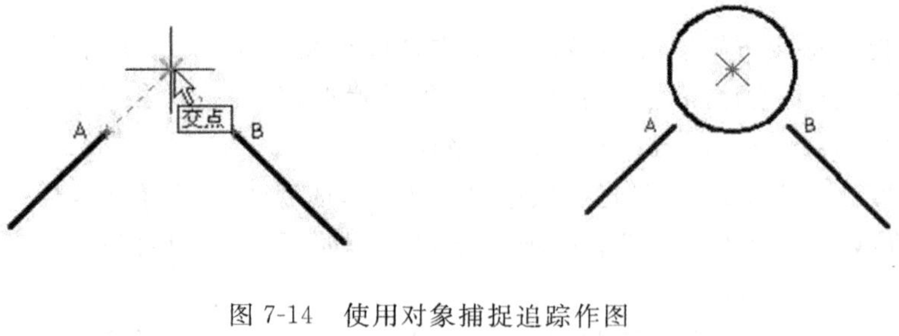

图 7-14　使用对象捕捉追踪作图

7.1.7　视图的显示控制

所谓的视图显示控制，即为了对图形对象的某处或某部分进行观察，而对视口内对象进行快速移动、缩放显示的操作。此处的移动、缩放并不是图形内容本身真实的改变，只是显示效果的变化。类似于我们在一张非常大的图纸上绘图，为了清楚地观察某一位置结构而移动图纸，或靠近、远离进行观察，而图形对象没有发生任何变化。视图的显示控制操作通常有以下几种：缩放图形、平移图形和重生成（刷新）图形。可通过缩放工具栏和标准工具栏中的相关按钮进行操作，也可通过滚动鼠标中键进行操作。

7.2　AutoCAD 绘图环境设定

7.2.1　线型、线宽和颜色

7.2.1.1　线型

线型（Linetype）是点、横线和空格等按一定规律重复出现而形成的图案，复杂线型还可以包含各种符号。如果为图形对象指定某种线型，则对象将根据此线型的设置进行显示和打印。

线型和线宽是图样表达的关键要素之一，不同的线型表示了不同的含义。如在机械图中，粗实线表示可见轮廓线，虚线表示不可见轮廓线，点画线表示中心线、轴线、对称线等。所以不同的元素应该采用不同的图线来绘制。有些绘图机上可以设置不同的线型，但一方面由于通过硬件设置比较麻烦，而且不灵活；另一方面，在屏幕上也需要直观显示出不同的线型，所以目前对线型的控制，基本上都由软件来完成的。常用线型是预先设计好储存在线型库中的，所以我们只需加载即可。

当用户创建一个新的图形文件后，通常会包括如下三种线型：

(1) “ByLayer”（随层）：逻辑线型，表示对象与其所在图层的线型保持一致。

(2) “ByBlock”（随块）：逻辑线型，表示对象与其所在块的线型保持一致。

(3) “Continuous”（连续）：连续的实线。

当然，用户可使用的线型远不只这几种。AutoCAD 系统提供了线型库文件，其中包含了数十种的线型定义。用户可随时加载该文件，并使用其定义各种线型。如果这些线型仍不能满足用户的需要，则用户可以自行定义某种线型，并在 AutoCAD 中使用。

选择→“格式”→“线型”菜单命令，弹出“线型管理器”对话框，如图 7-15 所示。在“线型管理器”对话框中，通过加载按钮，弹出“加载或重载线型”对话框，如图 7-16 所示，即可选择所需要线型。化工设备图中的中心线、轴线等线型一般选择“Center”线型。

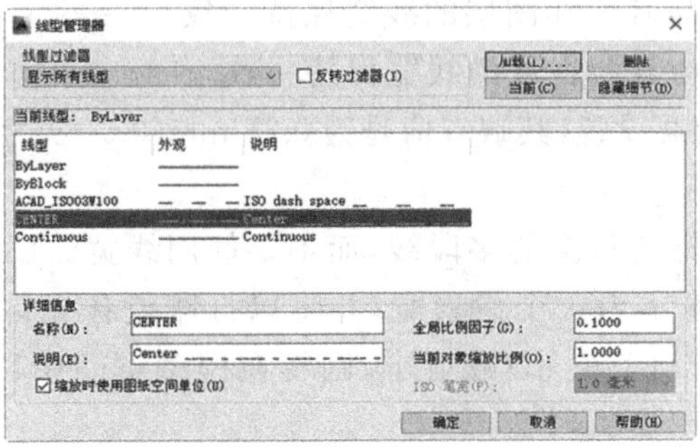

图 7-15　“线型管理器”对话框

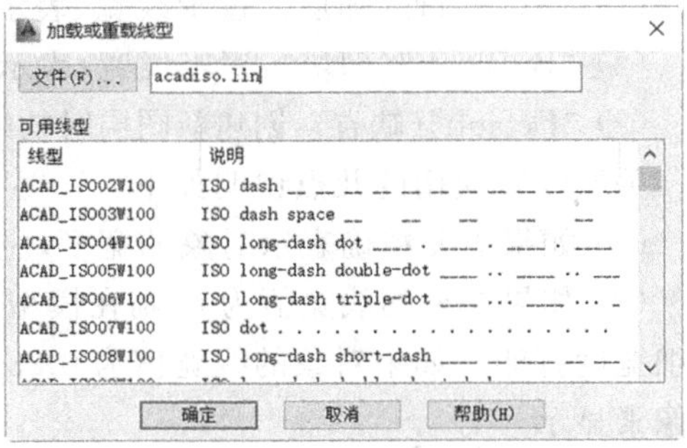

图 7-16　“加载或重载线型”对话框

对于非连续线型的外观，如短横线的长短、空格的大小等，由其线型的比例因子来控制。当用户绘制的点画线、虚线等非连续线看上去与连续线一样时，即可调节其线型的比例因子，线型的比例因子分为全局比例因子和当前对象比例因子，如图 7-15 所示。调整某对象比例因子可通过弹出“线型管理器”对话框“显示细节”项和使用对象特性工具栏来进行。

改变全局线型的比例因子，AutoCAD 将重生成图形，它将影响图形文件中所有非连续线型的外观。改变当前对象的线型比例因子，将改变当前选中的对象中所有非连续线型的外观。

一般对于简单图形对象，多通过选择对象后，在对象上双击，弹出“对象特性”对话框，从而方便地对所选择的线型比例进行调整，如图 7-17 所示。不同线型比例显示结果对比如图 7-18 所示。

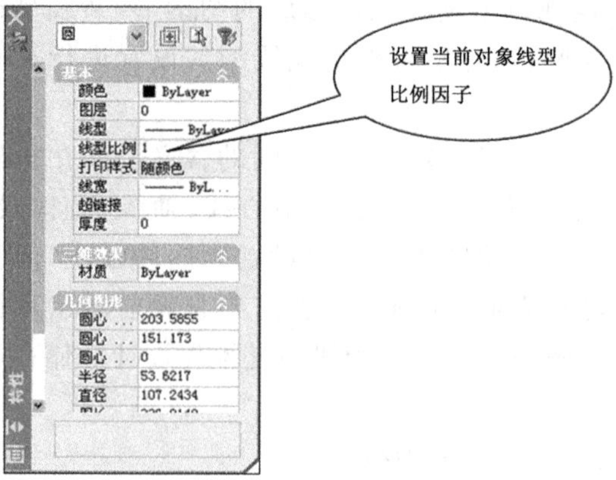

图 7-17　对象特性管理器

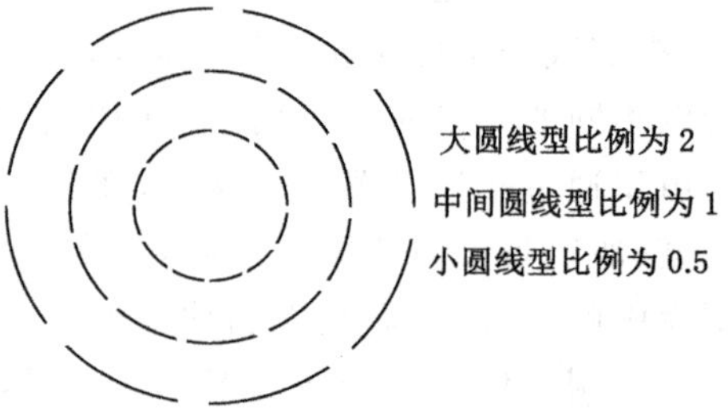

图 7-18　不同比例因子

注意：非连续线型外观的显示比例＝当前对象线型比例因子×全局线型比例因子。例如：当前对象线型比例因子为 5，全局线型比例因子为 2，则最终显示线型时采用的比例因子为 10。

7.2.1.2　线宽

线宽（Lineweight）即对象的宽度，可用于除 TrueType 字体、光栅图像、点和实体填充（二维实体）之外的所有图形对象。如果为图形对象指定线宽，则对象将根据此线宽的设置进行显示和打印。除了 AutoCAD 中预定义线宽外，还有如下几种：

（1）“ByLayer”（随层）：逻辑线宽，表示对象与其所在图层的线宽保持一致。

（2）“ByBlock”（随块）：逻辑线宽，表示对象与其所在块的线宽保持一致。

（3）“Default”（缺省）：创建新图层时的缺省线宽设置，其缺省值是为 0.25 mm（0.01 英寸）。

关于线宽应用的几点说明如下：

（1）如果需要精确表示对象的宽度，应使用指定宽度的多段线，而不要使用线宽。

（2）如果对象的线宽值为 0，则在模型空间显示为 1 个像素宽，并将以打印设备允许的最细宽度打印。如果对象的线宽值为 0.25 mm（0.01 英寸）或更小，则将在模型空间中以 1 个像素显示。

（3）具有线宽的对象以超过一个像素的宽度显示时，可能会增加 AutoCAD 的重生成时间，因此关闭线宽显示（状态栏按钮）或将显示比例设成最小可优化显示性能。

7.2.1.3　颜色

颜色的合理使用，可以充分体现设计效果，而且有利于图形的管理。如在选择对象时，通过过滤选中某种颜色的图线。

在 AutoCAD 中是通过颜色索引(ACI)的形式来指定颜色。同线型和线宽一样，颜色也具有“ByLayer”和“ByBlock”两种逻辑颜色，此外 AutoCAD 还提供了 255 种颜色(包括 9 种标准颜色和 6 种灰度颜色)供用户使用。在 AutoCAD 的示例文件中有一个名为“Colorwh.dwg”的图形文件，以“颜色轮”(Color Wheel)形式给出了全部 255 种颜色的定义。

设定图线的颜色有两种思路：直接指定颜色和设定颜色成“随层”或“随块”。直接指定颜色有一定的缺陷，不如使用图层来管理更方便，所以建议用户在图层中管理颜色。

注意：如果 AutoCAD 系统的背景色设置为白色，则“White”颜色显示为黑色。

7.2.2 图层

7.2.2.1　图层的概念

AutoCAD 中的图层就相当于完全重合在一起的透明纸，用户可以任意选择其中一个图层绘制图形，而不会受到其他层上图形的影响。例如在建筑图中，可以将基础、楼层、水管、电气和冷暖系统等放在不同的图层进行绘制；在机械图中，粗实线、细实线、点画线、虚线等不同线型表示了不同的含义，也可以是在不同的层上。对于尺寸、文字、辅助线等，都可以放置在不同的层上，并设置不同的线型、颜色、线宽、可见性等特性。

切实理解层的概念、合理运用层的各项操作，可极大地提高绘图效率。例如，可以设定该层是否显示、是否允许编辑、是否输出等。如果要改变粗实线的颜色，可以将其他图层关闭，仅打开粗实线层，一次选定所有的图线进行修改。这样做显然比在大量的图线中去将粗实线挑选出来轻松得多。在图层中可以设定每层的颜色、线型、线宽。只要图线的相关特性设定成“随层”，图线都将具有所属层的特性。

7.2.2.2　图层的操作

在 AutoCAD 中每个图层都以一个名称作为标识，并具有颜色、线型、线宽等各种特性和开、关、冻结等不同的状态。

对图层的管理、设置工作大部分是在“图层特性管理器”对话框中完成的。选择→“菜单”→“格式”→“图层”菜单命令，或单击“对象特性”工具栏中的“图层特性管理器”按钮，或在命令行输入命令 LAYER，回车后，弹出“图层特性管理器”对话框，如图 7-19 所示。

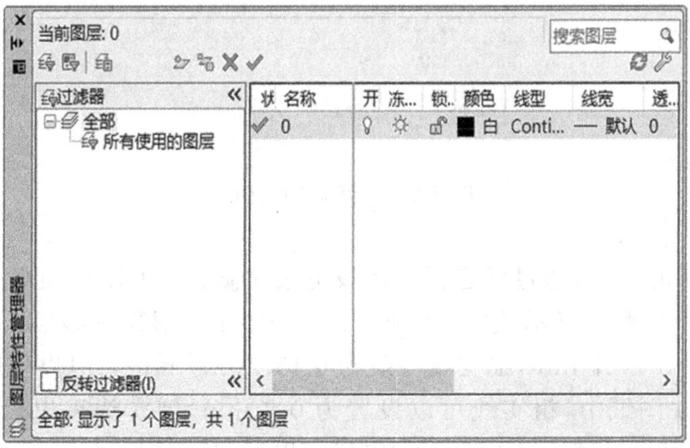

图 7-19　图层特性管理器

(1) 创建图层

用户在使用图层功能时,首先要创建图层,然后再进行应用。在同一工程图样中,用户可以建立多个图层。应该根据绘图需要及图形特点创建合适的、具有实际使用意义的图层,如轮廓线、填充线、标注线、局部剖面线、表格线、中心线、文字等。

(2) 设置图层的颜色、线型和线宽

图层的默认颜色为"白色",为了区别每个图层,应该为每个图层设置不同的颜色。在绘制图形时,可以通过设置图层的颜色来区分不同种类的图形对象;在打印图形时,可以对某种颜色指定一种线宽,则此颜色所有的图形对象都会以同一线宽进行打印,用颜色代表线宽可以减少存储量、提高显示效率。

AutoCAD 2014 系统中提供了 256 种颜色,通常在设置图层的颜色时,都会采用 7 种标准颜色:红色、黄色、绿色、青色、蓝色、紫色以及白色(黑色)。这 7 种颜色区别较大又有名称,便于识别和调用。

"图层线型"用来表示图层中图形线条的特性,通过设置图层的线型可以区分不同对象所代表的含义和作用,默认的线型为"Continuous"。需要其他线型时,可通过"线型管理器"加载其他线型。

"图层线宽"设置会应用于此图层的所有图形对象,并且用户可以在绘图窗口中选择显示或不显示线宽。打开"线宽"对话框,有 20 多种线宽可供选择,如图 7-20 所示。此外,设置"图层线宽"可以直接用于打印图纸。

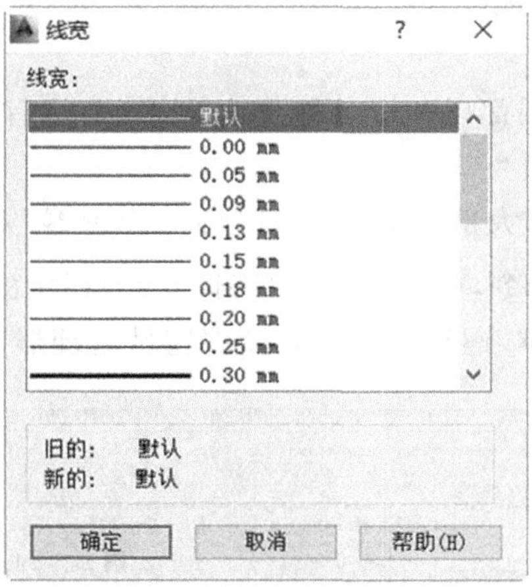

图 7-20 "线宽"对话框

注意:对于图层的线宽,通过状态栏中的线宽按钮**线宽**,可以切换屏幕中线宽显示。当按钮处于凸起状态时,则不显示线宽;当处于凹下状态时,则显示线宽。同时,在工程图样中,粗实线一般为 0.3～0.7 mm,细实线一般为 0.15～0.20 mm。用户可以根据图纸的大小来确定。通常在 A4 图纸中,粗实线可以设置为 0.3 mm,细实线可以设置为 0.15 mm;在 A1 图纸中,粗实线可以设置为 0.4 mm,细实线可以设置 0.18 mm。

(3) 控制图层的显示状态

如果工程图样中包含大量信息且有很多图层,则用户可通过控制图层状态,简化图层显示，使编辑、绘制、观察等操作变得更方便。图层状态主要包括打开与关闭、冻结与解冻、锁定与解锁、打印与不打印等，AutoCAD 采用不同形式的图标来表示这些状态。

① 打开/关闭：处于打开状态的图层是可见的，而处于关闭状态的图层是不可见的，也不能被编辑或打印。当图形重新生成时，被关闭的图层将一起被生成。

② 冻结/解冻：冻结图层可以减少复杂图形重新生成时的显示时间，并且可以加快一些绘图、缩放、编辑等命令的执行速度。处于冻结状态图层上的图形对象将不能被显示、打印或重生成。解冻图层将重生成并显示该图层上的图形对象。

③ 锁定/解锁：通过锁定图层，使图层中的对象不能被编辑和选择。但被锁定的图层是可见的，并且可以查看、捕捉此图层上的对象，还可在此图层上绘制新的图形对象。解锁图层是将图层恢复为可编辑和选择的状态。

④ 打印/不打印：当指定某层不打印后，该图层上的对象仍是可见的。图层的不打印设置只对图形中可见的图层（即图层是打开的并且是解冻的）有效。若图层设为可打印但该层是冻结的或关闭的，此时 AutoCAD 将不打印该图层。

(4) 设置当前图层

当需要在某个图层上绘制图形时，必须先使该图层成为当前层。系统默认的当前层为“O”图层。

设置现有图层为当前图层的方法为利用“图层”工具栏，即在绘图窗口中不选择任何图形对象，在图层工具栏中的下拉列表中直接选择要设置为当前图层的图层即可。

(5) 改变对象所在的图层

在绘图窗口中，选择已经设置图层的对象，然后在“图层”工具栏中单击某一图层，则所选择对象即成为该选择图层的对象。因此，在绘图中可不必频繁切换“当前图层”，等绘制一定内容后，通过上述方式而改变对象所在图层。

7.3 文字与尺寸标注

在用 AutoCAD 设计和绘制图形的实际工作中，一幅完整的工程图样，不仅需要使用相关的绘图命令、编辑命令以及绘图辅助工具绘制出图形，用以清楚表达设计者的总体思想和意图，还需要加注一些必要的文字和尺寸，由此来增加图形的可读性，使图形本身不易表达的内容与图形信息变得准确和容易理解。

7.3.1 文字

用 AutoCAD 2014 不仅可以绘制、编辑各种图形，还可以方便地向工程图形中注写技术要求、各种注释、制作、填写明细表、标题栏等内容。

7.3.1.1 字体

在 AutoCAD 2000 中文版以后的版本中，专为中国用户提供了如图 7-21 所示的符合国标要求的中西文字体。西文字体有两种，斜体(gbeitc.shx)和直体(gbenor.shx)。中文字体为 gbcbig.shx。其他字体是 Windows 提供的，也可以使用，但不符合国标要求，一般绘图时不使用。

7.3.1.2 文字样式

在输入文字之前，首先要设置文字样式。文字样式包括字体、字高、宽度因子、倾斜比例、倾斜角度以及反向、颠倒、垂直、对齐等内容。

设置文字样式是通过"文字样式"对话框来实现，选择"格式"→"文字样式"菜单命令，或单击"样式"工具栏上"文字样式管理器"按钮。

启用"文字样式"后，系统弹出"文字样式"对话框，如图 7-22 所示。

图 7-21　符合国标的中西文工程字体

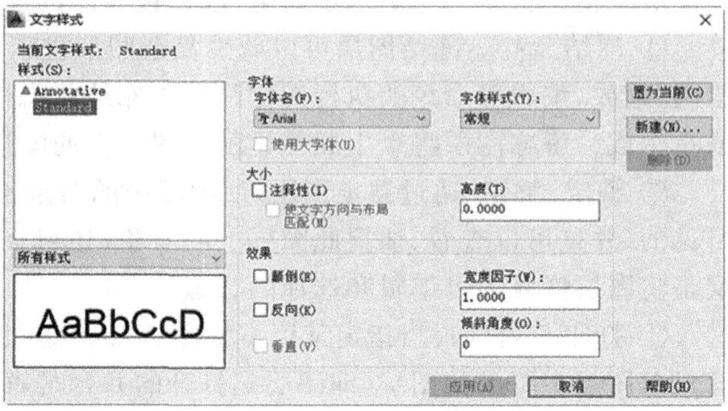

图 7-22　"文字样式"对话框

AutoCAD 默认的文字样式是 Standard，字体名是 txt.shx，这是一种西文字体，中文字体没有设置。要使用中文字体，就要创建新的样式字体。步骤如下：

(1) 单击"文字样式"对话框中的"新建"按钮，弹出如图 7-23 所示的"新建文字样式"对话框。

图 7-23　"新建文字样式"对话框

(2) 在"新建文字样式"对话框输入新的样式名称"国标工程字"，单击"确定"，弹出如图 7-24 所示的"文字样式"对话框。

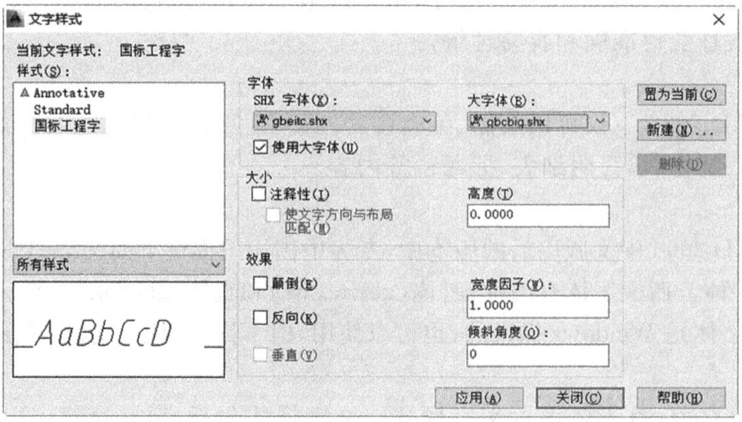

图 7-24　"文字样式字体选择"对话框

(3) 选中“使用大字体”复选框，在“字体”列表框中选中 gbenor.shx(直体)或 gbeitc.shx(斜体)，在“大字体”列表框中选取 gbcbig.shx 字体，如 7-24 所示。

(4) “高度”文本框设置为 0。“宽度因子”为 1。其他选项不变。

(5) 单击“应用”按钮。

现在我们可以在如图 7-25 所示的样式工具条的文字样式下拉列表框中，单击切换样式名称来使用新建成的字体了。

图 7-25　“样式”工具栏

注意：在图 7-24 中 高度(T) 编辑框为设置文字样式的默认高度，其缺省值为 0。如果该数值为 0，则在创建单行文字时，必须设置文字高度；而在创建多行文字或作为标注文本样式时，文字的默认高度均被设置为 2.5，用户可以根据情况进行修改。如果该数值不为 0，无论是创建单行、多行文字，还是作为标注文本样式，该数值将被作为文字的默认高度。通常图形绘制时不设置文字高度，即该项设置缺省值是“0”，在后续创建文字时，根据实际需要再输入文字高度进行设置。而“宽度因子”选项，由于字体 gbenor.shx 或 gbeitc.shx 本身宽度比例为 0.7，因此此处不需再行设置，所以此处的“宽度”设为 1。对于 大字体(B): 下拉列表，是为亚洲语言设计的大字体文件，例如，gbcbig.txt 代表简体中文字体，chineseset.txt 代表繁体中文字体，bigfont.txt 代表日文字体等。

7.3.1.3　注写文字

注写文字的方法有两种，分为单行文字输入(DT)命令和多行文字输入(MT)命令。

(1) 单行文字

该命令的功能是以单行方式向图形中注写文字。对于不需要使用多种字体的简短内容，可使用“Text”或“Dtext”命令创建单行文字。单行文字标注方式可以为图形标注一行或几行文字，而每行文字都是一个独立的对象，读者可以对其重定位、调整格式或进行其他修改。化工设备图样中，一般表格内文字，视图中零散文字如局部视图名称、零部件编号、管口符号等均用单行文字注写。

调用“单行文字”命令可通过输入命令：Text 或 DT(Dtext)。一般“DT”命令最方便。启动“单行文字”命令后，可根据提示用鼠标确定要放置文字的大概位置及其他操作。

关于文字的对齐方式，有多种，在实际绘图时不方便应用。一般情况下在输入文字时可近似点取某一位置，待输入完毕后，通过鼠标进行动态调整，即选定某一文字项后，按住鼠标左键来调整文字位置。

(2) 多行文字

当需要标注的文字内容较长、较复杂时，可以使用“Mtext”命令进行多行文字标注。多行文字又称为段落文字，它是由任意数目的文字行或段落组成的。与单行文字不同的是，在一个多行文字编辑任务中创建的所有文字行或段落将被视作同一个多行文字对象，读者可以对其进行整体选择、移动、旋转、删除、复制、镜像、拉伸或比例缩放等操作，还可进行分解命令(X)操作,多行文字分解后变为单行文字。另外,与单行文字相比较,多行文字还具有更多的编辑选项,如对文字加粗、增加下划线、改变字体颜色等。

调用“多行文字”命令可单击绘图工具栏上的“多行文字”按钮 A 或输入命令:MT(Mtext)。

启动“多行文字”命令后,在绘图窗口中,单击指定一点并向下方拖动鼠标绘制出一个矩形框。绘图区内出现的矩形框用于指定多行文字的输入位置与大小,其箭头指示文字书写的方向。拖动鼠标到适当位置后单击,弹出“在位文字编辑器”,它包括一个顶部带标尺的“文字输入”框和“文字格式”工具栏。

在“文字输入”框输入需要的文字,当文字达到定义边框的边界时会自动换行排列。输入完成后,单击 确定 按钮,此时文字显示在用户指定的位置。

(3) 特殊文字字符

用户在输入文字时可使用特殊文字字符,如直径符号“ϕ”、角度符号“°”和加减符号“±”等。这些特殊文字字符可用控制码来表示,使用户可以在文字中加入特殊符号或格式。所有的控制码用双百分号(%%)起头,随后跟着的是要转换的特殊字符,这些特殊字符调用相应的符号。这些特殊文字字符简介如下。

下划线(%%U):用双百分号跟随字母“U”来给的文字加下划线。

直径符号(%%C):双百分号后跟字母 C 将建立直径符号。

加减符号(%%P):双百分号后跟字母 P 建立加减符号。

角度符号(%%D):双百分号后跟字母 D 建立角度符号。

上划线(%%O):与下划线相似,双百分号后跟字母“O”在文字对象上加上划线。

特殊文字字符的组合方式:使用控制码来打开或关闭特殊字符。如第一个“%%U”表示为下划线方式,第二个“%%U”则关闭下划线方式。

注意,对于化工制图常用符号,可在写字区域单击鼠标右键,然后选择“符号”进行相关选择。另外,在输入相关符号时,注意输入法应在“英文”状态下输入。

(4) 文字对象的编辑

无论是单行文字还是多行文字,均可直接通过双击来编辑,此时实际上是执行了 DDEDIT 命令。还可以通过“对象特性”进行编辑。要修改单行文字的特性,可在选中文字后单击“标准”工具栏中的“对象特性”按钮打开单行文字的“特性”面板。利用该面板可修改文字的内容、样式、对正方式、高度、宽度因子、倾斜角度,以及是否颠倒、反向等。

7.4 尺寸标注

尺寸标注是绘图过程中一项十分重要的内容,因为标注图形中的数字和其他符号,可以传达有关设计元素的尺寸信息,对施工或制造工艺进行注解。尺寸标注决定着图形对象的真实大小以及各部分对象之间的相互位置关系。本章重点讲解尺寸样式的设置、线性尺寸的标注、角度标注、弧长标注、直径和半径尺寸的标注、连续及基线尺寸标注、引线标注等内容。

7.4.1 尺寸标注的组成

尽管尺寸标注在类型和外观上多种多样,但一个完整的尺寸标注都由尺寸线、尺寸界线、尺寸箭头和尺寸文字 4 部分组成,如图 7-26 所示。

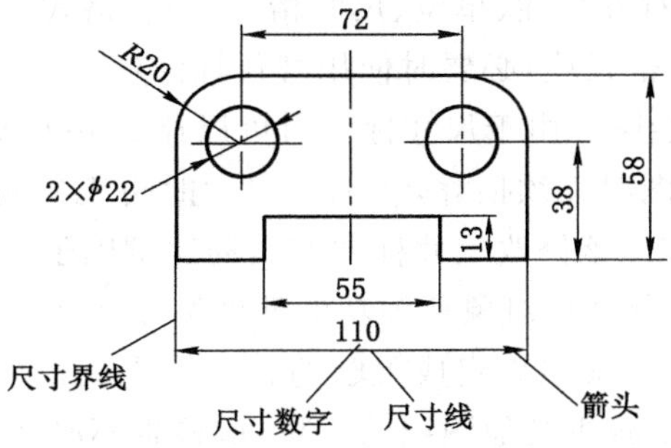

图 7-26　尺寸组成

(1) 尺寸线表示尺寸标注的范围。通常是带有箭头且平行于被标注对象的单线段。标注文字沿尺寸线放置。对于角度标注,尺寸线可以是一段圆弧。

(2) 尺寸界线表示尺寸线的开始和结束,一般与尺寸线垂直。

(3) 尺寸箭头在尺寸线的两端,用于标记尺寸标注的起始和终止位置。AutoCAD 提供了多种形式的尺寸箭头,包括建筑标记、小斜线箭头、点和斜杠标记。读者也可以根据绘图需要创建自己的箭头形式。

(4) 尺寸数字用于表示实际测量值。可以使用由 AutoCAD 自动计算出的测量值,提供自定义的文字或完全不用文字。如果使用生成的文字,则可以附加“加/减公差”“前缀和后缀”。

在 AutoCAD 中,通常将尺寸的各个组成部分作为块处理,因此,在绘图过程中,一个尺寸标注就是一个对象。

7.4.2　尺寸标注规则

(1) 尺寸标注的基本规则

① 图形对象的大小以尺寸数值所表示的大小为准,与图线绘制的精度和输出时的精度无关。

② 一般情况下,采用毫米为单位时不需要注写单位,否则,应该明确注写尺寸所用单位。

③ 尺寸标注所用字符的大小和格式必须符合国家标准。在同一图形中,同一类终端应该相同,尺寸数字大小应该相同,尺寸线间隔应该相同。

④ 尺寸数字和图线重合时,必须将图线断开。如果图线不便于断开来表达对象,应该调整尺寸标注的位置。

(2) AutoCAD 中尺寸标注的其他规则

一般情况下,为了便于尺寸标注的统一和绘图的方便,在 AutoCAD 中标注尺寸时应该遵守以下的规则:

① 为尺寸标注建立专用的图层。建立专用的图层,可以控制尺寸的显示和隐藏,和其他的图线可以迅速分开,便于修改、浏览。

② 为尺寸文本建立专门的文字样式。应该对照国家标准,设定好字符的高度、宽度因子、倾斜角度等。

③ 设定好尺寸标注样式。按照我国的国家标准,创建系列尺寸标注样式,内容包括直

线和终端、文字样式、调整对齐特性、单位、尺寸精度、公差格式和比例因子等。

④ 保存尺寸格式及其格式簇，必要时使用替代标注样式。

⑤ 采用1∶1的比例绘图。由于尺寸标注时可以让AutoCAD自动测量尺寸大小，所以采用1∶1的比例绘图，绘图时无须换算，在标注尺寸时也无须再键入尺寸大小。如果最后统一修改了绘图比例，相应应该修改尺寸标注的全局比例因子。

⑥ 标注尺寸时应该充分利用对象捕捉功能准确标注尺寸，这样可以获得正确的尺寸数值。为了便于修改，尺寸标注应该设定成关联的。

⑦ 在标注尺寸时，为了减少其他图线的干扰，应该将不必要的层关闭，如剖面线层等。

7.4.3 常用尺寸标注的类型

绘图中常用的尺寸标注可以分为以下几种类型：线性标注、对齐标注、基线标注、连续标注，以及半径(直径)标注、圆弧标注，角度标注和引线标注等。

(1) 线性标注标注的是两点间的直线距离。按尺寸线的放置可分为水平标注、垂直标注和旋转标注三个基本类型。

(2) 对齐标注是创建与指定位置或对象平行的标注。

(3) 基线标注是指从上一个或选定标注的基线做连续的线性、角度或坐标标注。

(4) 连续标注是创建一系列连续的线性、对齐、角度或者坐标标注，每个标注都是从前一个或者最后一个选定的标注的第二尺寸界线处创建，共享公共的尺寸界线。

注意：无论是基线标注还是连续标注，都要先指定一个完成的标注作为标注的基准，指定标注的形式将与基线标注或连续标注的形式相同。如果在刚标注完一个尺寸后，接着标注基线或连续尺寸，则以标注完的尺寸作为基准进行标注。否则，在进行基线尺寸或连续尺寸时，要指定一个已完成的尺寸作为基准。

(5) 角度标注用于标注角度。

(6) 半径标注用于标注圆和圆弧的半径。一般劣弧标注半径。

(7) 直径标注用于标注圆和圆弧的直径。一般优弧标注直径。

(8) 弧长标注是用于标注圆弧的长度。

(9) 引线标注用于创建注释和引线，将文字和对象在视觉上连接在一起。

7.4.4 尺寸标注样式设置

AutoCAD提供的"标注样式"命令即可用来创建尺寸标注样式。启用"标注样式"命令后，系统将弹出"标注样式"对话框，从中可以创建或调用已有的尺寸标注样式。在创建新的尺寸标注样式时，用户需要设置尺寸标注样式的名称，并选择相应的属性。

选择"格式"→"标注样式"菜单命令或单击"样式"工具栏中的"标注样式管理器"按钮后，系统弹出"标注样式管理器"对话框。

下面以创建符合国标的名为"工程尺寸标注"为例，来说明尺寸标注样式的设置方法。

(1) 单击"标注样式管理器"中的"新建"按钮，弹出如图7-27所示的"创建新标注样式"对话框，填写新样式名称"工程尺寸标注"。

(2) 在"用于"文本框选"所有标注"，也可将样式设置为应用于一个特定的标注类型(如角度标注)。

(3) 单击"继续"按钮，弹出如图7-28所示的"新建标注样式"对话框。

(4) "新建标注样式"对话框中的选项卡设置说明如下：

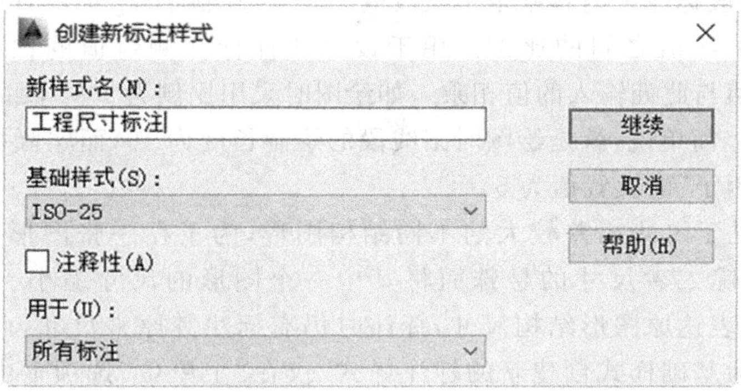

图 7-27　“创建新标注样式”对话框

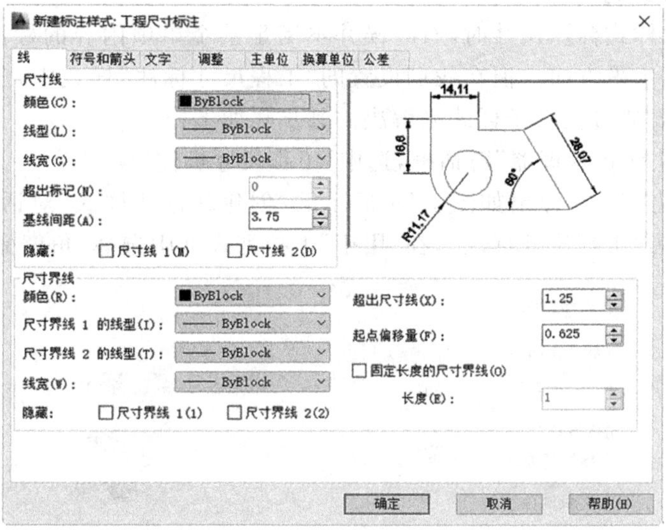

图 7-28　“新建标注样式”对话框

① 线、符号和箭头：在绘制化工设备图样时，该选项卡相关设置项只需将“基线间距”设为 5，“箭头大小”设为 3，其他设置如无特殊需要可不做改变。

② 文字：该选项卡设置文字样式、颜色、高度、位置和对齐方式。文字高度按机械制图标准设置为 3.5，“文字样式”一项根据需要可选用设置好的支持中文输出的文字样式。其他一般不变。“文字对齐”选项可根据实际需要效果选择“与尺寸线对齐”或“ISO 标准”，用于角度标注时选择“水平”选项。

③ 调整：该选项卡设置文字、箭头的效果和文字位置。一般仅改变“使用全局比例”和根据需要勾选右下角项“始终在尺寸界线之间绘制尺寸线”。

其中“使用全局比例”选项区：为所有标注样式设置设定一个比例，用于全局标注比例或图纸空间比例，如果选择“使用全局比例”，这个值表示所有的特征标注线性高度放大的倍数，但并不更改标注的值。其值的设定，主要由打印图纸时的比例决定。如该图的比例是 10，则这个值就设置为 10。

④ 主单位:一般标注中内容基本不做改变。其中"比例因子"项设置用于控制标注时拾取的实际尺寸与标注值之间的比例。用于设置线性标注测量值的比例因子,AutoCAD 2014 将标注测量值与此处输入的值相乘。如绘图时采用比例为 1∶5,那么这个值应设置为其倒数,也就是 5。简单说,就是绘图时某线段的绘制长度为 10,而实际标注需要的数字值是 50,这时"比例因子"的设置值为 5。

这种情况多见于尺寸相差较大的不同结构图形,为了在一张图形文件绘制,且打印于同一张纸上,消除二者尺寸的悬殊而将其中一个图形的尺寸缩小一定比例后进行绘制,这时为了正确表达原图形结构尺寸,标注时仍需标注其原来尺寸,此种情况下即可以前一种标注样式为基础样式创建新的标注样式,仅在"主单位"选项卡中的"比例因子"项进行设置即可。

⑤ 其他项一般不做改变。

7.4.5 定义标注样式的子样式

用同一个尺寸样式标注尺寸时,有时候并不满足某个单项内容的标注,如在机械图中,角度的数字方向是水平方向。但在我们设置的"工程尺寸标注"样式中,角度仍是 ISO 所规定的方向,这就需要通过定义子样式来解决。其步骤如下:

(1) 打开"标注样式管理器"对话框,选中"工程尺寸标注"样式。

(2) 单击"新建"按钮,弹出如图 7-29 所示的"创建新标注样式"对话框,新样式名不修改,"基础样式"改为"工程尺寸标注",在"用于"下拉列表框中选择"角度标注"。

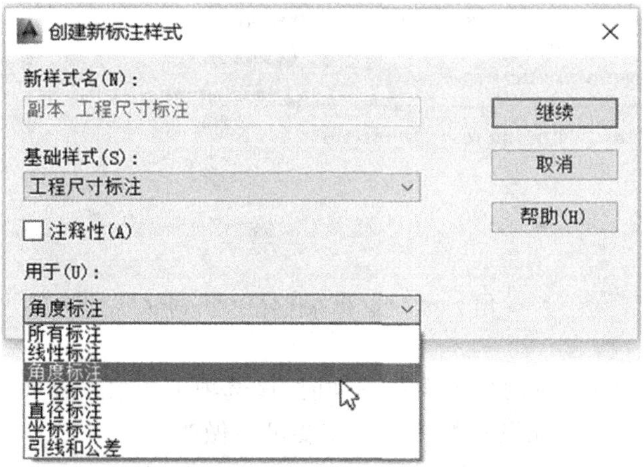

图 7-29 "创建新标注样式"对话框

(3) 单击"继续"按钮,弹出"标注样式管理器"对话框,选中"文字"选项卡,在"文字对齐"区中选"水平"方式。

7.4.6 尺寸编辑

在 AutoCAD 中,可以对需要更改的尺寸进行编辑。修改标注所应用的尺寸样式可以改变尺寸样式,但所有应用此样式的标注都将发生变化。想要单独改变某一处标注尺寸的外观和文字时,可以通过"对象特性管理器"进行编辑。

选择"工具"→"选项板"→"特性"菜单命令,打开"特性"对话框,选择需要修改的标注,拖动对话框的滑块到对话框的文字特性的控制区域，单击激活“文字替代”文本框，输入需要替代的文字。或者是先选择要编辑的尺寸，然后鼠标右击，在光标菜单中选择“特性”，也将弹出“特性”对话框。按键盘中的“Enter”键确认，按键盘中的“Esc”键，退出标注的选择状态，标注的修改效果如图 7-30 所示。

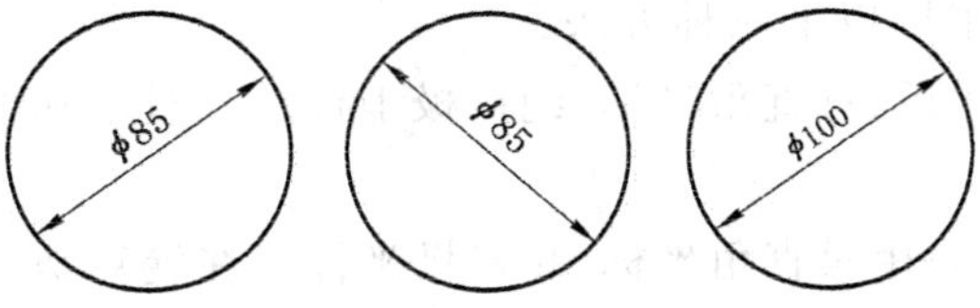

(a) 修改前　　(b) 修改位置　　(c) 修改文字大小

图 7-30　修改的效果图例

例如，标注如图 7-31 所示的垫圈尺寸。步骤如下：

(1) 先用线性标注命令标出如图 7-32 所示的三个尺寸。

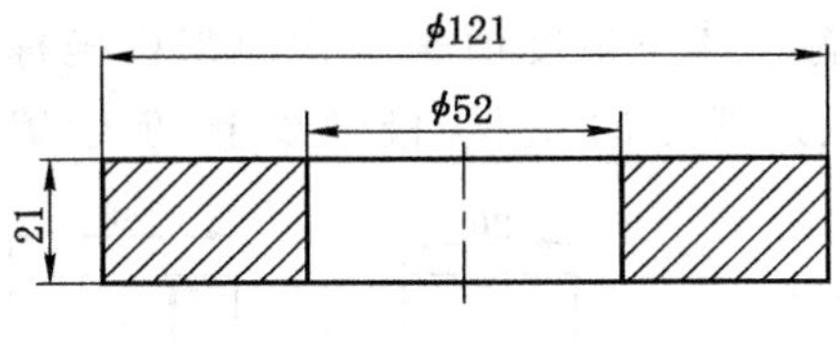

图 7-31　垫圈尺寸样图

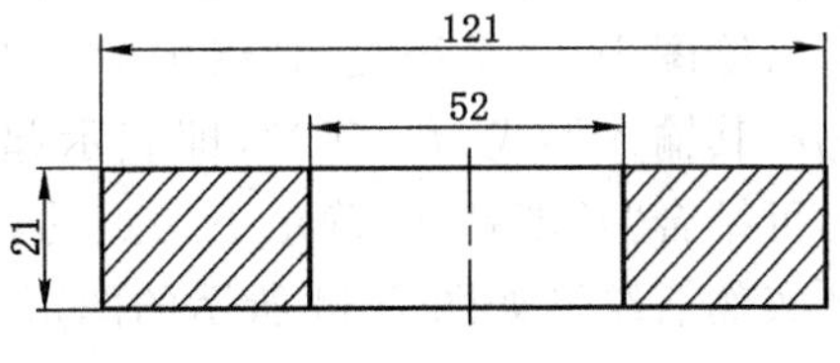

图 7-32　用线性标注命令标注的尺寸标

(2) 用编辑标注命令在尺寸 121 和 52 前加上“ϕ”。

① 按提示选中要标注的对象，弹出文字格式对话框。输入“%%C121”(即 ϕ121)，单击“确定”按钮，完成修改。

② 尺寸 52 前加“ϕ”的方法同①。

7.5　基本 2D 图形对象的绘制

AutoCAD 绘图软件具有非常强大的功能，包括平面、三维复杂对象的绘制、编辑和渲染等。但对于相对简单的常见化工图样，或作为一名 AutoCAD 软件的入门者来说，首先要掌握的是一些基本的图形绘制命令。考虑到实际绘图中的应用，为节省篇幅，本书仅介绍化工图样绘制时常用绘图命令，及其操作要点和相关技巧。

通常情况下，对于一般命令都可以采用以下三种方法调用并执行：

(1) 使用命令行模式，直接输入相应命令，并回车，如“line(直线)”命令，回车；

(2) 鼠标左键单击工具栏中相应图标，如鼠标左键单击 ，则执行直线绘制命令；

(3) 选择相关下拉菜单中相应选项。

本书在介绍相关命令时，仅以常用方法执行该命令，其他不同方式，读者可自行调用。同时，为方便绘图操作，将某一命令的命令行形式(大写部分)置于括弧内。如绘制直线(Line)命令即指在命令行中直接输入(大写部分)“L”，回车即可执行直线绘制。

7.5.1 直线(Line)

直线命令是构成图形文件的主要单元，特别在化工制图中使用尤其多。命令的调用方法为单击标准绘图工具栏中的“直线”按钮 或输入“L”回车确认。

直线命令的使用，关键是起点和端点的确定，也即其位置的确定。在执行完直线命令后系统提示指定点时，可以采用以下三种方法：

(1) 在命令行输入点的绝对直角坐标、绝对极坐标。绝对坐标如“10，10”；极坐标如“20＜45”。

(2) 在命令行输入点的相对直角坐标、相对极坐标。在绝对坐标前加“@”号，即可完成相对坐标的输入。

(3) 通过鼠标左键单击图中某一点定位。此时可结合对象捕捉、追踪等辅助功能精确画线。

对于通过辅助功能精确画线，应用较多的是“长度替代”和“角度替代”功能。所谓“长度替代”即指在绘制直线或某一对象时，当极轴追踪方向确定时，可直接输入某一确定的长度值进行定位，此时输入的长度值即指从某一对象点起，沿极轴追踪路径方向的长度；而“角度替代”指绘图中，当系统提示“指定下一点”时，可只输入某一角度值来替代原来极坐标的输入部分，其输入形式为“＜60”，即表示起点与下一点连线方向在 60°极轴线上，但位置未定(此时可结合“长度替代”确定下一点的具体位置)。

[实例]：绘制如图 7-33 所示的图形。

- 命令：line(或选择直线工具)。
- Line 指定第一点：60，0(直角绝对坐标，第一点，*A* 点)。
- 指定下一点或[放弃(U)]：100(方向距离，下同，*B* 点)。
- 指定下一点或[放弃(U)]：100。
- 指定下一点或[闭合(C)/放弃(U)]：40。
- 指定下一点或[闭合(C)/放弃(U)]：40。
- 指定下一点或[闭合(C)/放弃(U)]：30。
- 指定下一点或[闭合(C)/放弃(U)]：30。
- 指定下一点或[闭合(C)/放弃(U)]：C(封闭图形)。

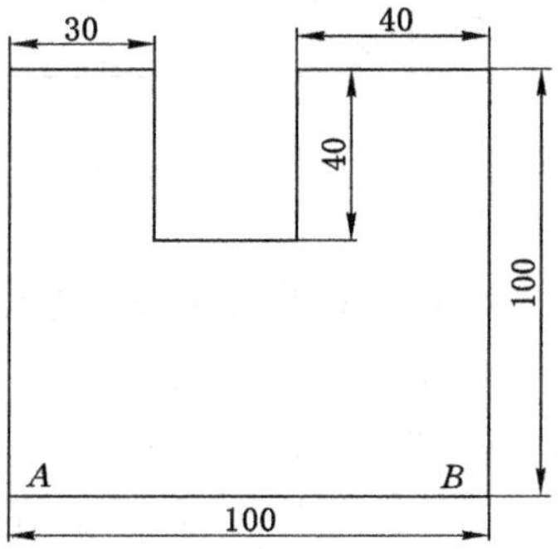

图 7-33 直线的绘制

7.5.2 构造线(XLine)

用来绘制无限延长的直线，它通常作为辅助作图线或作图基准线使用。绘制构造线时，可按下述任意一种方法调用绘制构造线命令：“绘图”工具栏： ；或者“绘图(D)”菜单：构造线；或命令行输入：xline(简捷命令名：xl)。

命令激活后，根据命令行提示进行相应操作即可。

[实例]：绘制图 7-34 所示两相交直线的角平分线。

- 命令：xline。
- 指定点或[水平(H)/垂直(V)/角度(A)/二等分(B)/偏移(O)]：B。
- 指定角的顶点：(捕捉 *A* 点)。
- 指定角的起点：(捕捉 *B* 点)。
- 指定角的端点：(捕捉 *C* 点)。

· 指定角的端点:(按"↙"键结束绘制)。

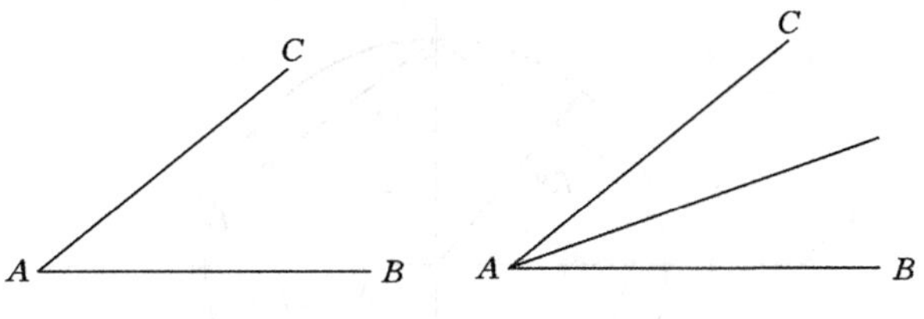

图 7-34　角平分线的绘制(构造线)

7.5.3　多段线(PLine)

多段线是由线段和圆弧构成的连续线段组,是一个单独图形对象。在绘制过程中,用户可以随意设置线宽,可以创建直线段、弧线段或两者的组合线段,可以绘制具有宽度的封闭区域。具体命令过程如下,选择"绘图"→"多段线"菜单命令或单击标准工具栏中的"多段线"按钮,来绘制多段线。图 7-35 是使用多段线命令绘制的箭头。

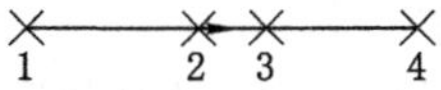

图 7-35　使用多段线命令绘制的箭头

7.5.4　正多边形(POLygon)

正多边形是指具有 3 到 1 024 条等长边的闭合多段线。创建正多边形是绘制正方形和等边三角形、八边形等图形的简单方法。绘制正多边形时,用户可以通过与假想圆的内接或外切的方法来进行绘制(已知位置),也可以通过指定正多边形某边的两端点来绘制(已知边长)。

操作时,启用绘制"正多边形"的命令,选择单击标准工具栏中的"正多边形"按钮或命令行输入命令:POL。

指示中有"内接于圆(I)"和"外切于圆(C)",内接于圆的正六边形,从六边形中心到两边交点的连线等于圆的半径,而外切于圆的正六边形的中心到边的垂直距离等于圆的半径。读者可在绘制时自己体会观察。

[实例]:利用多边形命令绘制图 7-36 所示五边形,其中五边形的中心在(150,150)处,内接圆的半径为 80 mm。

· 命令:polygon。

· 输入边的数目 <4>:5。

· 指定多边形的中心点或[边(E)]:150,150。

· 输入选项[内接于圆(I)/外切于圆(C)]<I>:(按"↙"键,取缺省设置)。

· 指定圆的半径:80。

7.5.5　矩形(RECtang)

矩形也是工程图样中常见的元素之一,如图纸的边框、矩形结构等。矩形可通过定义两个对角点的位置来绘制,同时可以设定其宽度、圆角和倒角等。

单击标准工具栏中的"矩形"按钮或命令行输入:REC(RECtang),均可启用"矩形"命

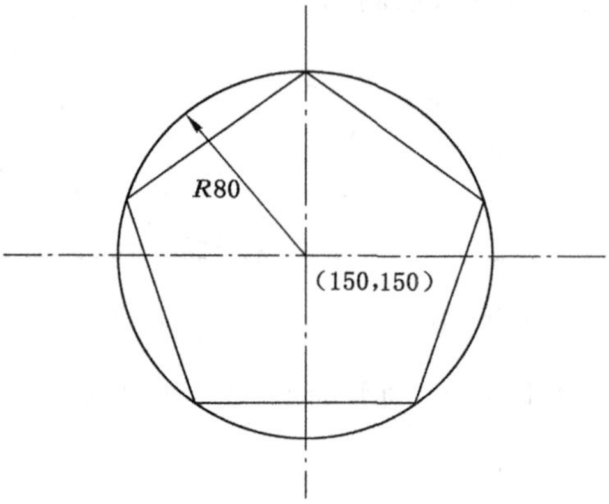

图 7-36　正多边形的绘制

令，出现相关提示。提示指定第一个角点时，即要求指定矩形顶点的位置，此时位置的确定方法与绘制直线定点的方法相同；或在确定顶点位置之前选择“[]”内选项绘制具有一定要求的矩形，如选择 F 即绘制带圆角的矩形。

提示中后三项一般用于三维矩形的绘制。同时要注意的是，当设定一个参数后，如绘制圆角时设定半径参数，在绘制相应图形完毕后，则下次再执行矩形（REC）命令，默认为仍然绘制带圆角的矩形，此时如需绘制一般矩形，需将圆角半径设为 0。其他选项类似。

选择不同的选项可以获得不同的矩形效果，但都必须指定第一个角点和另一个角点，从而确定矩形的大小。如图 7-37 所示为执行多种操作获得的矩形效果。

图 7-37　矩形的各种形式

[实例]：绘制图 7-38 所示图形（标高 10，厚度 20，圆角半径 10，大小为 100×80 的矩形）。

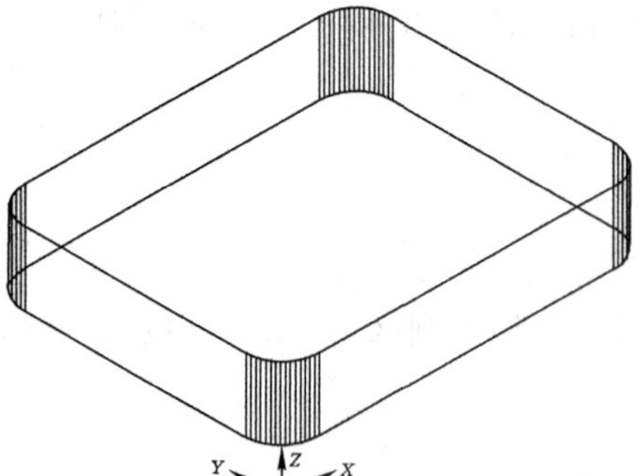

图 7-38　矩形的绘制

· 命令：REC，↙。
· 指定第一个角点或[倒角(C)/标高(E)/圆角(F)/厚度(T)/宽度(W)]:E，↙。
· 指定矩形的标高 <0.0000>：10，↙。
· 指定第一个角点或[倒角(C)/标高(E)/圆角(F)/厚度(T)/宽度(W)]:T，↙。
· 指定矩形的厚度<10.0000>：20，↙。
· 指定第一个角点或[倒角(C)/标高(E)/圆角(F)/厚度(T)/宽度(W)]:F，↙。
· 指定矩形的圆角半径 <0.0000>：10，↙。
· 指定第一个角点或[倒角(C)/标高(E)/圆角(F)/厚度(T)/宽度(W)]：0,0，↙。
· 指定另一个角点或[面积(A)/尺寸(D)/旋转(R)]：100,80，↙。
· 指定另一个角点或[面积(A)/尺寸(D)/旋转(R)]:(按"↙"键结束绘制)。

7.5.6　圆(Circle)

圆形、弧形结构是设备构件的常见结构，AutoCAD 提供了多种绘制圆的方法，默认的方法为圆心、半径法，具体的方法见"绘图"下拉菜单"圆"选项。对于圆的绘制，关键是分析已知条件及圆与已有对象的位置关系，此时几何学中关于圆的几个定律，如三点确定一圆、圆心距、相切关系等，在绘制图形时均能得到体现。

常用绘制圆的命令方法是在命令行输入"C"，回车，或选择绘图下拉菜单进行更多方式的选择。

根据菜单不同参数选择(图 7-39)，可以绘制出如图 7-40 所示图形。

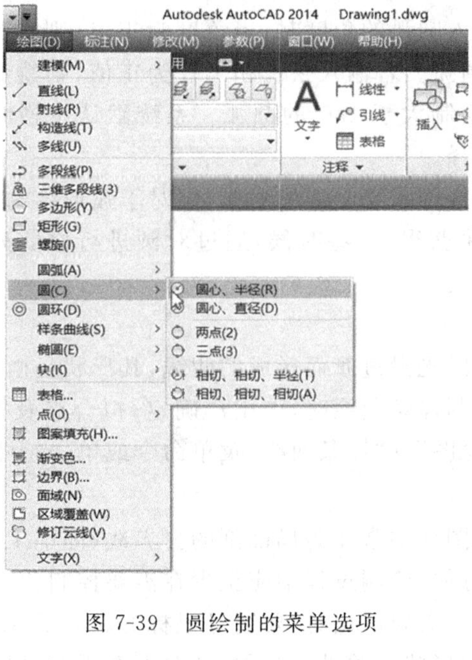

图 7-39　圆绘制的菜单选项

7.5.7　圆弧(Arc)

AutoCAD 中提供了多种绘制圆弧的方法，其中默认状态下是通过确定三点来绘制圆弧。绘制圆弧时，可以通过设置起点、方向、中点、角度、终点、弦长等参数来进行绘制。在绘图过程中用户需要根据已知条件分析要采用的圆弧绘制方式。

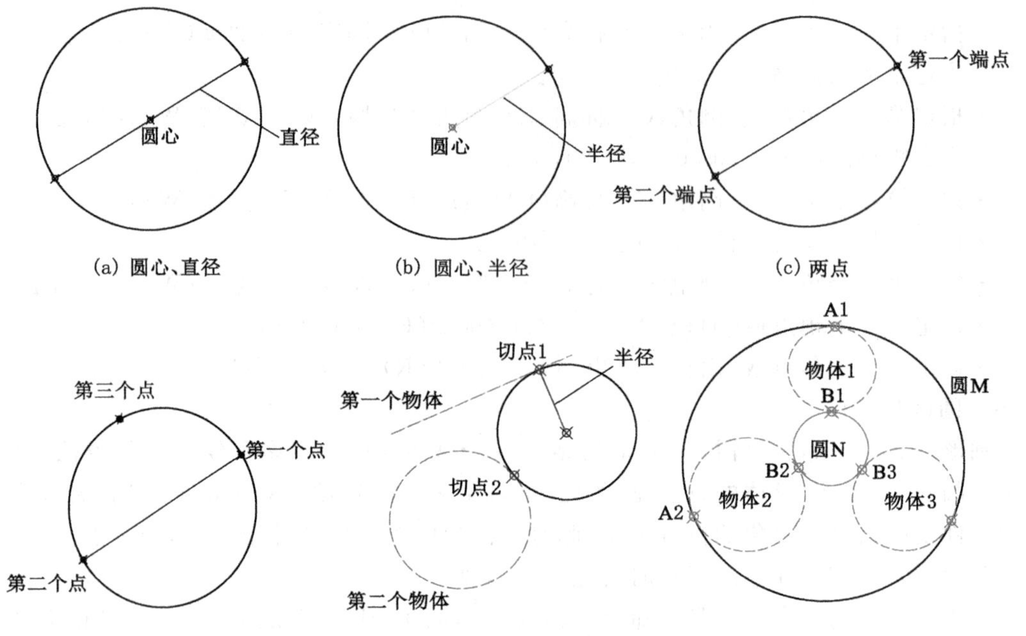

(a) 圆心、直径　(b) 圆心、半径　(c) 两点

(d) 三点画圆　(e) 切点、切点、半径　(f) 切点、切点、半径

图 7-40　圆的不同绘制方法

注意绘制圆弧需要输入圆弧的角度时，当角度为正值，则按逆时针方向画圆弧；角度为负值，则按顺时针方向画圆弧。若输入弦长和半径为正值，则绘制 180°范围内的圆弧；若输入弦长和半径为负值，则绘制大于 180°的圆弧。系统默认按逆时针方向进行圆弧绘制，此时需要注意起点和端点选择。

圆弧命令虽然可以直接用来绘制弧形对象，但对于弧形结构的绘制，读者也可以通过圆角(F)修剪命令和圆命令来获得，有些时候，通过对圆进行修剪处理，或直接应用圆角命令来获得弧形对象反而更方便些。

7.5.8　样条曲线(SPLine)

样条曲线是由多条线段光滑过渡而形成的曲线，其形状是由数据点、拟合点及控制点来控制的。其中数据点在绘制样条曲线时，由用户确定；拟合点及控制点由系统自动产生，用来编辑样条曲线。选择"绘图"→"样条曲线"菜单命令或单击绘图工具栏中的"样条曲线"按钮，绘制样条曲线。

样条曲线在化工设备图样中常作为局部剖的分界线(即手工绘图的徒手线)。

注意，为了最后编辑方便，绘制过程中应至少在需要控制曲线形状的位置确定 1 个以上数据点；另外，曲线绘制结束需要退出时，要通过鼠标光标位置来确定曲线起点和端点的切线方向，这是决定样条曲线形状很关键的步骤，其要点在于通过晃动鼠标来选择合适的形状位置后，回车确认。

7.5.9　椭圆与椭圆弧(ELlips)

椭圆与椭圆弧是工程图样中常见的曲线，在化工设备图中容器的封头很多采用标准椭圆封头，所谓标准椭圆封头即椭圆的长短半轴长度之比为 2。椭圆封头的绘制一般通过绘制椭圆然后经修剪(TRim)而得,也可直接绘制半个椭圆弧。如图 7-41 所示为长短半轴之比为 2 的椭圆。

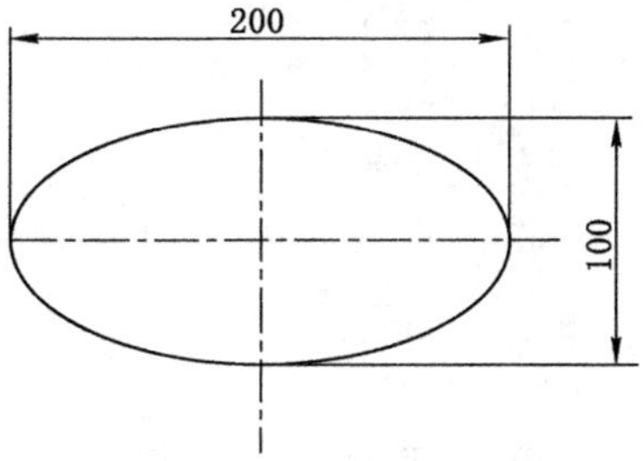

图 7-41 椭圆绘制例图

(1) 绘制椭圆

绘制椭圆的主要参数是椭圆的长轴和短轴,绘制椭圆的缺省方法是通过指定椭圆的第一根轴线的两个端点及另一半轴的长度。选择"绘图"→"椭圆"菜单命令或单击标准工具栏中的"椭圆"按钮,根据命令行提示绘制椭圆。

(2) 绘制椭圆弧

绘制椭圆弧的方法与绘制椭圆相似,首先确定椭圆的长轴和短轴,然后再输入椭圆弧的起始角和终止角即可。选择"绘图"→"椭圆"→"椭圆弧"菜单命令或单击标准工具栏中的"椭圆弧"按钮,根据命令行提示绘制椭圆弧。

由于椭圆弧常见于化工容器的封头,此时,对于椭圆弧的绘制尺寸,其长轴即是容器的直径,可结合整体图形读取。

7.5.10 图案填充(BHatch)

图案填充就是用某种图案充满图形中的指定封闭区域。在大量的机械图样、建筑图样上,需要在剖视图、断面图上绘制填充图案。在化工制图中主要是用来绘制剖面线和零部件的焊缝结构。

在菜单栏选择"默认"→"绘图"→"图案填充"选项,或在命令行输入"BH"回车,系统将打开"图案填充创建"选项卡,如图 7-42 所示,在该选项卡中,可以根据需要选择填充的图案、颜色等。

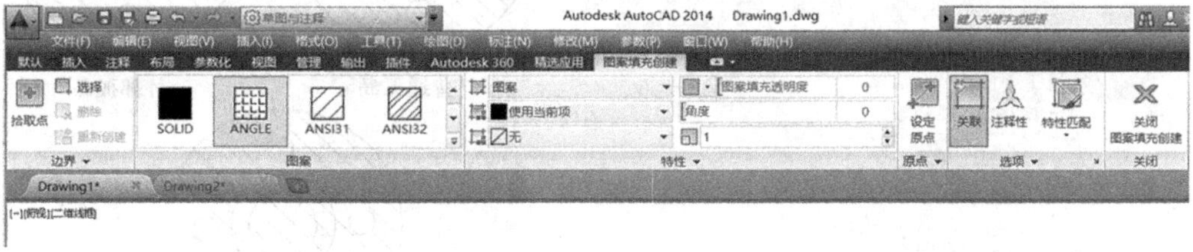

图 7-42 图案填充选项卡

单击"图案"选项板后,就可以在"图案"选项板的"图案填充图案"列表框中选中系统提供的图案类型,如图 7-43 所示。化工制图中常用的金属剖面线,其图案代号为"ANSI31",而焊缝填充一般涂实,所以为"其他预定义选项"中的"SOLID"图案。

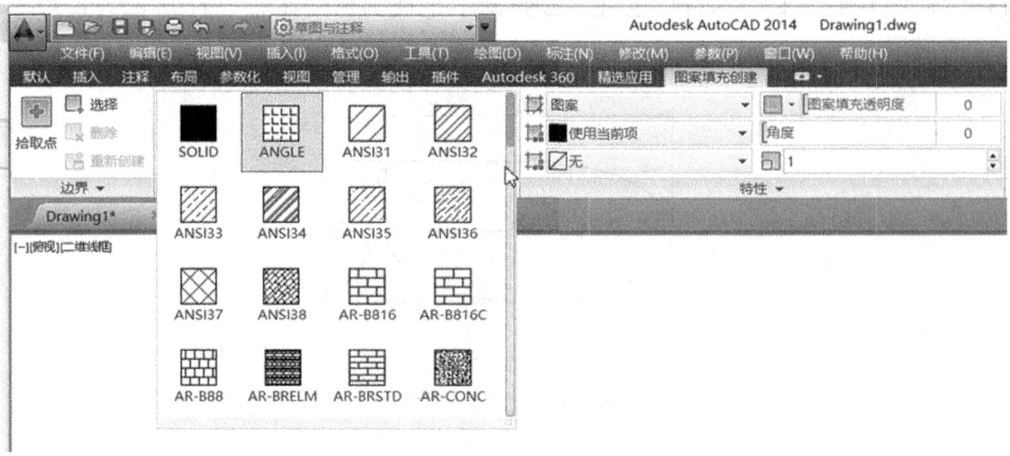

图 7-43 “图案填充图案”列表框

角度和比例选项用于确定填充对象的排列方向和疏密程度，可直接选择或设定。注意，默认角度“0”时，显示为 45°方向。

采用“边界”下拉菜单中“添加拾取点”项，可通过选择一个封闭的内部区域的某点，指定填充的范围。注意，在实际填充中，为了取得合适的填充效果，一般选择 “添加拾取点”按钮来确定填充的边界，而不是“添加选择对象”按钮。并且返回绘图界面后，所点取的位置必须是一个当前“可见”的“封闭区域”，否则会提示“无法找到边界”。此时在确保填充位置是一封闭区域前提下，可通过将图形缩小、重生成(刷新)后，再次拾取点，即可找到填充边界。

在填充边界中常包含一些闭合的区域，这些区域被称为孤岛。使用 AutoCAD 提供的孤岛操作可以避免在填充图案时覆盖一些重要的文本注释或标记等属性。在“图案填充创建”选项卡中，选择“选项”选项板中的“孤岛检测”选项，在其下拉列表中提供了以下 3 种孤岛显示方式及填充效果，如图 7-44、图 7-45 所示。

图 7-44 孤岛显示方式

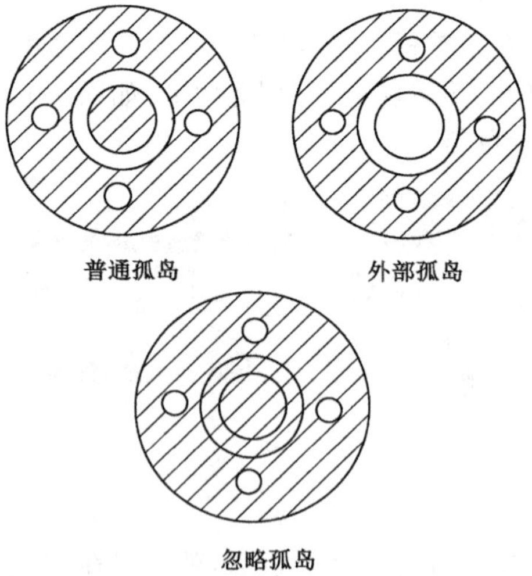

图 7-45 3 种孤岛方式的填充效果

（1）普通方式：从外部边界向内填充，遇到内部交点时，将停止填充，直到遇到下一交点再填充。

（2）外部方式：从外部边界向内填充，遇到内部交点时，将停止填充。因为这一过程从每条填充线的两端开始，所以只有结构的最外层被填充，结构内部仍然保留为空白。

（3）忽略方式：忽略所有内部的对象。

7.5.11　绘制圆环

圆环是一种可以填充的同心圆，其内径可以是 0，也可以和外径相等。在绘图过程中用户需要指定圆环的内径、外径以及中心点。选择“绘图”→“圆环”菜单命令绘制圆环。

实际绘图过程中，用户如果想要绘制多个圆环，可以连续单击圆环的中心点，这样就可以绘制多个相同的圆环。如果圆环内径为 0，则绘制的圆环为实心圆，如果圆环内径等于外径，则绘制的圆环为一个圆。

[实例]：绘制图 7-46 所示机械零件图形。

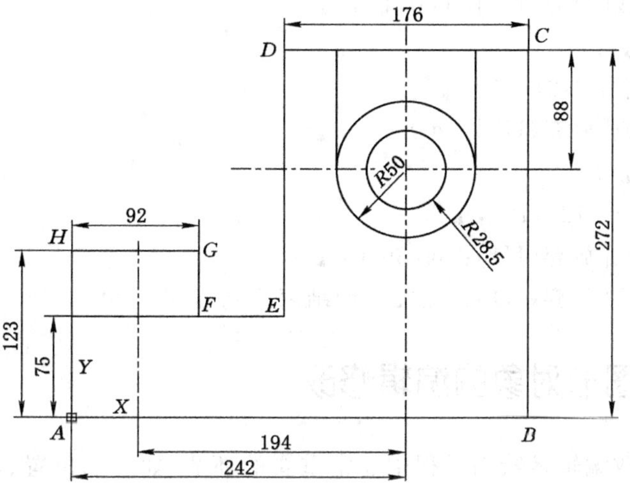

图 7-46　机械零件图

- 命令：line，↙。
- 指定第一个点：0，0，↙（*A* 点）。
- 指定下一点或[角度（A）/长度（L）/放弃（U）]：330，0，↙（*B* 点）。
- 指定下一点或[角度（A）/长度（L）/放弃（U）]：@0，272，↙（相对坐标）（*C* 点）。
- 指定下一点或[角度（A）/长度（L）/闭合（C）/放弃（U）]：@－176，0°，↙（*D* 点）。
- 指定下一点或[角度（A）/长度（L）/闭合（C）/放弃（U）]：@0，－197，↙（*E* 点）。
- 指定下一点或[角度（A）/长度（L）/闭合（C）/放弃（U）]：@－62，0，↙（*F* 点）。
- 指定下一点或[角度（A）/长度（L）/闭合（C）/放弃（U）]：@0，48，↙（*G* 点）。
- 指定下一点或[角度（A）/长度（L）/闭合（C）/放弃（U）]：@－92，c，↙（*H* 点）。
- 指定下一点或[角度（A）/长度（L）/闭合（C）/放弃（U）]：C，↙。
- 按下“F8”打开正交方式。
- 命令：line，↙。

· 指定第一个点：0,75，↙。
· 指定下一点或[放弃(U)]：92，↙。
· 命令：circle，↙(绘制圆)。
· 指定圆的圆心或[三点(3P)/两点(2P)/切点、切点、半径(T)]：242,184，↙。
· 指定圆的半径或[直径(D)]：50，↙。
· 命令：↙(重复执行圆的绘制命令)。
· 命令：circle，↙。
· 指定圆的圆心或[三点(3P)/两点(2P)/切点、切点、半径(T)]：242,184，↙。
· 指定圆的半径或[直径(D)]＜50.0000＞：28.5，↙。
· 加载中心线线型(绘制中心线)。
· 命令：line，↙。
· 指定第一个点：46,−10，↙。
· 指定下一点或[放弃(U)]：@0,143，↙。
· 命令：line，↙。
· 指定第一个点：242,−10，↙。
· 指定下一点或[放弃(U)]：@0,292，↙。
· 命令：line，↙。
· 指定第一个点：122,184，↙。
· 指定下一点或[放弃(U)]：@236,0，↙。
· 指定下一点或[放弃(U)]：(按"↙"键结束绘制)。

7.6 基本 2D 图形对象的编辑修改

图形对象的修改编辑是绘图过程中非常重要的环节，如移动位置、对象旋转，以及生成对象副本等。为节省幅面，方便应用，本节仅介绍一些在化工制图中常用的编辑命令。

不论采用何种方式，在二维图形的编辑过程中，需要进行图形对象的选取操作，AutoCAD 为用户提供了多种选择对象的方式。本部分首先介绍对象的基本选择方式，然后介绍不同的编辑修改方法和技巧。

7.6.1 选取对象

对已有的图形进行编辑，AutoCAD 提供了两种不同的编辑顺序：

① 先下达编辑命令，再选择对象；

② 先选择对象，再下达编辑命令。

在通常情况下，用户可通过鼠标逐个点取被编辑的对象，也可以利用矩形窗口、交叉矩形窗口选取对象，同时可以利用多边形窗口、交叉多边形窗口等方法选取对象。此处仅介绍几种常用对象选择的方法。

(1) 选择单个对象

选择单个对象的方法叫作点选。由于只能选择一个图形元素，所以又叫单选方式。

① 使用光标直接选择：用十字光标直接单击图形对象，被选中的对象将以带有夹点的虚线显示，如图 7-47 所示，选择一条直线和一个圆；如果需要选择多个图形对象，可以继续

单击需要选择的图形对象。

② 使用工具选择：这种选择对象的方法是在启用某个编辑命令基础上进行的，例如：选择“复制”命令，十字光标变成一个小方框，这个小方框叫拾取框。在命令行出现“选择对象：”提示时，用拾取框单击所要选择的对象即可将其选中，被选中的对象以虚线显示。如果需要连续选择多个图形元素，可以继续单击需要选择的图形。

(2) 利用矩形窗口选择对象

如果用户需要选择多个对象，应该使用矩形窗口选择对象。在需要选择多个图形对象的左上角或左下角单击，并向右下角或右上角(图形对象右侧)方向移动鼠标，系统将显示一个紫色的矩形框，当矩形框将需要选择的图形对象包围后，单击鼠标，包围在矩形框中的所有对象就被选中，如图 7-47 所示，选中的对象以虚线显示。

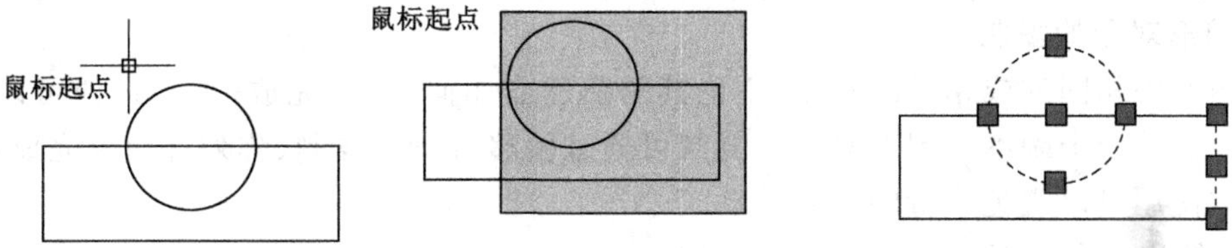

图 7-47　矩形窗口选择对象

(3) 利用交叉矩形窗口选择对象

在需要选择的对象右上角或右下角单击，并向左下角或左上角(图形对象左侧)方向移动鼠标，系统将显示一个绿色的矩形虚线框，当虚线框将需要选择的图形对象包围后，单击鼠标，虚线框包围和相交的所有对象就被选中，如图 7-48 所示，被选中的对象以虚线显示。

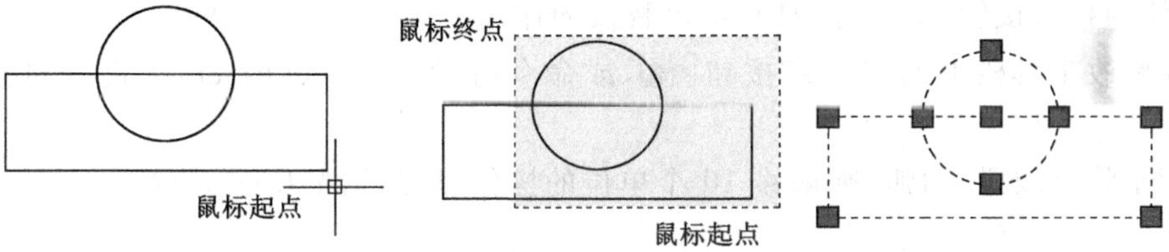

图 7-48　交叉矩形窗口选择对象

注意，在利用矩形窗口选择对象时，与矩形框边线相交的对象将不被选中；而利用交叉矩形窗口选择对象时，与矩形虚线框边线相交的对象将被选中。在操作上，二者的区别在于矩形框移动方向，矩形窗口选择时向右，而交叉窗口向左。利用矩形窗口选择对象的方法对于编辑命令的操作非常重要，可以提高绘图的速度和对象选择的精确性。

(4) 选择全部对象

在绘图过程中，如果用户需要选择整个图形对象，可以利用以下方法：选择“编辑”→“全部选择”菜单命令或按键盘上“Ctrl＋A”键。一般后一种方法更为快捷直接。

(5) 快速选择对象

在绘图过程中，使用快速选择功能，可以快速将指定类型的对象或具有指定属性值的对象选中。启用“快速选择”命令可以使用光标菜单，在绘图窗口内右击鼠标，并在弹出的光标菜单中选择“快速选择”选项。通过该对话框可以快速选择所需的图形元素。

（6）取消选择

要取消选择的所有对象，有两种方法，按键盘上的“ESC”键和在绘图窗口内鼠标右击，在光标菜单中选择“全部不选”命令。

如仅取消选择个别对象，按住“shift”键后，鼠标左键单击要取消的对象即可。

7.6.2　删除对象（Erase）

使用删除命令是将图形中的没有用的图形对象删除掉。删除命令是常用的命令之一。

启用“删除”命令常用的有：直接单击标准工具栏上的“删除”按钮，输入命令 E，以及使用键盘上的“删除”键。

启用“删除”命令后，根据命令行提示，选择对象，然后按“Enter”键，选中的图形就被删除。如对象已被选中，则执行删除命令后直接删除对象。

7.6.3　图形对象的复制

对图形中相同的或相近的对象，不论其复杂程度如何，只要完成一个后，便可以通过复制命令产生若干个副本。图形对象的复制可通过偏移、镜像、复制、阵列等命令完成，通过复制命令的使用可以避免大量的重复劳动。

（1）偏移命令（Offset）

绘图过程中，对单一对象可以将其偏移，从而产生复制的对象，二者是平行关系。偏移时根据偏移距离会重新计算其大小（严格说该命令并非生成副本的命令）。偏移对象可以是直线、曲线、圆、封闭图形等。

偏移命令执行中，一次只能偏移一个对象，如果想要偏移多条线段可以将其转为多段线来进行偏移。偏移常应用于根据尺寸绘制的规则图样，主要是相互平行的直线间相互复制。而化工设备图样中，大部分对象都是平行对象，因此，偏移命令对于绘制一般化工设备零部件（如筒体、封头、接管、法兰等）具有不可替代的作用。

选择修改工具栏上的“偏移”按钮，或命令行输入“O”（Offset）来进行对象的偏移操作。

下面是将直线段、圆弧、圆偏移 10 个单位的操作过程，结果见图 7-49。

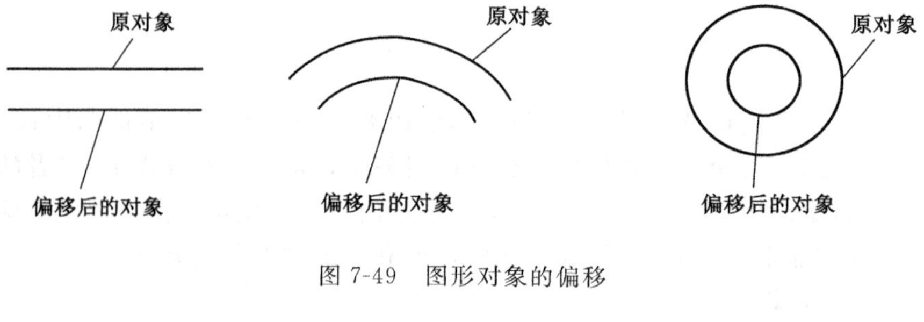

图 7-49　图形对象的偏移

· 在命令行中输入命令：O。

· 指定偏移距离或[通过(T)]＜通过＞：(输入一个正数作为偏移距离)10。

· 选择要偏移的对象或＜退出＞：[在图中指定需偏移的直线段(原对象)]。

· 指定点以确定偏移所在一侧：在原对象的下侧用鼠标点击确定(在需要偏移对象的一

侧指定一点),即可绘制出图中偏移后的对象。

AutoCAD 会给出重复提示,因而可以连续创建多个偏移对象。要结束命令,请在“选择要偏移的对象”提示下按↙键。圆弧和圆的偏移过程同上。

[通过(T)]方式可以使被偏移复制的对象通过某一点,而不用知道偏移的距离。读者可自行试用。

注意:选择偏移对象时,只能采用直接点取方式选择对象。

(2) 镜像命令(MIrror)

镜像命令可以创建对象的镜像图像。这对创建对称的对象非常有用,因为这样可以快速地绘制半个对象,然后创建镜像,而不必绘制整个对象。

绕轴(镜像线)翻转对象创建镜像图像,要指定临时镜像线,请结合实际需要指定两点以确定临时镜像线的位置。可以选择是否删除或保留原对象。

创建文字、属性和属性定义的镜像时,仍然按照轴对称规则进行,生成被反转或倒置的图像。要避免出现这样的结果,请将系统变量 MIRRTEXT 设置为 0(关),如果为 1(缺省设置),文字和其他的对象一样被镜像。这样文字的对齐和对正方式在镜像前后相同。

单击修改工具栏上的“镜像”按钮,或命令行输入“MI”进行对象镜像操作。

注意,并不是所有对称图形都能够方便进行镜像,只有那些对称轴线(镜像线)容易确定的情况才方便镜像操作。

(3) 复制命令(COpy)

对图形中相同的或相近的对象,不论其复杂程度如何,只要完成一个后,便可以通过复制命令产生若干个副本。单击修改工具栏上的“复制”按钮,或命令行输入“CO”进行复制对象操作。在 AutoCAD 2014 及以前版本中,其中的“M”选项用于多重复制,即一次复制生成多个副本。通过“复制”命令生成的对象与源对象具有相同的几何和其他特性。

复制对象过程中,注意基点的选择。所谓“基点”即是在插入复制对象时的一个基本参照点。不管你复制对象有多少,在放入图形文件中时皆是以此“基点”为基本参照的。图 7-50中 B、C、D 三点处的反应器即是通过 A 处反应器复制而来的,其中 A 点处是绘图过程的“基点”,而 B、C、D 三点处均为“插入点”。

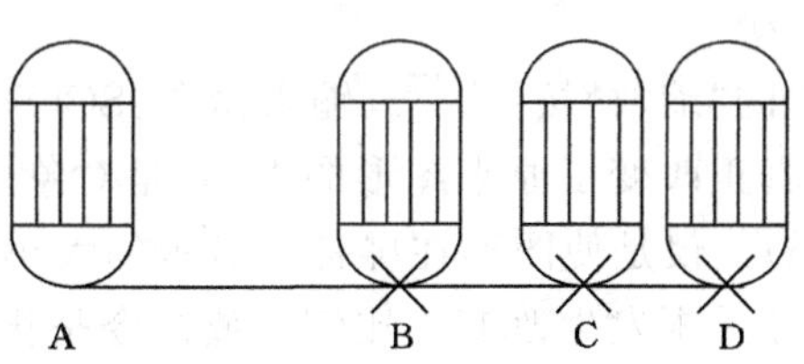

图 7-50　图形对象的复制

(4) 阵列命令(ARray)

阵列是指创建以阵列模式排列的对象的副本,通过它可以在矩形或环形(圆形)阵列中创建对象的副本。对于矩形阵列,可以控制行和列的数目以及它们之间的距离。对于环形阵列,可以控制对象副本的数目并决定是否旋转副本。对于创建多个定间距的对象,阵列比复制要快。如在绘制换热器内折流板时经常会用到矩形阵列(一行 N 列)。

单击修改工具栏上的“阵列”按钮,或命令行输入“AR”,按步骤进行对象的阵列。

注意，在环形阵列执行过程中，对于中心点的确定，一般通过“拾取中心点”，返回绘图窗口确定中心点(即所生成环形阵列对象的中心点位置)。同时，通过阵列命令生成的对象是一个整体“块”，如需对其编辑需通过“分解”命令变为单个对象后进行。

7.6.4 图形对象的移动和旋转

(1) 移动命令(Move)

移动命令可以移动对象而不改变其方向和大小。通过使用坐标和对象捕捉，可以精确地移动对象。直接单击修改工具栏上的“移动”按钮 或输入命令：M(Move)则执行移动命令。

相对于复制命令(CO)来说，移动命令是将一个对象从一个位置移挪至他处，并不生成一个额外的副本，但移动时需要选择“基点”，这与复制命令有些相似。辅助绘图功能同样能够帮我们精确定位。移动命令一般用于绘图后期图面的规整布置，调整局部视图或某一对象的位置，使得整个图面符合相关规范或更加美观整洁；同时，有了移动功能，我们在初始绘图阶段，一般也不需要过度关注某一图形对象在图面中的位置。该命令的准确使用，关键是注意移动时基点的选择。

(2) 旋转命令(ROtate)

旋转命令可以将某一个对象旋转一个指定角度或参照一个对象进行旋转。命令执行过程中，与复制、移动命令相似，同样需要“基点”的选择。对于基点的选择读者需要结合需要绘制对象几何特点来确定，一般可参考圆心、交点(延长交点)等。同时，旋转命令给我们提供了另外一种绘图的方法，即可以在坐标轴平行方向先行绘制图形对象，之后再进行旋转得到。例如储罐封头上的人孔一般不与坐标轴平行，如直接在原位置绘制较不方便，可在竖直位置绘制完毕后再通过旋转得到。

在旋转操作中，如果知道旋转角度，则采用指定角度方式：角度为正，逆时针旋转；角度为负，顺时针旋转；如果不知道旋转角度，则采用参照方式。

7.6.5 比例缩放命令(SCale)

缩放命令可以根据用户的需要将对象按指定比例因子相对于基点放大或缩小。比例值大于 1 时，图形放大，介于 0 和 1 之间的比例因子使对象缩小。注意，此时的缩放命令是图形对象尺寸的真实放大或缩小。

直接单击修改工具栏上的“缩放”按钮 或输入命令：SC(Scale)，启用“缩放”命令。

注意，该命令的使用是真正改变了原来图形的大小，是对象尺寸的真实放大或缩小。而视图的显示控制命令(Zoom)仅仅是使图形在屏幕中显示的大小改变，类似于照相机镜头的拉近或拉远，图形对象的尺寸并未发生改变。比例缩放命令是化工制图中常用的命令之一，例如在绘制标题栏时，要求标题栏在打印输出后的宽度尺寸是 180 mm，但考虑到绘制设备图时更多采用 1∶1 绘图，打印时一般会缩小一定比例后执行，因此在绘制时为了能够获得打印后图纸上 180 mm 的标题栏，往往先按 180 mm 宽绘制标题栏，然后通过 SC 命令进行放大。另外，有些局部视图在图面布置时也需要进行大小的调整而用到比例缩放命令。在使用该命令时注意基点的选择，此时的基点相当于对象放大或缩小的中心点。

7.6.6 修剪命令(TRim)

绘图过程中经常需要修剪图形，将多余的部分去掉，以获得精确图形效果。其功能就像我们平时用的剪刀，故称修剪。修剪命令是比较常用的编辑工具，用户在绘图过程中通常是先粗略绘制一些线段，然后使用修剪命令将多余的线段修剪掉。可被修剪的对象和剪切边（界）包括圆弧、圆、椭圆弧、直线、开放的二维多段线和样条曲线。

直接单击修改工具栏上的“修剪”按钮或输入命令：TR(Trim)，启动修剪命令。

启用“修剪”命令后，命令行提示参数解释如下：

(1) “选择剪切边...选择对象”：提示选择剪切边，选择对象作为剪切边界，即以什么为边界对要修剪的对象进行剪切。注意选择修剪边界对象后要右键或回车确认。

(2) “选择要修剪的对象”：选择要修剪的对象。此时即图形对象的修剪。

(3) “边(E)”：边选项是修剪图形方式之一。输入“E”，按“Enter”键，执行该选项时，系统有如下提示：输入隐含边延伸模式[延伸(E)/不延伸(N)]<不延伸>：

延伸(E)：输入“E”，按“Enter”键，则系统按照延伸方式修剪。如果剪切边界没有与被剪切边相交，则不能按正常方式进行剪切，此时系统会假设将剪切边延长，然后再进行剪切。

不延伸(N)：输入“N”，按“Enter”键，则系统按照剪切边界与剪切的实际相交情况修剪。如果与剪切对象没有相交，则不进行剪切。

(4) “放弃(U)”：输入“U”，按“Enter”键，放弃上一次操作。

注意：该命令的操作要点是要先选择边界，确定以何为界进行修剪（边界对象可以多个），而后才选择要修剪的对象进行修剪。边界的分析选择是关键。初学者往往开始即选择需要修剪的对象是错误的。

在选择对象提示下，如不选择任何对象，而直接按回车键，则所有对象都成为剪切边界，这种选择为隐含选择。这种模式一般在图形较为简单的情况下使用，否则往往会出现漏剪或错误。另外，在该命令执行过程中，应充分使用本节所述图形对象选择的相关技巧。

7.6.7　延伸命令(EXtend)

延伸是以指定的对象为边界，延伸某对象与之精确相交。

直接单击修改工具栏上的“延伸”按钮 或输入命令：EX，启用“延伸”命令。

延伸命令与修剪命令操作相似，且二者可以互用，即执行修剪(TRim)命令过程中按住“Shift”键即是执行延伸命令；反过来，执行延伸(EXtend)命令过程中按住“Shift”键即是执行修剪(TRim)命令。因此二者操作要点及相关参数意义基本一致，在此不再赘述。

7.6.8　圆角命令(Fillet)

通过“圆角”命令可在两个图形对象之间生成光滑的过渡圆弧线，这两个图形对象可以分别是直线或圆，或多段线。该命令在很多场合可以替代“圆弧”命令，生成半径确定的圆弧连接。

直接单击修改工具栏上的“圆角”按钮或输入命令：F(Fillet)，启用“圆角”命令。

注意，启用“圆角”命令后，一般需要进行圆角半径设置。

7.6.9　倒角命令(CHAmfer)

“倒角”命令可按指定的距离或角度在一对相交直线上倒斜角。可通过设置倒角的两个距离或者通过设置一个距离和一个角度的方式来创建倒角。

直接单击修改工具栏上的“倒角”按钮或输入命令：CHA，启用“倒角”命令。

启用“倒角”命令后，一般需要进行倒角模式的选择，然后根据提示进行相关设置。

[实例]：绘制图 7-51 所示图形。

· 命令：XL(绘制构造线)。

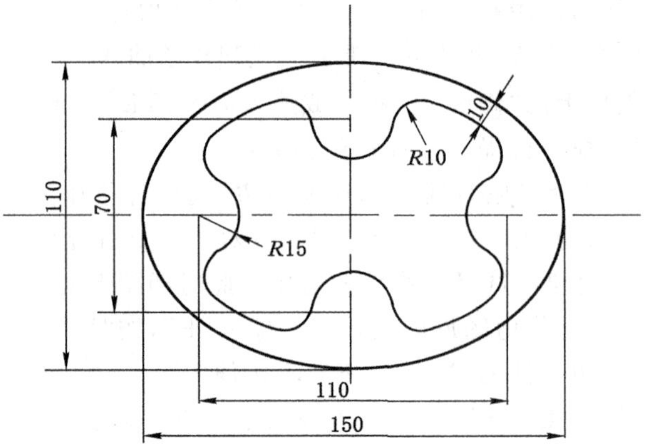

图 7-51　示例图形

· 指定点或[水平(H)/垂直(V)/角度(A)/二等分(B)/偏移(O)]:h ↙(绘制水平构造线)。

· 指定通过点:在绘图窗口任意位置单击。

· 指定通过点:↙(结束 XL 命令)。

· 命令:↙(按 Enter 键重新执行 XL 命令)。

· 指定点或[水平(H)/垂直(V)/角度(A)/二等分(B)/偏移(O)]:v ↙(绘制水平构造线)。

· 指定通过点:在绘图窗口任意位置单击。

· 指定通过点:↙(按"↙"键重新执行 XL 命令)。

· 命令:UCS(创建用户坐标系)。

· 当前 UCS 名称:*世界*。

· 指定 UCS 的原点或[面(F)/命名(NA)/对象(OB)/上一个(P)/视图(V)/世界(W)/X/Y/Z/Z 轴(ZA)]<世界>:move(将坐标系移动到辅助线的交点处)。

· 指定新原点或[Z 向深度(Z)]<0,0,0>:<打开对象捕捉>。

·(捕捉辅助线的交点)。

· 命令:ELLIPSE ↙(绘制椭圆)。

· 指定椭圆的轴端点或[圆弧(A)/中心点(C)]:c ↙。

· 指定椭圆的中心点:0,0 ↙。

· 指定轴的端点:@75,0 ↙。

· 指定另一条半轴长度或[旋转(R)]:@0,55 ↙。

· 命令:CIRCLE ↙(绘制圆)。

· 指定圆的圆心或[三点(3P)/两点(2P)/切点、切点、半径(T)]:55,0 ↙(圆心坐标)。

· 指定圆的半径或[直径(D)]<7.5000>:15 ↙(半径)。

· 命令:MIRROR ↙(镜像圆)。

· 选择对象:找到 1 个(单击圆)。

· 选择对象:↙(按"↙"键结束对象选择)。

· 指定镜像线的第一点:指定镜像线的第二点:(以垂直辅助线为镜像线)。

· 要删除源对象吗?[是(Y)/否(N)]<N>:↙(按 Enter 键,镜像并复制图形)。

· 命令：COPY ↙(复制对象)。

· 选择对象：找到 1 个(单击左侧圆，选中对象)。

· 选择对象：↙(按“↙”键结束对象选择)。

· 指定基点或[位移(D)/模式(O)]＜位移＞：－55，0 ↙(指定对象复制的基点坐标)。

· 指定第二个点或[阵列(A)/退出(E)/放弃(U)]＜退出＞：0，35 ↙(指定位移的第二点)。

· 命令：MIRROR ↙。

· 选择对象：找到 1 个(单击上侧圆)。

· 选择对象：↙(按“↙”键结束对象选择)。

· 指定镜像线的第一点：指定镜像线的第二点。

· 要删除源对象吗？[是(Y)/否(N)]＜N＞：↙(按 Enter 键，镜像并复制图形)。

· 命令：OFFSET ↙(偏移椭圆)。

· 当前设置：删除源＝否，图层＝源，OFFSETGAPTYPE＝0。

· 指定偏移距离或[通过(T)/删除(E)/图层(L)]＜1.0000＞：10 ↙(设定偏移距离)。

· 选择要偏移的对象，或[退出(E)/放弃(U)]＜退出＞：(单击椭圆)。

· 指定要偏移的那一侧上的点，或[退出(E)/多个(M)/放弃(U)]＜退出＞：(在椭圆内部单击)。

· 选择要偏移的对象，或[退出(E)/放弃(U)]＜退出＞：↙(按“↙”键，结束 OFFSET 命令)。

· 命令：TRIM ↙(修剪对象)。

· 当前设置：投影＝UCS，边＝无。

· 选择剪切边…。

· 选择对象或＜全部选择＞：找到 1 个(单击偏移后的椭圆)(选择剪切边)。

· 选择对象：↙(按“↙”键结束对象选择)。

· 选择要修剪的对象，或按住 Shift 键选择要延伸的对象，或[栏选(F)/窗交(C)/投影(P)/边(E)/删除(R)/放弃(U)]：(单击左边半径 15 的圆)。

· 选择要修剪的对象，或按住 Shift 键选择要延伸的对象，或[栏选(F)/窗交(C)/投影(P)/边(E)/删除(R)/放弃(U)]：(单击上边半径 15 的圆)。

· 选择要修剪的对象，或按住 Shift 键选择要延伸的对象，或[栏选(F)/窗交(C)/投影(P)/边(E)/删除(R)/放弃(U)]：(单击右边半径 15 的圆)。

· 选择要修剪的对象，或按住 Shift 键选择要延伸的对象，或[栏选(F)/窗交(C)/投影(P)/边(E)/删除(R)/放弃(U)]：(单击下边半径 15 的圆)。

· 选择要修剪的对象，或按住 Shift 键选择要延伸的对象，或[栏选(F)/窗交(C)/投影(P)/边(E)/删除(R)/放弃(U)]：↙(按“↙”键结束选择要修剪的对象)。

· 重复以上修剪步骤，以圆修剪后所得的圆弧为修剪边修剪椭圆。

· 命令：FILLET ↙(圆角)。

· 当前设置：模式 ＝ 修剪，半径 ＝ 0.0000。

· 选择第一个对象或[放弃(U)/多段线(P)/半径(R)/修剪(T)/多个(M)]：r ↙(设置圆角半径 10)。

·指定圆角半径 ＜0.0000＞：10。

·选择第一个对象或[放弃(U)/多段线(P)/半径(R)/修剪(T)/多个(M)]:(单击椭圆偏移后的图形)。

·选择第二个对象，或按住 Shift 键选择对象以应用角点或[半径(R)]:(单击半径为15 的圆)。

·重复执行圆角命令，即可得到所示图形。

7.6.10 打断命令(BReak)

“打断”命令可将某一对象一分为二或去掉其中一段减少其长度。AutoCAD 2008 提供了两种用于打断的命令:“打断”和“打断于点”命令。可以进行打断操作的对象包括直线、圆、圆弧、多段线、椭圆、样条曲线等。

(1)“打断”命令

“打断”命令可将对象打断，并删除所选对象的一部分，从而将其分为两个部分。

单击修改工具栏上的“打断”按钮或输入命令:Br(Break)，启用“打断”命令。

注意，如果用户希望第二断点和第一断点重合，则在指定第二断点坐标时输入“@”即可。此时情况类似于“打断于点”命令。

(2)“打断于点”命令

打断于点”命令用于打断所选的对象，使之成为两个对象，但不删除其中的部分。

启用“打断于点”命令的方法是直接单击修改工具栏上的“打断于点”按钮。

注意:“打断于点”命令对于如圆等闭合对象无法断开，此时只能使用“打断”命令，使其从某处“断开”。

7.6.11 分解命令(eXplode)

使用“分解”命令可以把复合的图形对象(如矩形、块对象、多行文字、标注、面域对象等)或用户定义的块分解成简单的基本图形对象，这样就可以进行编辑图形了。

直接单击标准工具栏上的“分解”按钮或输入命令:eXplode，启用“分解”命令后，根据命令行提示，选择对象，然后按“Enter”键，整体图形就被分解了。

7.6.12 拉伸命令(Stretch)

使用“拉伸”命令可以在一个方向上按用户所指定的尺寸拉伸、缩短对象。拉伸命令是通过改变端点位置来拉伸或缩短图形对象的，编辑过程中除被伸长、缩短的对象外，其他图形对象间的几何关系将保持不变。可进行拉伸的对象有圆弧、椭圆弧、直线、多段线、二维实体、射线和样条曲线等。启用“拉伸”命令有三种方法:选择“修改”→“拉伸”菜单命令，直接单击标准工具栏上的“拉伸”按钮或输入命令:S(Stretch)。

拉伸一般只能采用交叉窗口或多边形窗口的方式来选择对象。其中比较重要的是必须选择好端点是否应该包含在被选择的窗口中。如果端点被包含在窗口中，则该点会同时被移动，否则该端点不会被移动。

7.6.13 取消、重复与撤销命令

(1)取消与重复命令

在 AutoCAD 中，当用户想终止某一个命令时，可以随时按键盘上的“ESC”键取消当前正在执行的命令。当用户需要重复执行某个命令时，可以直接按“Enter”或空格键，也可以在绘图区域内，鼠标右击，弹出光标菜单中选择“重复选项”，这为用户提供了快捷的操作

方式。

(2) 撤销已执行命令

在 AutoCAD 绘图过程中,当用户想撤销一些错误的命令时,需要撤销前面执行的一个或多个操作,此时用户可以使用"撤销"命令。

启用"撤销"命令有三种方法:选择"编辑"→"放弃"菜单命令,单击标准工具栏中的"取消"按钮或输入命令:UNDO。

注意,在 AutoCAD 2014 中,可以无限进行取消操作,这样用户可以观察自己的整个绘图过程。当用户取消一个或多个操作后,又想重做这些操作,将图形恢复原来的效果时,可以使用标准工具栏中的"重做"按钮,这样用户可以回到想要的界面中。

7.6.14 拉长命令(LENgthen)

使用拉长命令,可以修改圆弧的包含角和某些对象的长度。可以修改开放直线、圆弧、开放多段线、椭圆弧和开放样条曲线的长度。结果与延伸和修剪相似。"拉长"命令不影响闭合的对象。

启用"拉长"命令有两种方法:选择"修改"→"拉长"菜单命令或输入命令:LEN。

可以使用多种方法改变长度:动态拖动对象的端点;按总长度或角度的百分比指定新长度或角度;指定从端点开始的增量长度或角度;指定对象的总绝对长度或包含角。

注意,用此"拉长"命令对圆弧操作时,仅仅是改变了圆弧的长度,其曲率或半径并未发生改变,与夹点编辑中常用的"拉伸"命令不同,如图 7-52 所示。

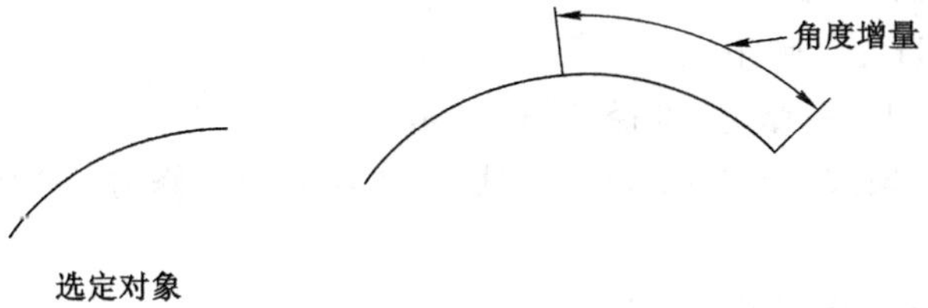

图 7-52 "拉长"命令增加圆弧长度

[实例]:绘制图 7-53 所示图形。

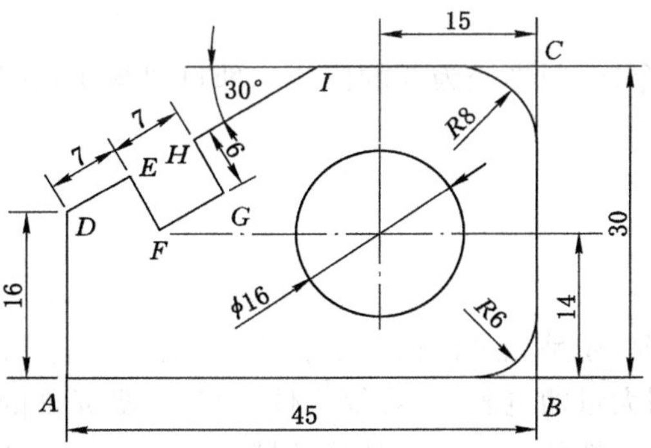

图 7-53 示例图形

· 命令:line,↙。

· 指定第一个点：0,0，↙(*A* 点)。

· 指定下一点或［角度(A)/长度(L)/放弃(U)］：45,0 ↙(*B* 点)。

· 指定下一点或［角度(A)/长度(L)/放弃(U)］：45,30 ↙ (*C* 点)。

· 指定下一点或［角度(A)/长度(L)/闭合(C)/放弃(U)］：↙ (结束绘制直线命令)。

· 命令：↙ (按"↙"键重复执行上一个命令)。

· 指定第一个点：0,0，↙。

· 指定下一点或［角度(A)/长度(L)/放弃(U)］：0,16 ↙(*D* 点)。

· 指定下一点或［放弃(U)］：@7<30 ↙(*E* 点)。

· 指定下一点或［放弃(U)］：@6<300 ↙(*F* 点)。

· 指定下一点或［放弃(U)］：@7<30 ↙(*G* 点)。

· 指定下一点或［闭合(C)/放弃(U)］：@6<120 ↙(*H* 点)。

· 指定下一点或［闭合(C)/放弃(U)］:点击交点 I(通过对象捕捉功能捕捉到角度 30°的交点)。

· 指定下一点或［闭合(C)/放弃(U)］:(单击 *C* 点)。

· 指定下一点或［闭合(C)/放弃(U)］：↙(按"↙"结束绘制直线命令)。

· 命令：CIRCLE ↙。

· 指定圆的圆心或［三点(3P)/两点(2P)/切点、切点、半径(T)］：30,14 ↙。

· 指定圆的半径或［直径(D)］：D ↙(绘制直径为 16 的圆)。

· 指定圆的直径：16 ↙。

· 命令：FILLET ↙(圆角)。

· 当前设置：模式 = 修剪,半径 = 0.0000。

· 选择第一个对象或［放弃(U)/多段线(P)/半径(R)/修剪(T)/多个(M)］：r ↙(设置圆角半径 8)。

· 指定圆角半径 <0.0000>：8。

· 选择第一个对象或［放弃(U)/多段线(P)/半径(R)/修剪(T)/多个(M)］:(单击直线 *IC*)。

· 选择第二个对象，或按住 Shift 键选择对象以应用角点或［半径(R)］:(单击直线 *CB*)。

· 重复执行圆角命令(绘制半径为 6 的圆角)，即可得到所示图形。

7.7 块的创建

7.7.1 块的概念

在介绍块的概念之前，还是先来回忆一下在手工制图中遇到的一些问题。例如在绘制电子线路图时，需要绘制大量的电阻、电容等元件，而每一类元件的形状又是基本相同的，换言之，不得不进行大量重复性的工作。在其他领域也都或多或少地存在这个问题，如建筑图中的门、窗，管道图中的阀门、接头，化工设备图中的法兰等。对于这类问题，AutoCAD 同样提供了非常理想的解决方案，即将一些经常重复使用的对象组合在一起，形成一个块对象，并按指定的名称保存起来，以后可随时将它插入到图形中而不必重新绘制。定义图块就是将图形中选定的一个或多个对象组合成一个整体，为其命名保存，并在以后使用过程中将它视为一个独立、完整的对象进行调用和编辑。

当用户创建一个块后，AutoCAD 将该块存储在图形数据库中，此后用户可根据需要多次插入同一个块，而不必重复绘制和储存，因此节省了大量的绘图时间。此外，插入块并不需要对块进行复制，而只是根据一定的位置、比例和旋转角度来引用，因此数据量要比直接绘图小得多，从而节省了计算机的存储空间。

另外在 AutoCAD 中还可以将块存储为一个独立的图形文件，也称为外部块。这样其他人就可以将这个文件作为块插入到自己的图形中，不必重新进行创建。因此可以通过这种方法建立图形符号库，供所有相关的设计人员使用。这既节约了时间和资源，又可保证符号的统一性、标准性。

7.7.2　块的创建

（1）内部块（Block）命令

定义图块时需要执行“Block”命令，用户可以通过以下方法调用该命令：选择“绘图”→“块”→“创建”菜单命令；单击“绘图”工具栏上的“创建块”按钮，或输入命令：B（BLOCK）。启用“块”命令后，系统弹出“块定义”对话框，如图 7-54 所示。“块定义”对话框中各个选项的意义如下。

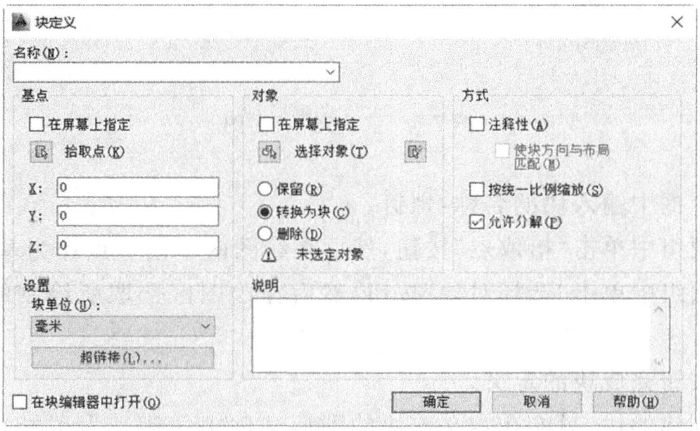

图 7-54　“块定义”对话框

① 名称(N): 列表框：用于输入或选择图块的名称。如“法兰”“截止阀”等代号名称。如果给出的块参照的名称在当前图形中已经存在，系统将弹出一个警告信息对话框。用户可单击“是”按钮来重新定义块，或单击“否”按钮重新指定块的名称。如果一个块被重新定义，那么一旦重新生成图形，则图形中的所有使用该名称的块都将自动更新。

② 基点 选项组：用于确定图块插入基点的位置，是图块使用时插入位置的参照点。一般通过单击“拾取点”按钮，在绘图窗口中选取插入基点的位置。基点的正确选取是块对象能否准确应用的前提，初学者往往此处容易出现问题。

③ 对象 选项组：用于选择构成图块的图形对象，及组成图块整体的各个对象。此时图形对象的选择方法（窗选、交叉窗口等）很重要。

［实例］用 AutoCAD 2014 绘制如图 7-55 所示的螺钉（具体尺寸可查有关手册，选取某

一规格)，并将其定义为块。

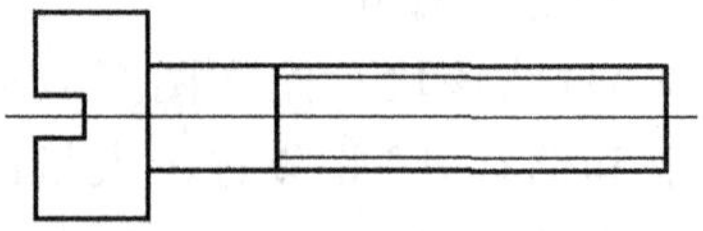

图 7-55　螺钉

· 单击绘图工具栏上的“创建块”按钮，打开如图 7-56 所示的对话框。

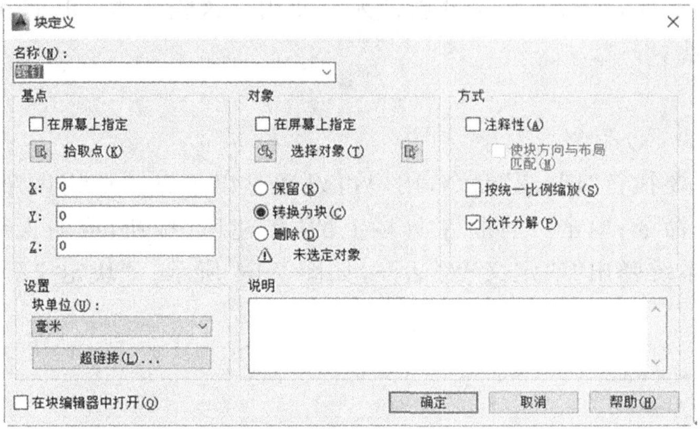

图 7-56　“块定义”实例

· 在名称文本框中输入块的名称：螺钉。

· 在基点选项组中单击“拾取点”按钮，然后在绘图区单击一点作为基点。

· 在对象选项组中单击“选择对象”按钮，然后在绘图区选取所绘制的螺钉。按回车返回对话框。

· 按“确定”按钮完成块的定义。

按上述方法创建的块，只能在定义该块的图形文件中使用。为了能在其他文件中也能引用该块，必须使用“写块” 命令(WBLOCK)将创建的块存储起来。

(2) 写块(Wblock)命令

前面定义的(Block)图块，只能在当前图形文件中使用，如果需要在其他图形中使用已经定义的图块，如标题栏、图框以及一些通用的图形对象等，可以将图块以图形文件形式保存下来。这时，它就和一般图形文件没有什么区别，可以被打开、编辑，也可以以图块形式方便地插入到其他图形文件中。“保存图块”也就是我们通常所说的“写块”。

“写块”需要使用“Wblock”命令。

注意，利用“写块”命令创建的图块对象是 AutoCAD 2014 的一个 DWG 文件，属于外部文件，其编辑、修改不会对原图形对象有任何影响。

7.7.3　块的调用

在绘图过程中，若需要应用图块时，可以利用“插入块”命令将已创建的图块插入到当前图形中。在插入图块时，用户需要指定图块的名称、插入点、缩放比例和旋转角度等。

启用“插入块”命令有三种方法：选择“插入”→“块”菜单命令，单击“绘图”工具栏中的“插入块”按钮或输入命令：I(Insert)。

(1)“名称”下拉列表框

其用于指定要插入的块的名称，或指定要作为块插入的图形文件名。用户可在下拉列表框中输入或选择所需要的图块名。单击“浏览”按钮，可打开“选择图形文件”对话框，如图 7-57 所示，选择所需要的图形文件。

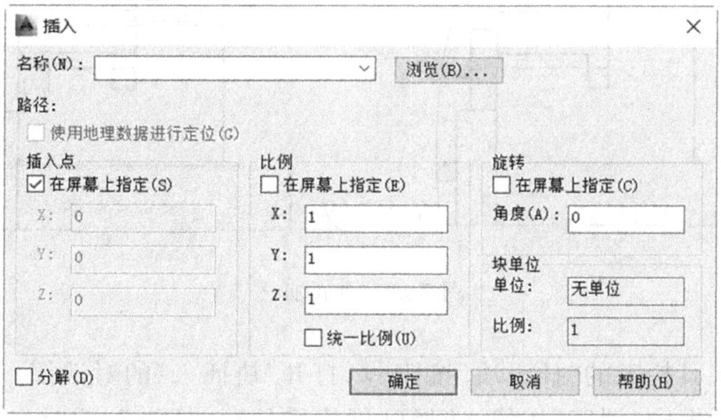

图 7-57　插入图块对话框

(2)“插入点”选项组

其用于确定图块插入图形中时在图形中插入点的位置。该选项组有两种方法决定插入点位置：选择“在屏幕上指定”复选框，则用户可在绘图区内用十字光标确定插入点。不选择“在屏幕上指定”复选框，用户可在 X、Y、Z 三个文本框中输入插入点的坐标。通常我们都是选择“在屏幕上指定”复选框来确定插入点。

(3)“缩放比例”选项组

其用于确定图块在 X、Y、Z 三个方向上的缩放比例。该选项组有三种方法决定图块的缩放比例：选择“在屏幕上指定”复选框，则用户可在命令行直接输入 X、Y、Z 三个方向的缩放比例系数。不选择“在屏幕上指定”复选框，则用户可在 X、Y、Z 文本框中直接输入 X、Y、Z 三个方向的缩放比例系数。选择“统一比例”复选框，表示 X、Y、Z 三个方向的缩放比例系数相同，此时用户可在 X 文本框中输入统一的缩放比例系数。

(4)“旋转”选项组

其确定图块的旋转角度。选择“在屏幕上指定”复选框，则用户可在命令行直接输入图块的旋转角度。不选择“在屏幕上指定”复选框，则用户可在“角度”文本框中直接输入图块旋转角度的具体数值。

(5)“分解”复选框

该复选框决定插入块时是作为单个对象还是分解成若干对象。如选中“分解”复选框，只能在 X 文本框中指定比例系数。

7.7.4　块的分解

插入的块对象是一个整体，有时需要局部修改，此时需要将其分解后再编辑。在 AutoCAD 中可使用两种方法来分解一个块：在插入块时选择“Explode”(分解)项和调用

“Explode”命令进行分解。

需要注意的是，无论使用哪种分解方法，所分解的对象只是块的引用，而块的定义仍然保存在图形文件中，并可随时重新进行引用。如果用户希望删除块的定义，则可使用“Purge”命令。

[实例]在图 7-58 所示 A 处插入已保存的块“螺钉”。

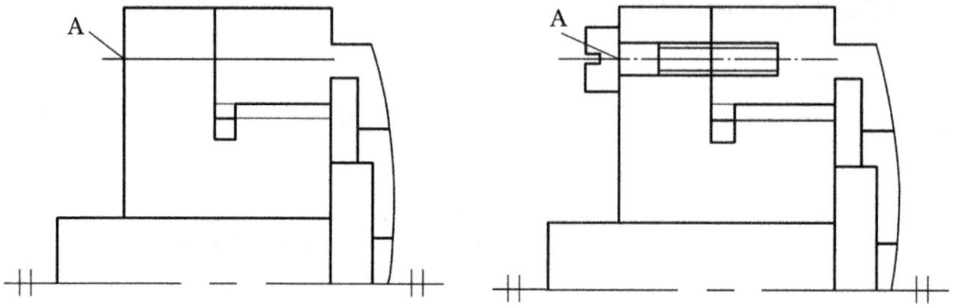

图 7-58　块的插入

① 单击绘图工具栏上的“插入块”按钮，打开“块插入”的对话框。

② 单击该对话框中“浏览”按钮，选择已创建好的块“螺钉”，此时在“名称”框中即会出现“螺钉”。“插入点”选项组，“缩放比例”选项组，“旋转”选项组的设置如图 7-57 所示。

③ 单击对话框中的“确定”按钮退出对话框，返回到绘图窗口。

④ 在绘图窗口选择好插入点位置，单击鼠标左键，即可将图块插入到所指定的位置。

7.7.5　图块的属性

7.7.5.1　图块属性的概念

AutoCAD 中，用户可为图块附加一些可以变化的文本信息，以增强图块的通用性。若图块带有属性，则用户在图形文件中插入该图块时，可根据具体情况按属性为图块设置不同的文本信息。这点对那些在绘图中要经常用到的图块来说，就显得极为重要了。

例如在化工制图中，表面粗糙度值有 3.2、1.6、0.8 等，若我们在表面粗糙度符号的图块中将表面粗糙度值定义为属性，则在每次插入这种带有属性的表面粗糙度符号的图块时，AutoCAD 将会自动提示我们输入表面粗糙度的数值，这就大大拓展了该图块的通用性。

7.7.5.2　建立带属性的块

(1) 定义属性

在 AutoCAD 中，我们经常使用对话框方式来定义属性。打开该对话框的方法有两种：菜单方式：“绘图”→“块…”→“定义属性…”，和键盘输入方式：ATTDEF。

启动 ATTDEF 命令后，AutoCAD 打开如图 7-59 所示的“属性定义”对话框。该对话框各部分功能如下：

① “模式”选项组

它用于设置属性模式。属性模式有 6 种类型可供选择：

·“不可见”复选框，若选择该框，表示插入图块并输入图块属性值后，属性值在图中将不显示出来。若不选择该框，AutoCAD 将显示图块属性值。

·“固定”复选框，若选择该框，表示属性值在定义属性时已经确定为一个常量，在插入图块时，该属性值将保持不变。反之，则属性值将不是常量。

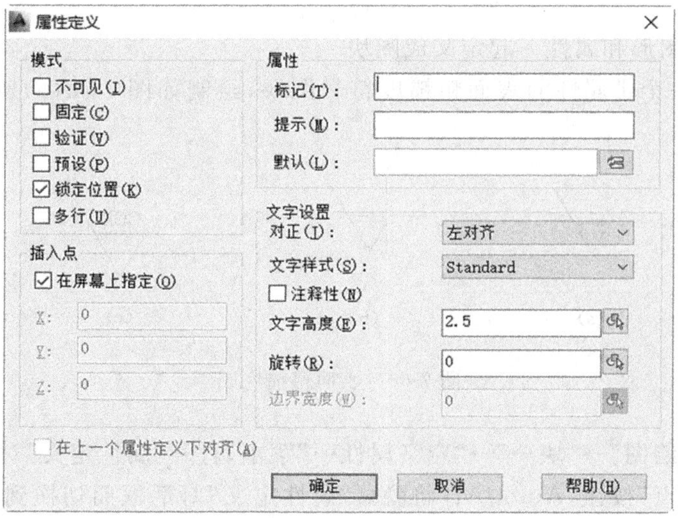

图 7-59　“属性定义”对话框

• “验证”复选框，若选择该框，表示插入图块时，AutoCAD 对用户所输入的值将再次给出校验提示。反之，AutoCAD 将不会对用户所输入的值提出校验要求。

• “预设”复选框，若选择该框，表示要求用户为属性指定一个初始缺省值。反之，则表示 AutoCAD 将不预设初始缺省值。

• “锁定位置”复选框，锁定块参照中属性的位置，解锁后，属性可以相对于使用夹点编辑的块的其他部分移动，并且可以调整多行文字属性的大小。

• “多行”复选框，指定属性值可以包含多行文字。选定此选项后，可以指定属性的边界宽度。

② “属性”选项组

它用于设置属性参数，包括“标记”“提示”“默认”。定义属性时，AutoCAD 要求用户在“标记”文本框中输入属性标志。在“默认” 文本框中输入初始缺省属性值。

③ “插入点”选项组

它用于确定属性文本插入点。如果选择“在屏幕上指定”复选框，单击“确定”按钮，则插入点为用户在绘图区内用鼠标选择的一点作为属性文本的插入点。如果不选择复选框，可直接在“X”“Y”“Z”文本框中输入插入点坐标值。

④ “文字设置”设置组

它用于确定文本属性。该选项组各项的使用与单行文本的命令相同。

⑤ “在上一个属性定义下对齐”复选框

选择该框，表示当前属性将继承上一属性的部分参数，此时“插入点”和“文字设置”选项组失效，呈灰色显示。

(2) 建立带属性的块

属性定义好后，只有和图块联系在一起才有用处。向图块追加属性，即建立带属性的块的操作步骤为：

① 绘制构成图块的实体图形。

② 定义属性。

③ 将绘制的图形和属性一起定义成图块。

[实例]建立一个带属性的表面粗糙度符号图块,绘制如图 7-60(a)所示的表面粗糙度符号。

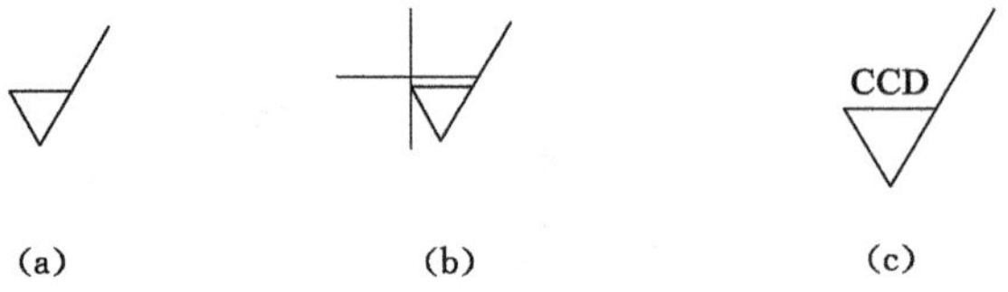

图 7-60　表面粗糙度图

· 选择菜单"绘图"→"块…"→"定义属性…"菜单,打开"属性定义"对话框。

· 单击"拾取点"按钮,AutoCAD 将隐藏"属性定义"对话框而切换到图形窗口,在如图 7-60(b)所示水平线左上方取一点。AutoCAD 返回到"属性定义"对话框。

· 在"属性定义"对话框中,单击"确定"按钮,此时,在绘图区将看到如图 7-60(c)所示的图形。

· 在命令行输入"Wblock",回车,打开"写块"对话框。利用此对话框,我们可以将绘制的图形和属性一起定义成图块,并存入我们指定的位置。

在"写块"对话框中,单击"拾取点"按钮,设置"基点"为粗糙度符号的下尖点;单击"选择对象"按钮,选择整个图形;在"目标"设置区中输入文件名、图块存放位置及插入单位。

(3) 插入带属性的块

带属性的块插入方法与块的插入方法相同,只是在插入结束时,需要指定属性值。具体可按以下步骤进行:

① 打开一个需要插入块的图形文件,单击绘图工具栏上的插入块按钮,打开"插入"对话框。

② 单击对话框中的"浏览",选择已定义好的带属性的图块。

③ 设置插入点、缩放比例和旋转角度。

④ 单击"确定"按钮,然后根据命令行提示,输入所需要的文本信息即可。

7.8　图形文件输出

在 AutoCAD 完成绘图后,最后一步工作就是将图形打印出来。本节重点讲解打印设备的配置、图形的页面设置、图形的打印输出等内容。

7.8.1　打印有关术语和概念

打印图形就是使用系统打印设备来输出图形。打印图纸前,了解与打印有关的术语和概念有助于用户更轻松地在程序中进行首次打印。

AutoCAD 中提供了两种绘图环境:模型空间和图纸空间。

模型空间是 AutoCAD 绘图环境的名称,在模型空间中,可在世界坐标系(WCS)或者用户坐标系(UCS)中创建二维和三维对象。通常用户在模型空间中按 1∶1 比例绘图,绘图完成后，再以放大或者缩小的比例打印图形。本书中所截取的图样多为模型空间中的图形。对布局要求不高的一般图形均可在模型空间进行打印。

图纸空间是专门为规划打印布局而设置的一个绘图环境，表现了图形的图纸布局。创建的图纸空间视图是浮动的，而不是平铺的，在这个环境中，可以像在图纸上布置局部视图和正交视图一样，创建和布置图形的不同视图。另外，还可以添加注释、创建图纸边框和标题栏。

(1) 页面设置

创建布局时，需要指定绘图仪和设置(例如图纸尺寸和打印方向)。这些设置保存在页面设置中。使用“页面设置管理器”，可以控制“布局”和“模型”选项卡中的设置。可以命名并保存页面设置，以便在其他布局中使用。如果在创建布局时没有指定“页面设置”对话框中的所有设置，可以在打印之前设置页面或者在打印时替换页面设置。可以对当前打印任务临时使用新的页面设置，也可以保存新的页面设置。

(2) 打印样式

打印样式通过确定打印特性(例如线宽、颜色和填充样式)来控制对象或布局的打印方式。打印样式表中收集了多组打印样式。打印样式管理器是一个窗口，其中显示了所有可用的打印样式表。打印样式有两种类型:颜色相关和命名。一个图形只能使用一种类型的打印样式表。用户可以在两种打印样式表之间转换，也可以在设置了图形的打印样式表类型之后，修改所设置的类型。对于颜色相关打印样式表，由对象的颜色确定如何对其进行打印。这些打印样式表文件的扩展名为“ctb”，不能直接为对象指定颜色相关打印样式，要控制对象的打印颜色，必须修改对象的颜色。例如，图形中所有被指定为红色的对象均以相同的方式打印。打印样式表是指使用直接指定给对象和图层的颜色进行打印。这些打印样式表文件的扩展名为“stb”。使用这些打印样式表可以使图形中的每个对象以不同颜色打印，与对象本身的颜色无关。

7.8.2 页面设置

页面设置是打印设备设置和其他影响最终输出的外观和格式设置的集合。可以修改这些设置并将其应用到其他布局中。

在“模型”选项卡中完成图形之后，启用“页面设置”命令，选择“文件”→“页面设置管理器”菜单命令，系统将弹出“页面设置管理器”对话框。单击新建按钮，系统将弹出“新建页面设置”对话框。输入要设置的名称，单击确定按钮，系统将弹出如图 7-61 所示的“页面设置-模型”对话框。

“页面设置-模型”对话框中各选项的说明如下：

(1) 打印机/绘图仪

在“打印机/绘图仪”选项中可以选择输出设备、显示输出设备名称及一些相关信息。一般选择系统连接的打印机，或选择“DWF6 eplot.pc3”打印输出为 dwf 电子格式图形文件(或选择 ToPDF，则生成 PDF 电子文档)。单击特性按钮，可通过“绘图仪配置编辑器”对话框修改图纸边缘空白区域的尺寸(可打印区域)。

(2) 打印样式表

它用于选择打印样式或是新建打印文件的名称及类型。为了消除其他颜色打印后形成的不同灰度，一般选用的打印样式名称为“monochrome.ctb”，使得打印效果为黑白(单色打印)。

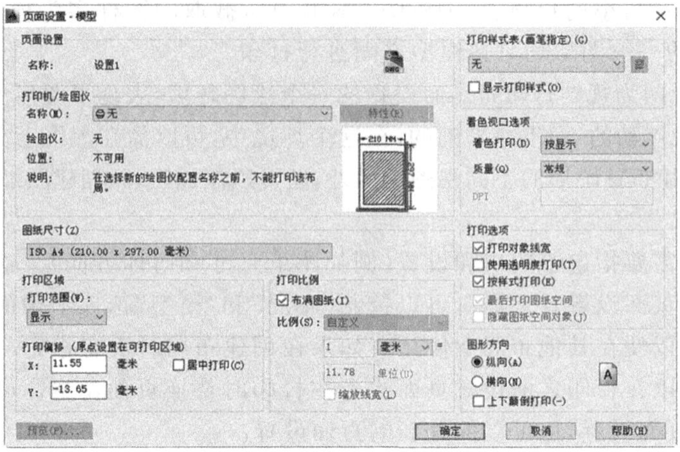

图 7-61 “页面设置-模型”对话框

(3) 图纸尺寸

在“图纸尺寸”选项中用户可以选择图纸的大小及单位，如 A1 等。图纸的大小是由打印机的型号所决定的，列表中仅列出了选定打印机支持的图纸尺寸。

(4) 打印区域

一般选用“窗口”模式，返回绘图界面，通过鼠标拉出一个矩形窗口即是即将打印的范围。使用该方式确定打印区域是一种简便而且常用的方法。

(5) 打印比例

它用于设置输出图形与实际绘制图形的比例。一般选择布满图纸、使用默认比例即可(如果绘制精确，此比例值与实际绘图计算比例应基本一致。)。

其他选项可根据实际需要进行设置。

7.8.3 图形输出

当图形的“页面设置”完成之后，在“打印”对话框中的其他选项“打印机/绘图仪”“图纸尺寸”“打印区域”“打印比例”“打印偏移”也已经同时设置完成，这样就可以进行图纸输出。

执行“Print”打印命令后，AutoCAD 将显示“打印”对话框，该对话框与“页面设置”对话框非常相似。如果在“页面设置”对话框中指定了打印设备并做好了打印的相关设置，则打印时这些设置已经存在，不需要再做任何修改就可以在指定的打印机上打印图形了。

(1) 选择打印内容

在打印图形时，AutoCAD 自动打印当前选项卡。另外，也可以打印所有布局选项卡或者选定的选项卡。在当前选项卡内，可以通过“打印区域”，具体地指定打印范围、打印内容。

(2) 打印到文件

如果将 AutoCAD 图形打印输出到文件，则可以在没有安装 AutoCAD 软件的计算机上打印输出(如生成 PDF 文档、dwf 电子图等)。

将图形打印输出到文件应选择“打印到文件”复选框。若执行电子打印(DWF 文件)或选择了 AutoCAD 的光栅图形格式打印驱动程序，则 AutoCAD 将自动选中这个复选框。

AutoCAD 创建的打印文件扩展名取决于所创建打印文件的类型，打印前可以修改系统的默认值。

若选择了 Web 工具栏上的“文件名和路径”旁边的按钮，则 AutoCAD 将显示“浏览打印文件”对话框，从而可以在 Internet 上选择打印文件的保存位置。

7.9　AutoCAD 绘图实践及练习

7.9.1　绘图实践

7.9.1.1　绘图实践一

根据图 7-62 中所给出的锯片尺寸，使用合理命令完成图形的绘制，不标注尺寸。

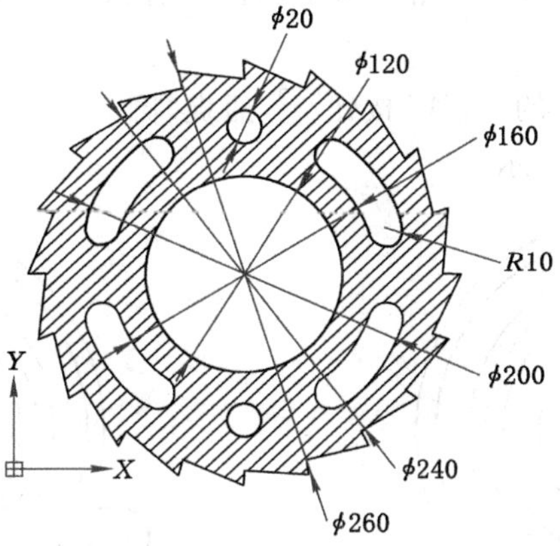

图 7-62　锯片图例

（1）创建新的图形文件

打开 AutoCAD 软件，选择“新建”，创建 AutoCAD 新文件，进入 AutoCAD 中文版绘图主界面。

（2）选择合适图纸幅面

根据图形的大小和 1∶1 作图原则，设置图形界限为 420×297 横放比较合适，即标准 A3 图纸。此步骤可根据实际需要、表达对象的尺寸大小及复杂程度而定，也可不进行图形界限设置，但自己要清楚选用的最终图纸大小是多大，这决定了后续文字高度、标注样式中“全局比例”等的设置。

（3）设置图形界限

具体步骤如下：

命令：limits 或选择“格式”或“图形界限”菜单命令。

重新设置模型空间界限：

指定左下角点或［开（ON）/关（OFF）］＜0.0000，0.0000＞：（按“Enter”键）。

指定右上角点＜420.0000，297.0000＞：（按“Enter”键）。

（4）显示图形界限

设置了图形界限后，一定要通过缩放命令将整个图形范围显示成当前的屏幕大小。具体做法是：选择“视图”→“缩放”→“全部”菜单命令。最简捷的方法就是单击缩放工具栏中的“全部缩放”按钮。

（5）设置图层

由于本图例线形少，因此暂不设置图层，在 0 层绘制就可以了。

（6）图形绘制

① 绘制 6 个半径分别为 130、120、100、80、60 的同心圆，具体做法是：单击“绘图”工具栏中的“圆”按钮，在绘图区域单击任意一点为圆心，绘制半径分别为 130、120、100、80、60 的同心圆，结果如图 7-63 所示。

利用圆心加半径绘制圆的步骤示例：

启用命令：circle，指定圆的圆心或［三点(3P)/两点(2P)/相切、相切、半径(T)］。

单击“绘图”工具栏中的“圆”按钮。指定圆的半径或［直径(D)］<150.0000>：130(输入圆的半径“130”)。

② 单击“绘图”工具栏中的“直线”按钮，捕捉“圆心”为第一点，终点为最外侧圆的下方“象限点”，结果如图 7-64 所示。

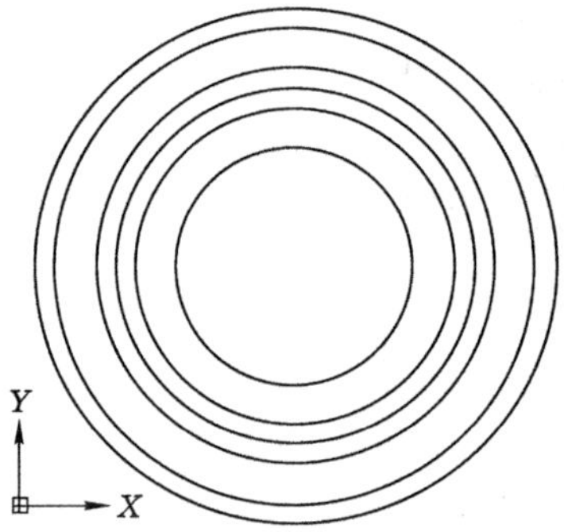

图 7-63　绘制 6 个同心圆

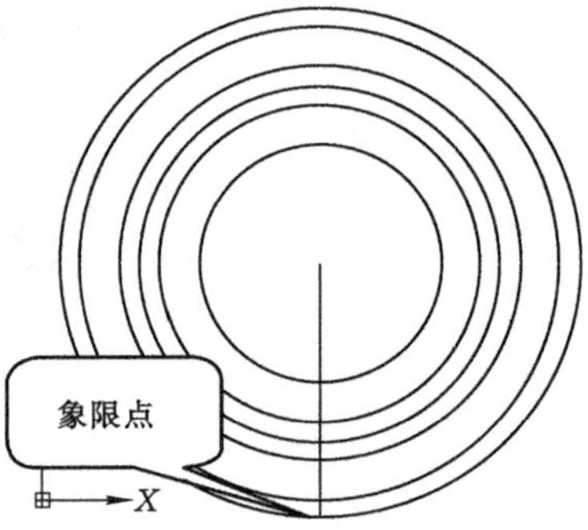

图 7-64　绘制垂线

③ 单击“绘图”工具栏中的“圆”按钮，捕捉交点 a 为圆心，输入半径 5，按“Enter”键，结果如图 7-65 所示。

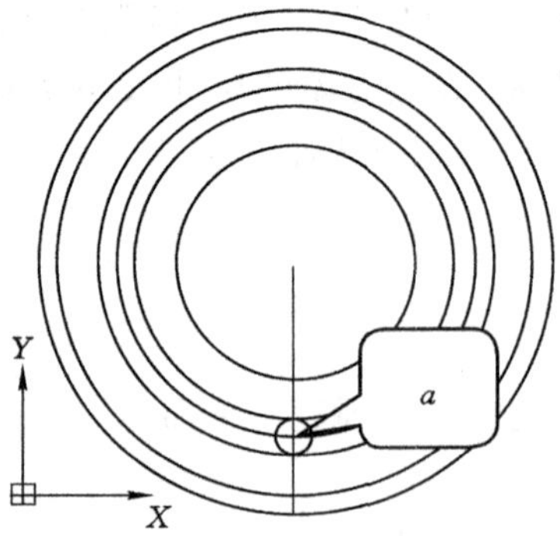

图 7-65　绘制小圆

④ 单击“修改”工具栏中的“阵列”按钮，弹出“阵列”对话框，选择“环形阵列”单选按

钮，如图 7-66 所示。单击“选择对象”按钮，选择步骤②中绘制的直线。单击“中心点”按钮，捕捉圆心为中心点。在“项目总数”文本框中输入 20，最后单击“确定”按钮，结果如图 7-67 所示。

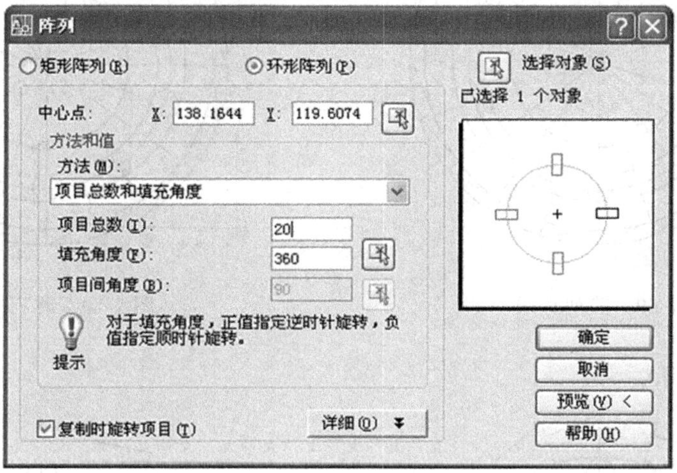

图 7-66　“阵列”对话框

⑤ 单击“绘图”工具栏中的“直线”按钮，分别捕捉 b、c 两点为直线两端点，结果如图 7-68 所示。

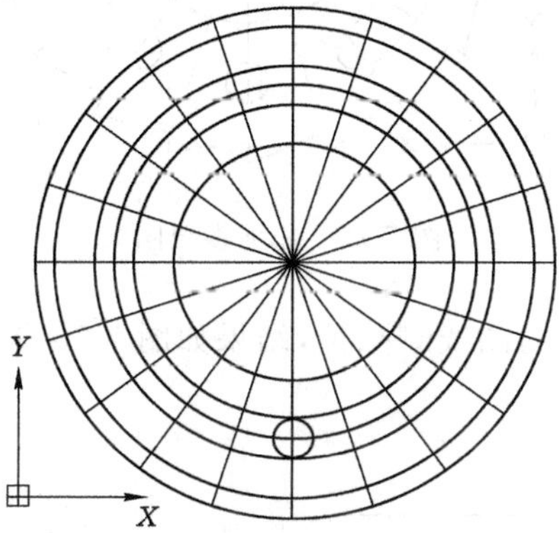

图 7-67　阵列垂线

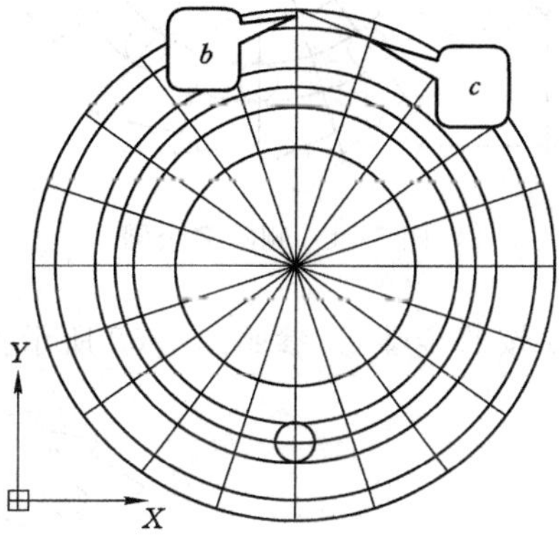

图 7-68　绘制直线

⑥ 按照步骤④的方法阵列步骤⑤中所绘直线，结果如图 7-69 所示。

⑦ 按照步骤④的方法阵列步骤③中绘制的小圆，在“项目总数”文本框中输入 10，结果如图 7-70 所示。

⑧ 单击“修改”工具栏中的“删除”按钮，用鼠标左键单击半径分别为 130、120 的圆进行删除，结果如图 7-71 所示。

⑨ 单击“修改”工具栏中的“修剪”按钮，参照图 7-62 所示把图形中多余的部分修剪掉。具体步骤为：单击“修改”工具栏中的“修剪”按钮，按住鼠标左键用框选的方法选择全部图形，单击鼠标右键，选择要修剪的多余图线，全部选择后单击鼠标的右键，最后按“确认”，

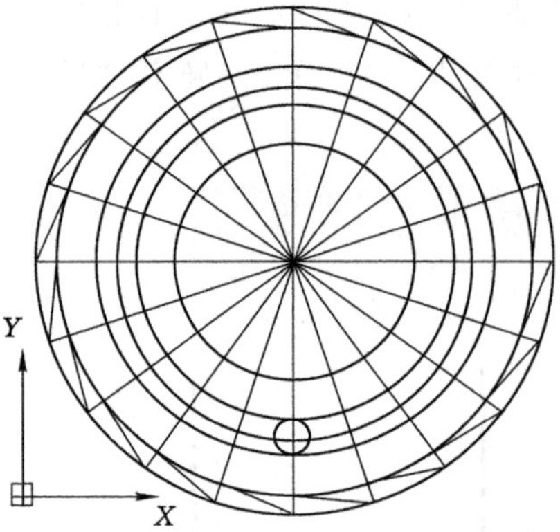

图 7-69　阵列直线

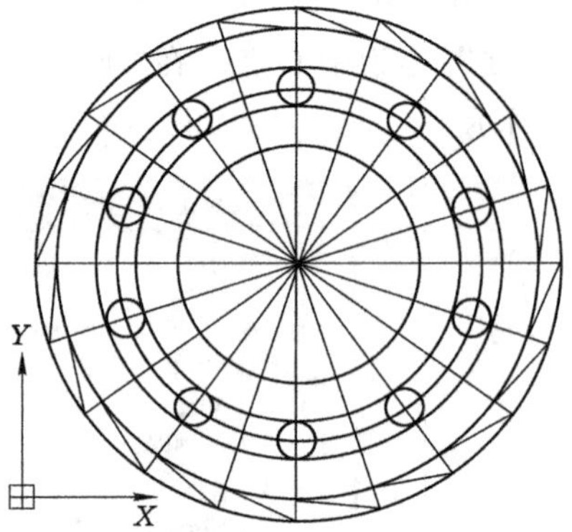

图 7-70　阵列小圆

结果如图 7-72 所示。

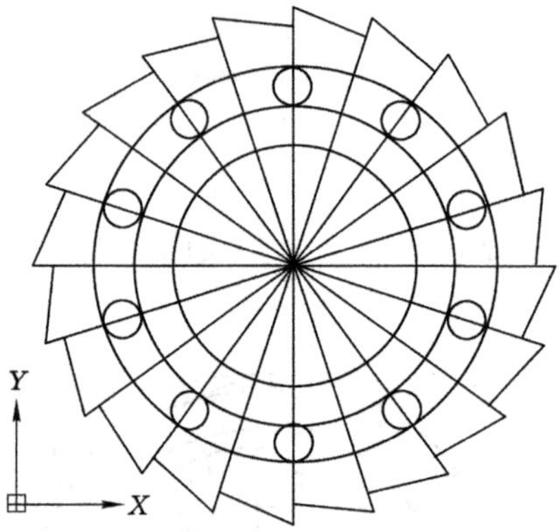

图 7-71　删除多余圆

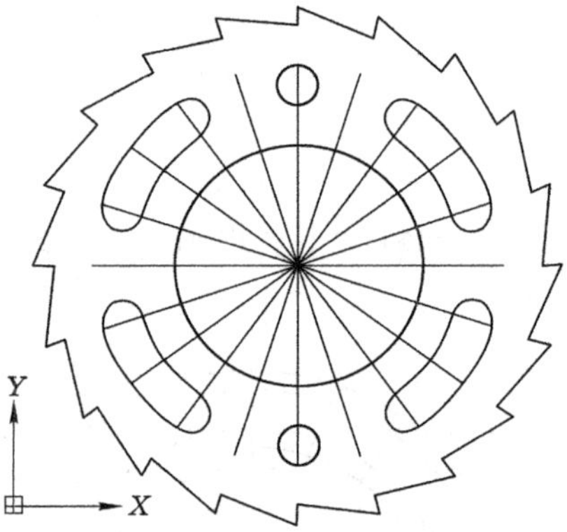

图 7-72　修剪多余图线

⑩ 按照步骤⑧,参照图 7-62 所示把图形中多余的图线删除掉,结果如图 7-73 所示。

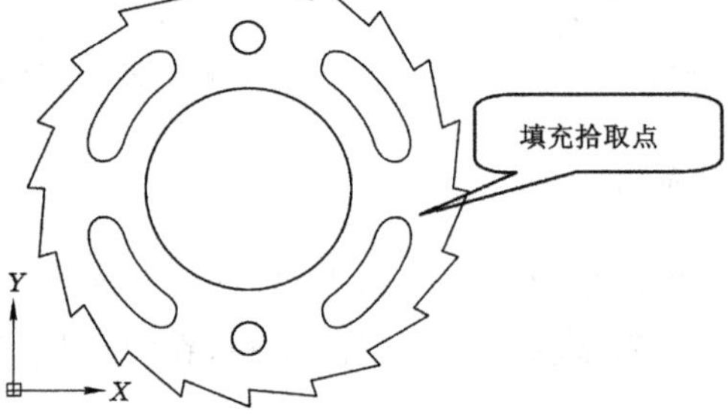

图 7-73　删除多余图线

⑪ 单击“绘图”工具栏中的“图案填充”按钮,弹出“图案填充和渐变色”对话框,如图 7-74 所示。单击“图案”选择按钮,选择“ANSI31”图案,然后按“确定”,“孤岛显示样式”选择“外部”,“比例”为 2,单击“添加:拾取点”按钮,鼠标左键单击图 7-73 中“填充拾取

点”所示空白处，单击鼠标右键，按“确认”，最后按“确定”，结果如图 7-75 所示。

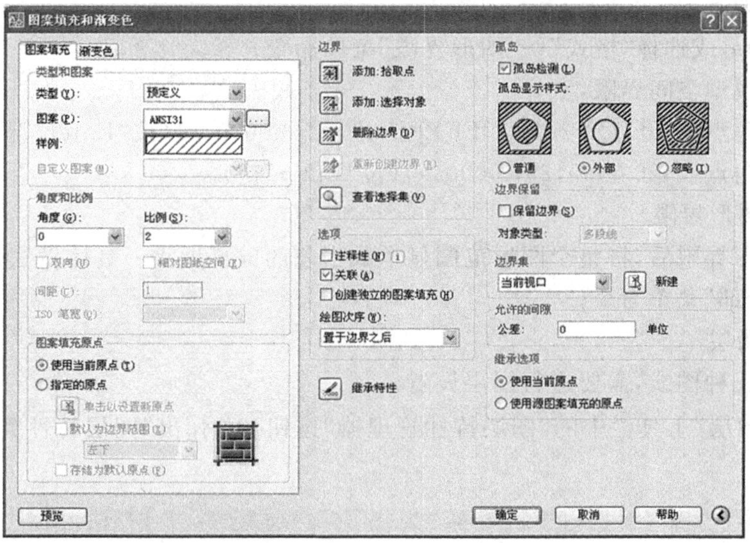

图 7-74 “图案填充和渐变色”对话框

7.9.1.2 绘图实践二

根据图 7-76 中所绘图形，自己设定尺寸，使用合理命令完成图形的绘制。

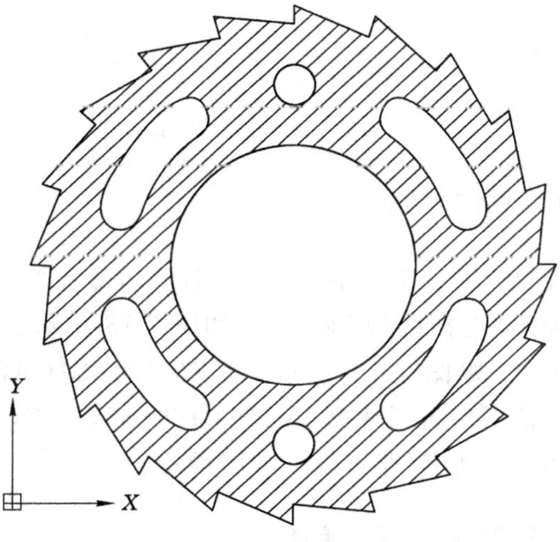

图 7-75 图案填充

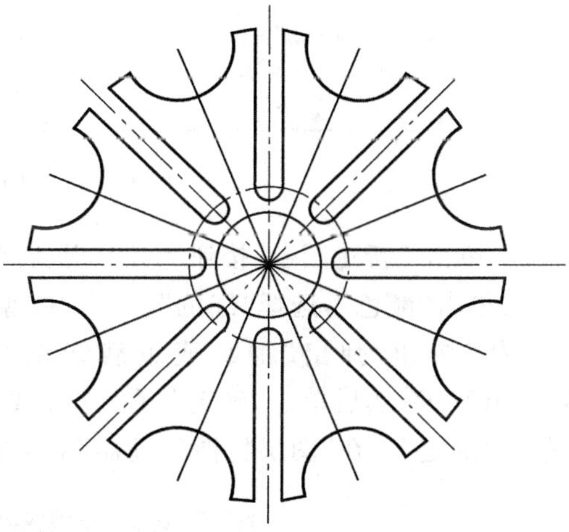

图 7-76 图形示例

（1）创建新的图形文件

打开 AutoCAD 软件，选择“新建”，创建 AutoCAD 新文件，进入 AutoCAD 中文版绘图主界面。

（2）选择合适图纸幅面

根据所设定的图形尺寸和 1∶1 作图原则，设置图形界限为 420×297 横放比较合适，即标准 A3 图纸。

(3) 设置图形界限

具体步骤如下：

命令：limits，或选择“格式”→“图形界限”菜单命令。

重新设置模型空间界限：

指定左下角点或[开(ON)/关(OFF)]<0.0000,0.0000>：(按“Enter”键)。

指定右上角点<420.0000,297.0000>：(按“Enter”键)。

(4) 显示图形界限

设置了图形界限后，将整个图形范围显示成当前的屏幕大小。具体做法是：选择“视图”→“缩放”→“全部”菜单命令。

(5) 设置图层

本图需要三种图线，需要进行图层设置。

① 单击“图层”工具栏中的“图层特性管理器”按钮，弹出“图层特性管理器”对话框，如图 7-77 所示。

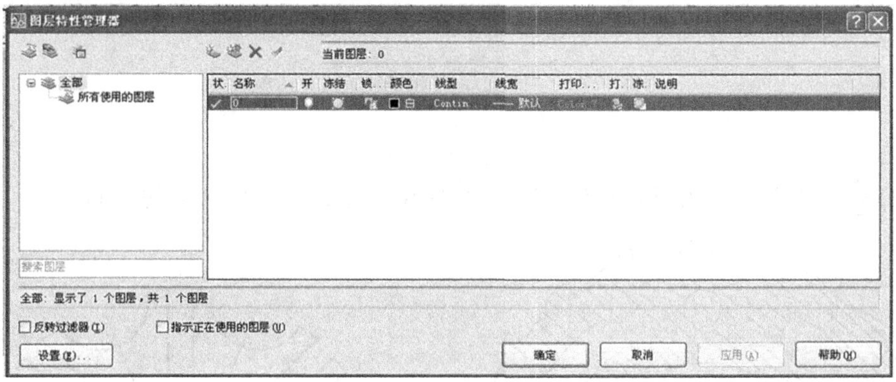

图 7-77 “图层特性管理器”对话框

② 单击“新建图层”按钮，出现新建的“图层 1”。两次单击“图层名称”，输入“点画线层”；单击“颜色”，选择“红色”；单击“线型”，弹出“选择线型”对话框，如图 7-78 所示。单击“加载”按钮，弹出“加载或重载线型”对话框，如图 7-79 所示。选择线型“ACAD_ISO04W100”，然后单击“确定”；在“选择线型”对话框中选择线型“ACAD_ISO04W100”，然后单击“确定”。在“图层特性管理器”对话框中单击“确定”即完成了图层设置。

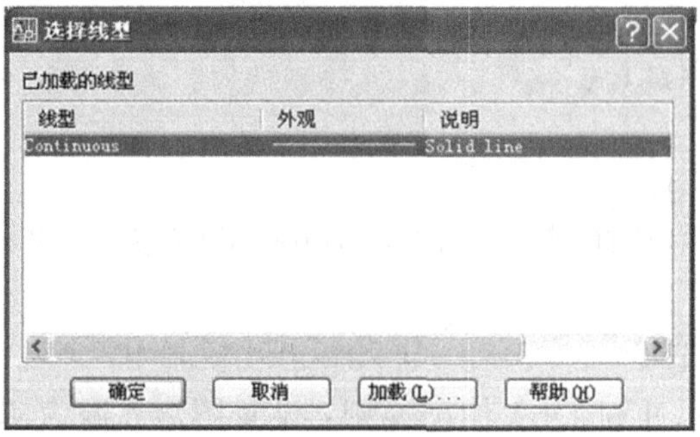

图 7-78 “选择线型”对话框

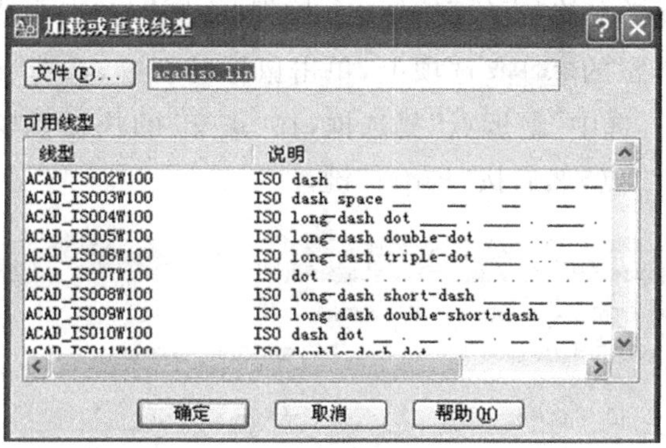

图 7-79　"加载或重载线型"对话框

（6）图形绘制

① 单击"图层"工具栏中的"应用的过滤器"下拉菜单按钮，选择"点画线层"，如图 7-80所示。

图 7-80　"应用的过滤器"下拉菜单

② 单击"辅助"工具栏中的"正交"按钮，选择正交模式。

③ 单击"绘图"工具栏中的"直线"按钮，在屏幕的中央分别绘制水平和竖直的两条对称中心线。

④ 单击"绘图"工具栏中的"圆"按钮，捕捉对称中心线的交点为圆心，输入圆的半径"30"，绘制圆，结果如图 7-81 所示。

⑤ 按照步骤①的做法选择"0 层"。

⑥ 按照步骤④的做法分别绘制半径为"20"和半径为"90"的同心圆。

⑦ 单击"绘图"工具栏中的"圆"按钮，捕捉"点画线圆"的"上象限点"为圆心，输入圆的半径"5"，绘制圆，结果如图 7-82 所示。

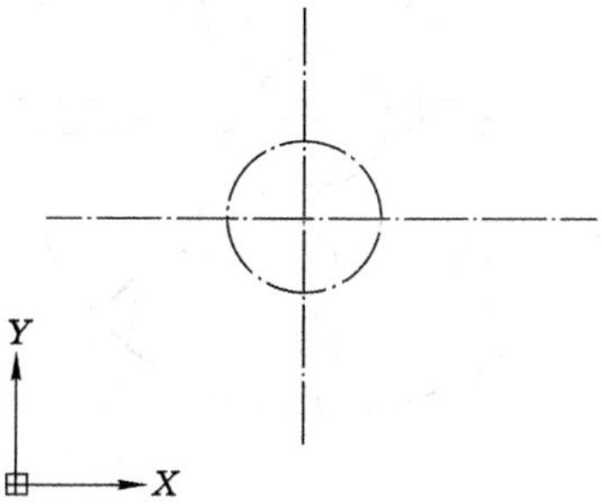

图 7-81　"点画线层"所绘图形

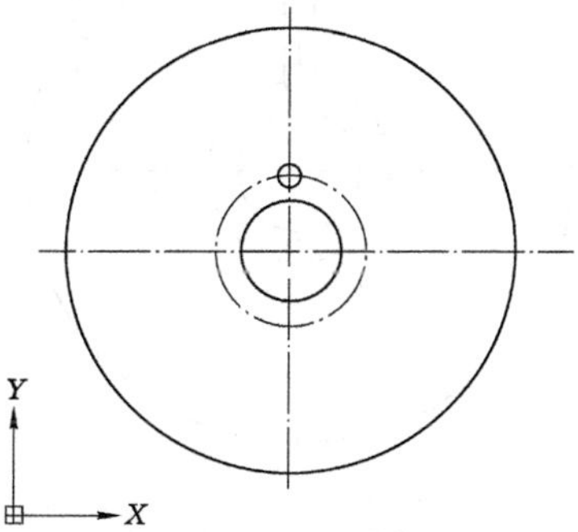

图 7-82　在"0 层"所绘圆

⑧ 单击“绘图”工具栏中的“直线”按钮，捕捉“小圆”与“点画线圆”左侧的交点为第一点，把鼠标放在辅助工具栏的对象捕捉选项上，单击鼠标的右键，选择“设置”，弹出“草图设置”对话框，如图 7-83 所示。选中“最近点”复选框，在“正交”的状态下竖直向上延伸直线，捕捉直线与大圆的交点为第二点，然后按“Enter”键。

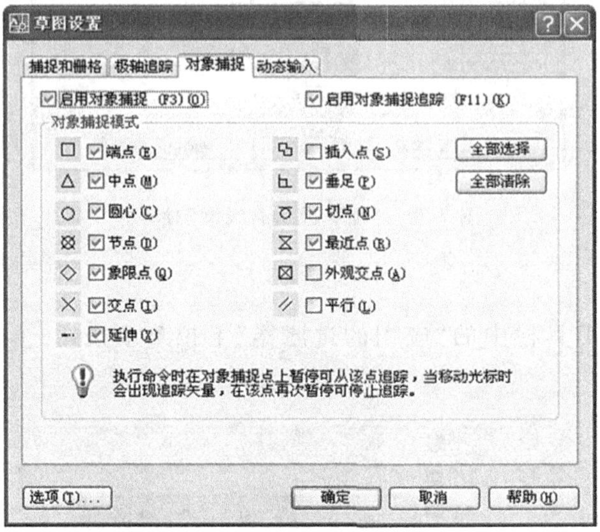

图 7-83 “草图设置”对话框

⑨ 按照步骤⑧的方法绘制右侧的直线，结果如图 7-84 所示。

⑩ 单击“修改”工具栏中的“修剪”按钮，选择步骤⑧和⑨中绘制的直线。单击鼠标右键，修剪掉“小圆”的上半部分，然后按“Enter”键。

⑪ 单击“修改”工具栏中的“阵列”按钮，弹出“阵列”对话框，选择“环形阵列”单选按钮，单击“选择对象”按钮，选择步骤⑧和⑨中绘制的直线，步骤⑩中修剪剩下小圆的下半部分和竖直点画线，单击“中心点”按钮，捕捉大圆的圆心为中心点。在“项目总数”文本框中输入 8，最后单击“确定”按钮，结果如图 7-85 所示。

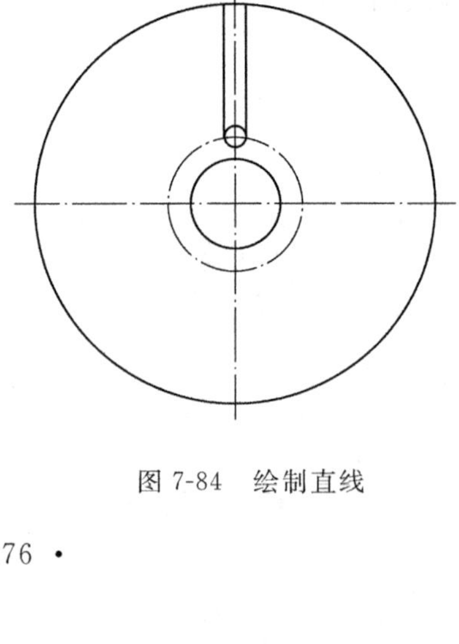

图 7-84 绘制直线

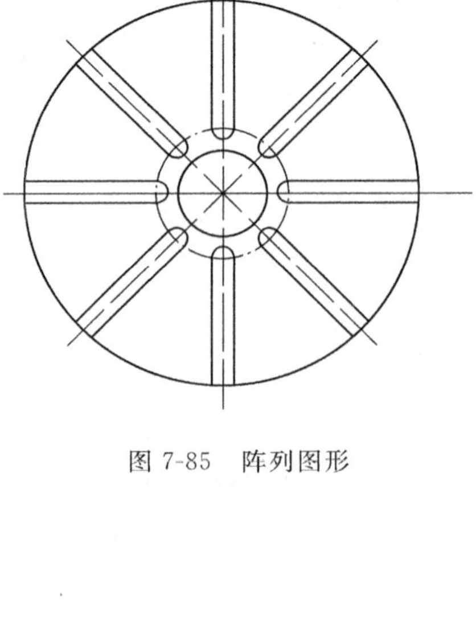

图 7-85 阵列图形

⑫ 单击“修改”工具栏中的“修剪”按钮，按住鼠标左键框选全部图形，单击鼠标右键，修剪掉步骤⑧和⑨中绘制的直线之间大圆上的部分，然后按“Enter”键，结果如图 7-86 所示。

⑬ 单击“绘图”工具栏中的“直线”按钮，捕捉圆弧 a 的中点为第一点，捕捉圆弧 b 的中点为第二点，然后按“Enter”键，结果如图 7-87 所示。

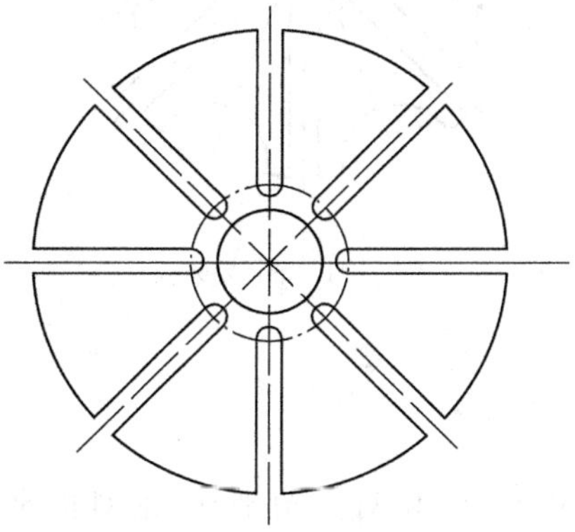

图 7-86　修剪大圆

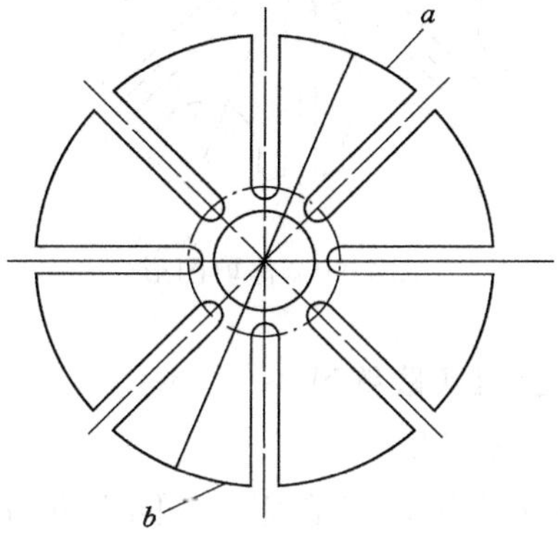

图 7-87　绘制直线

⑭ 按照步骤⑪的方法阵列步骤⑬中所绘直线。

⑮ 单击“修改”工具栏中的“复制”按钮，选择中心处的“细实线圆”作为复制对象，单击鼠标右键，然后捕捉大圆圆心作为基点，捕捉图 7-87 中圆弧 a 的中点作为第二点，然后按“Enter”键，结果如图 7-88 所示。

⑯ 按照步骤⑪的方法阵列步骤⑮中所复制的圆，结果如图 7-89 所示。

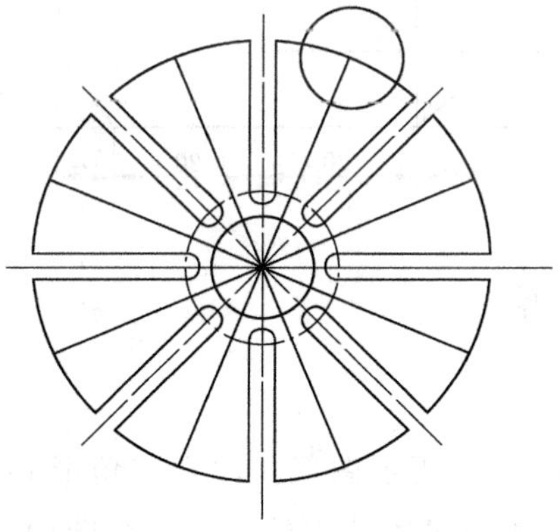

图 7-88　复制圆

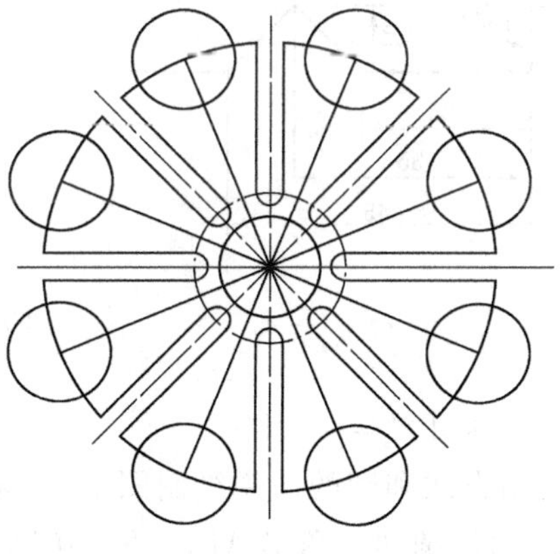

图 7-89　阵列圆

⑰ 按照步骤⑫的方法，参照图 7-76 修剪图 7-89，结果如图 7-90 所示。

⑱ 参照图 7-76 选择图线，在“线宽”下拉菜单中选择 0.30 毫米，按下辅助工具栏中的线宽按钮，然后按“Esc”键，结果如图 7-91 所示。

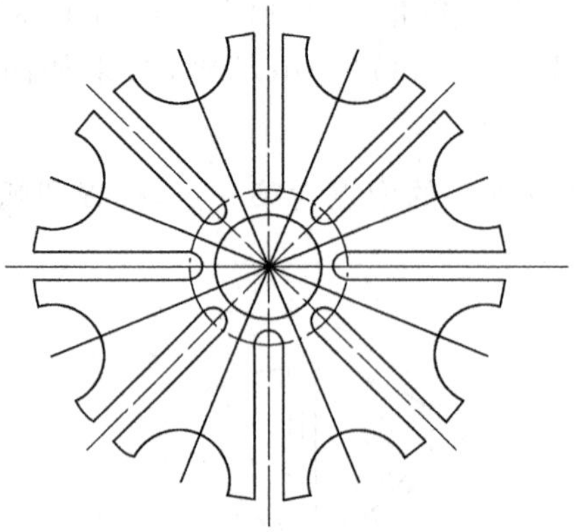

图 7-90 修剪图形

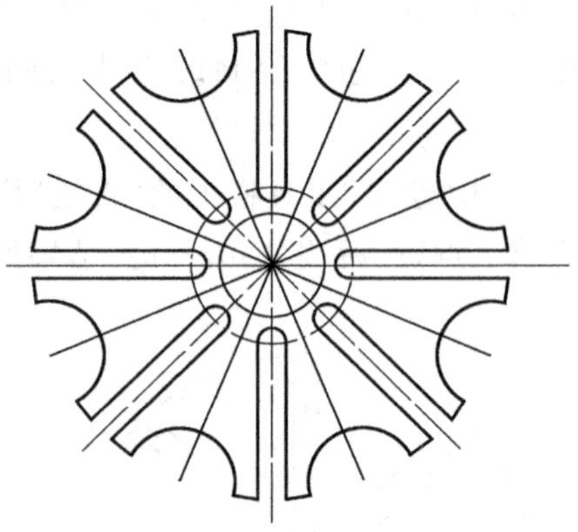

图 7-91 图线变宽

7.9.2 上机实践练习

7.9.2.1 练习题一

用直线命令，综合应用不同定位的方法（绝对直角坐标、相对直角坐标、绝对极坐标、相对极坐标、对象捕捉、对象追踪、长度替代、角度替代等）绘制图 7-92 所示几何图形。

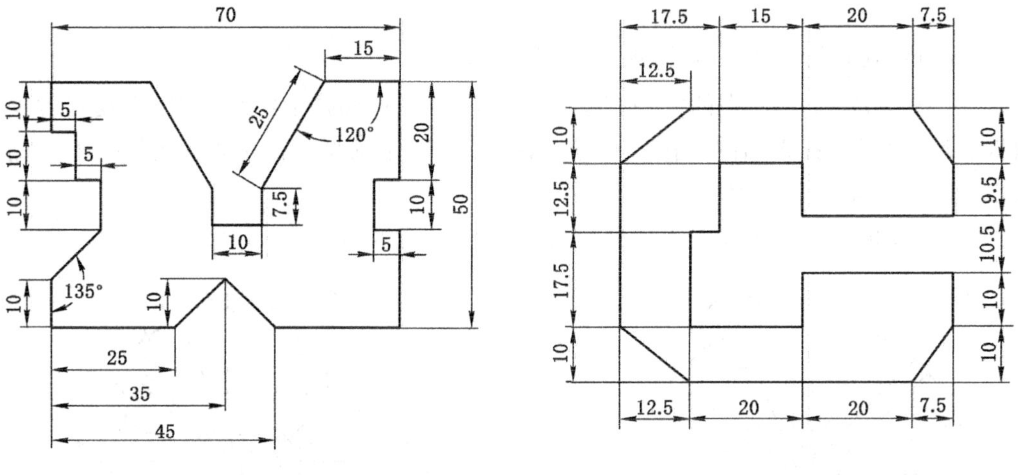

图 7-92 练习题一图

7.9.2.2 练习题二

运用直线和圆的命令绘制图 7-93(a)（尺寸自拟）、(b)所示图形。注意三角形 *OAC* 和 *OBC* 的内切圆和三角形 *ABC* 的外接圆的绘制方法，体会对象捕捉的运用。绘图中注意仔细体会定位方法，如极轴、对象捕捉、对象追踪、对象捕捉追踪等的设定及应用。

7.9.2.3 练习题三

运用合适的命令及方法绘制图 7-94 所示图形，并进行合适的修剪。

7.9.2.4 练习题四

运用“多边形”“圆”“直线”等命令绘制如图 7-95 所示图形，要求：① 绘制半径为 20，30

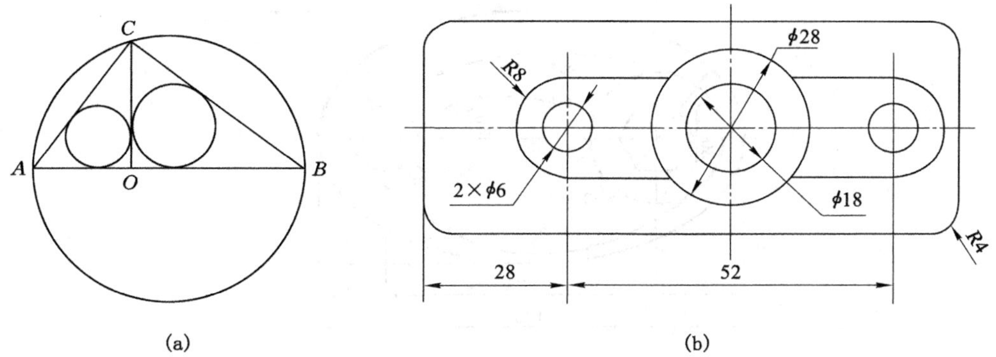

图 7-93　练习题二图

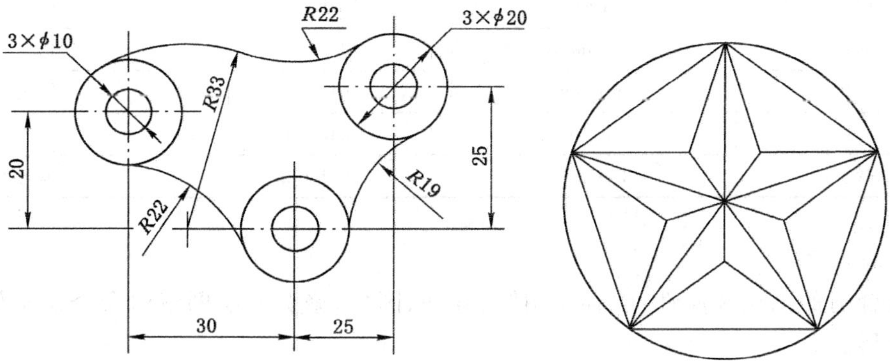

图 7-94　练习题三图

的两圆，其圆心在同一水平线上，距离为 80。② 在大圆中绘制一个内切圆半径为 20 的正八边形，在小圆中绘制一个外接圆半径为 15 的正 5 边形。③ 绘制两圆的公切线和一条半径为 50 并与两圆相切的圆弧。

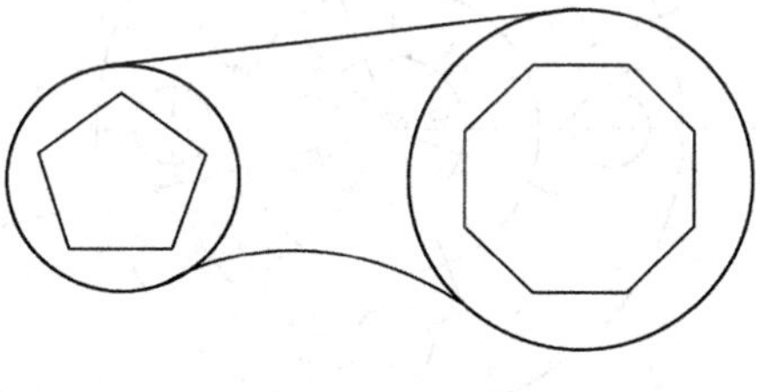

图 7-95　练习题四图

7.9.2.5　练习题五

运用“多边形”“椭圆”“圆弧”等命令绘制图 7-96 所示的图形。

7.9.2.6　练习题六

按照表 7-1 要求创建不同图层。

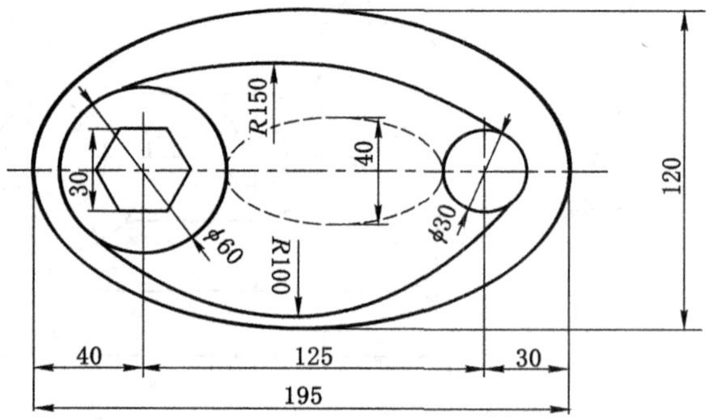

图 7-96 练习题五图

表 7-1 练习题六要求

图层名	线型	线宽	颜色
轮廓线	Continuous	0.5 mm	白色
注释	Continuous	0.18 mm	绿色
中心线	Center	0.18 mm	红色
虚线	Dashed	0.18 mm	蓝色

7.9.2.7 练习题七

设置合适的图层及属性，综合运用圆、阵列、圆角、修剪等绘图编辑命令绘制如图 7-97 所示的图形。

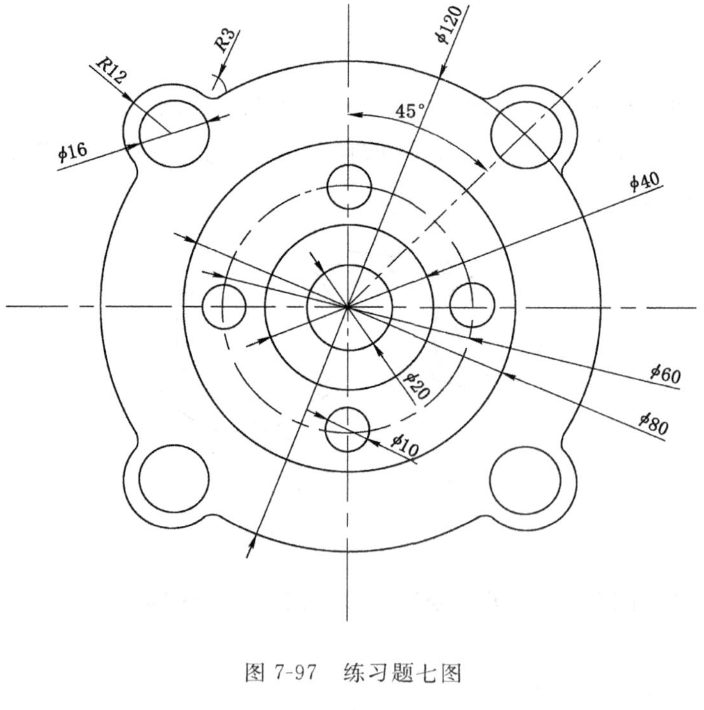

图 7-97 练习题七图

7.9.2.8　练习题八

绘制如图 7-98(a)所示图形，通过合适的编辑命令，完成后使之如图(b)所示。

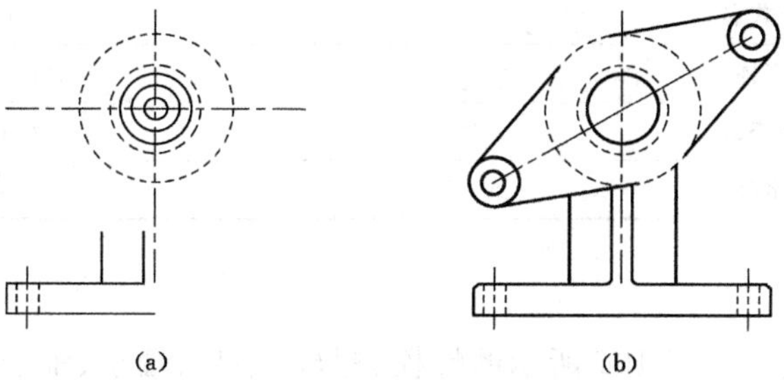

图 7-98　练习题八图

7.9.2.9　练习题九

绘制如图 7-99 所示图形，尺寸要求矩形为 300×200，通过编辑命令，完成后使之如图(b)所示。完成后对非孔部分按金属剖面进行图案填充(注意合适的剖面线方向和比例)。

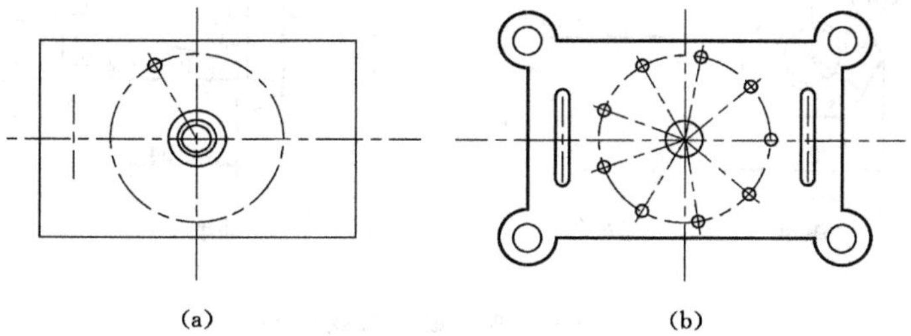

图 7-99　练习题九图

7.9.2.10　练习题十

通过(圆的)偏移命令，绘制如图 7-100(a)所示图形，通过编辑命令，完成后使之如图(b)所示。

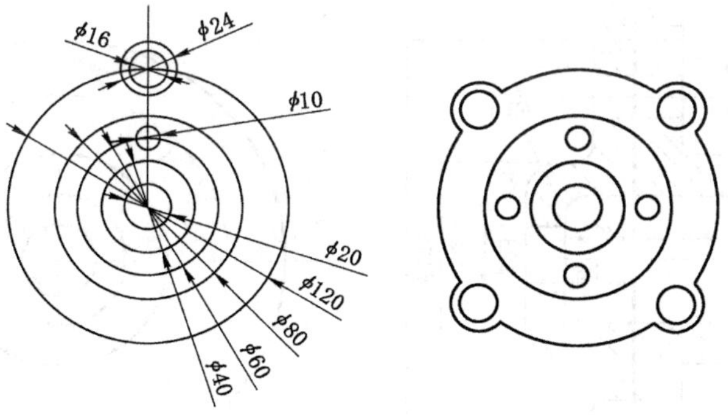

图 7-100　练习题十图

7.9.2.11　练习题十一

创建文字样式名称，并完成表 7-2 的绘制。设置内容和要求如表中对应内容所示(行间距为 6 mm)。绘图中注意表格中文字一般用单行"文字"命令(dt)完成。

表 7-2　练习题十一要求

设置内容	设置值
样式名	工程字
字体	gbcbig.shx
字格式	大字体
字高	4

7.9.2.12　练习题十二

图块操作练习：建立图 7-101 所示的螺栓、螺母、垫片、轴承、轴套等图块，设置各图块的插入点为(1)、(2)、(3)、(4)、(5)、(6)、(7)，并存成图形文件。

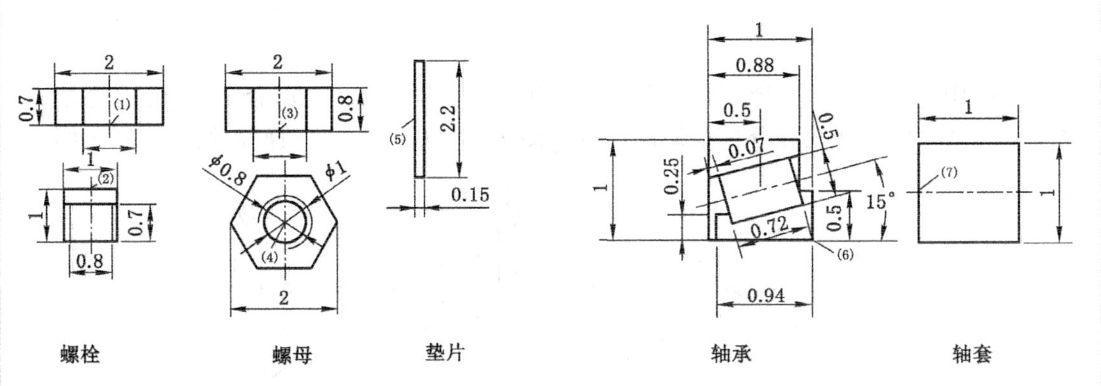

图 7-101　练习题十二题(一)

按图 7-102(a)所示画出两被连接件，同时将螺栓、螺母、垫片图块按要求插入到图 7-102(b)中相应孔位置($\phi 15$)，其中螺纹连接件的公称直径为 M12，螺栓长度为 46。请采用比例画法装入，并补齐左视图的投影。

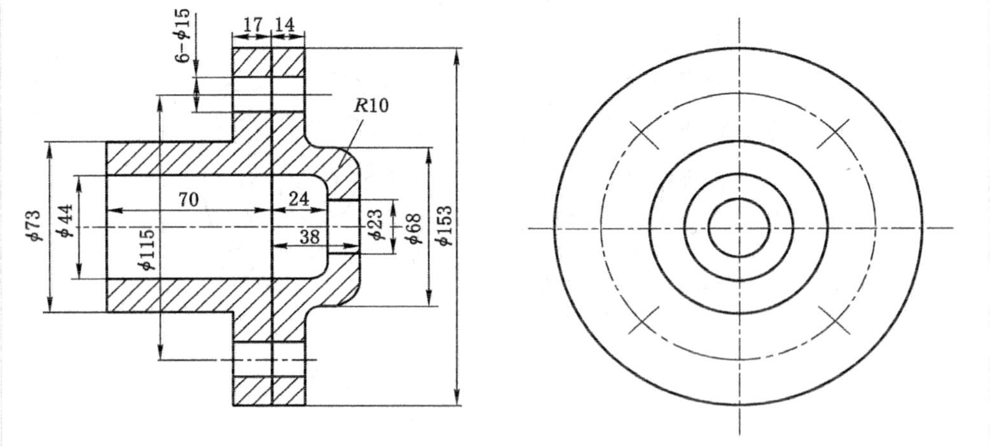

(a)

图 7-102　练习题十二(二)

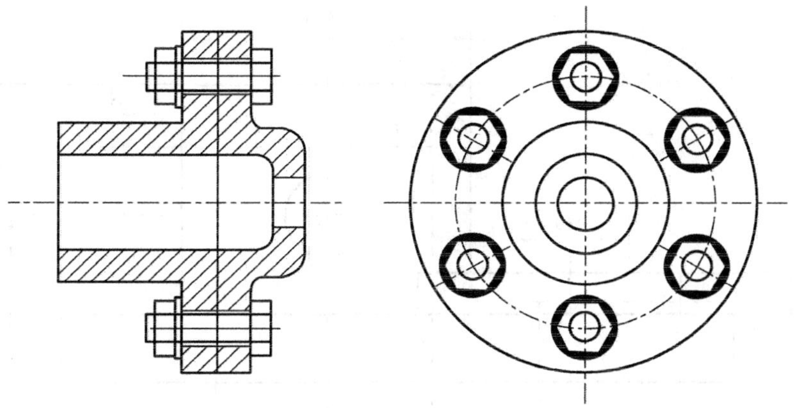

(b)

图 7-102(续)

7.9.2.13　练习题十三

按 A1 图纸幅面及格式创建一张样板图(设置绘图界限、绘图单位、图层、画出边框线和标题栏),用于绘制化工工艺图。提示:A1 图纸幅面尺寸为 594×841,装订边宽 25 mm,其他周边宽 10 mm。标题栏格式如图 7-103 所示。

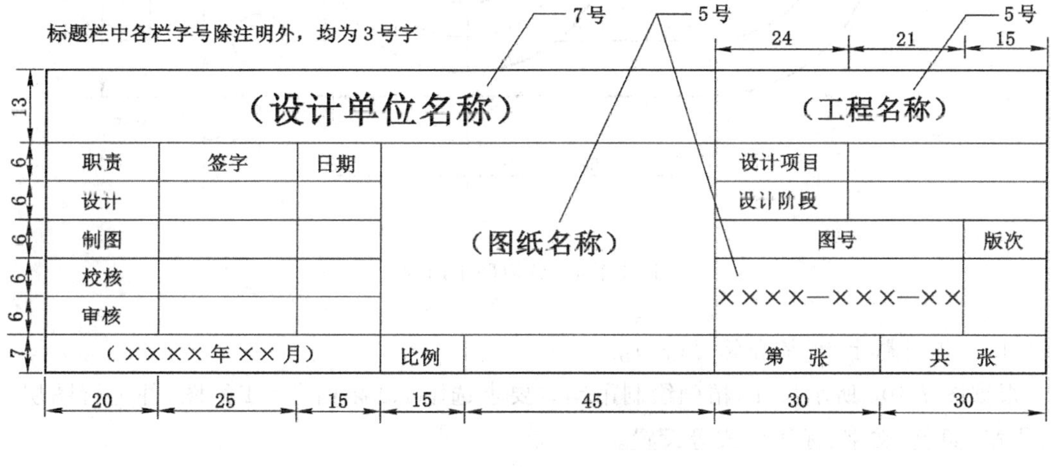

图 7-103　练习题十三图

7.9.2.14　练习题十四[综合练习(一)]

根据图 7-104 所给尺寸,绘制零件的主、俯视图(要求设置不同图层、线型和线宽,标注尺寸)。

7.9.2.15　练习题十五[综合练习(二)]

根据图 7-105 所给尺寸,绘制零件的三视图(要求设置不同图层、线型和线宽,标注尺寸)。

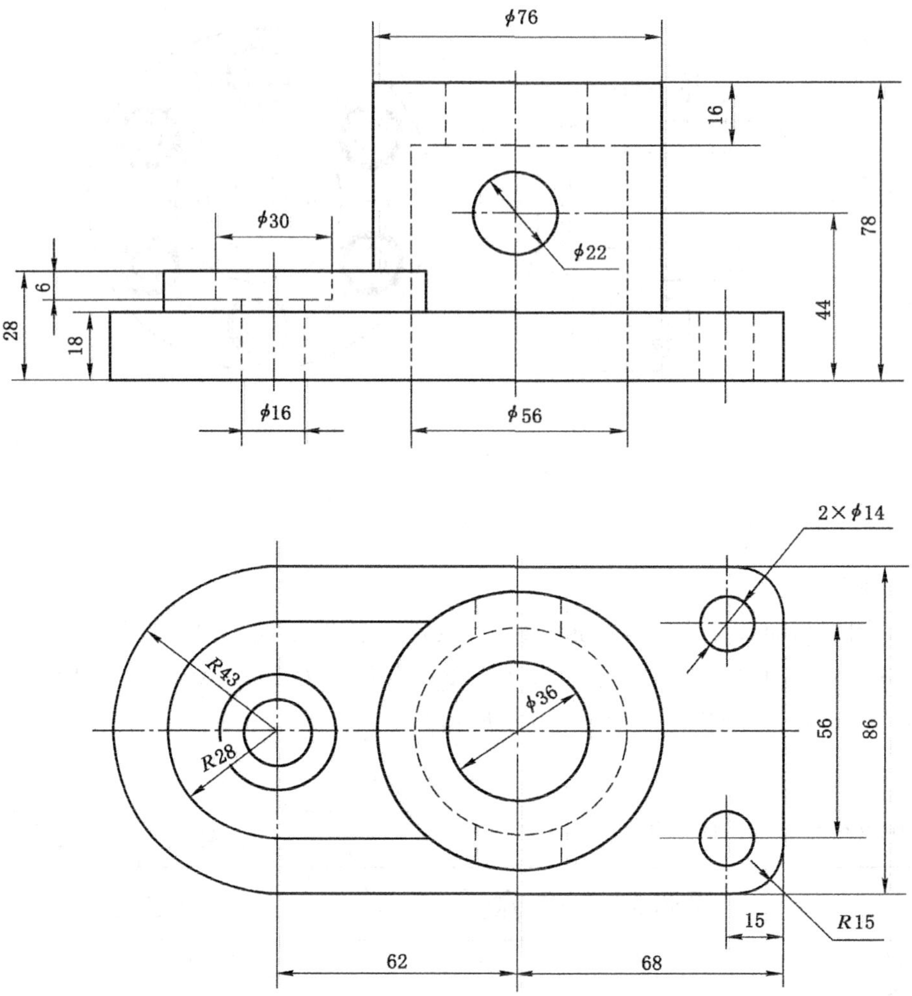

图 7-104　练习题十四题

7.9.2.16　练习题十六[综合练习(三)]

根据图 7-106 所示尺寸,精确绘制吊钩。要求选用 A3 幅面,1∶1 绘图,并进行图层、线型、线宽、颜色、文字、标注样式等设置。

7.9.2.17　练习题十七[综合练习(四)]

根据图 7-107 所示尺寸,精确绘制轴。要求选用 A3 幅面,1∶1 绘图,并进行图层、线型、线宽、颜色、文字、标注样式等设置,并完成相应内容。

7.9.2.18　练习题十八[设备图绘制(一)]

选用 A2 幅面图纸,按要求完成图 7-108 所示图纸。

要求:根据表达对象特点新建至少 5 个有意义名称的图层,并根据化工制图规范或需要对图层进行颜色(不同线宽应采用不同颜色)、线型、线宽设定;同时,根据需要或按化工制图相关规范设置、创建合适的文字样式、尺寸标注样式,并进行必要注释、标注;将绘制图形内

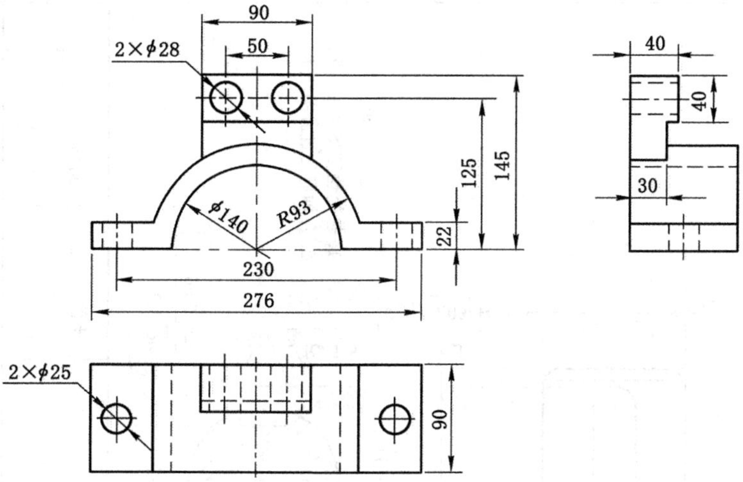

图 7-105 练习题十五图

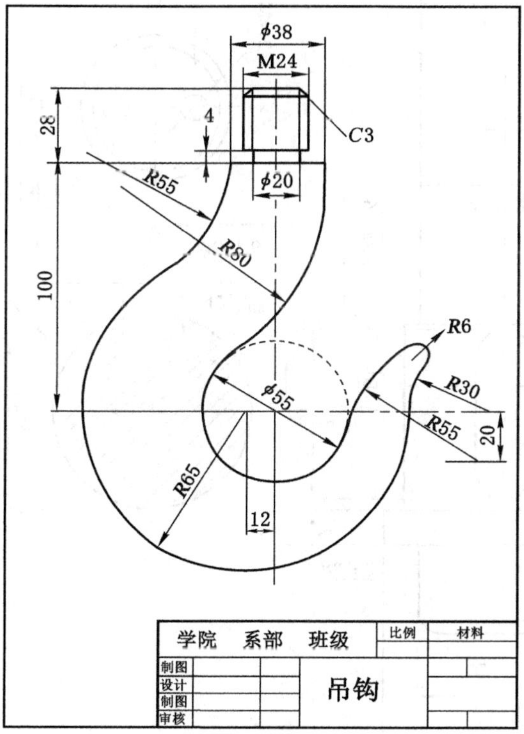

图 7-106 练习题十六图

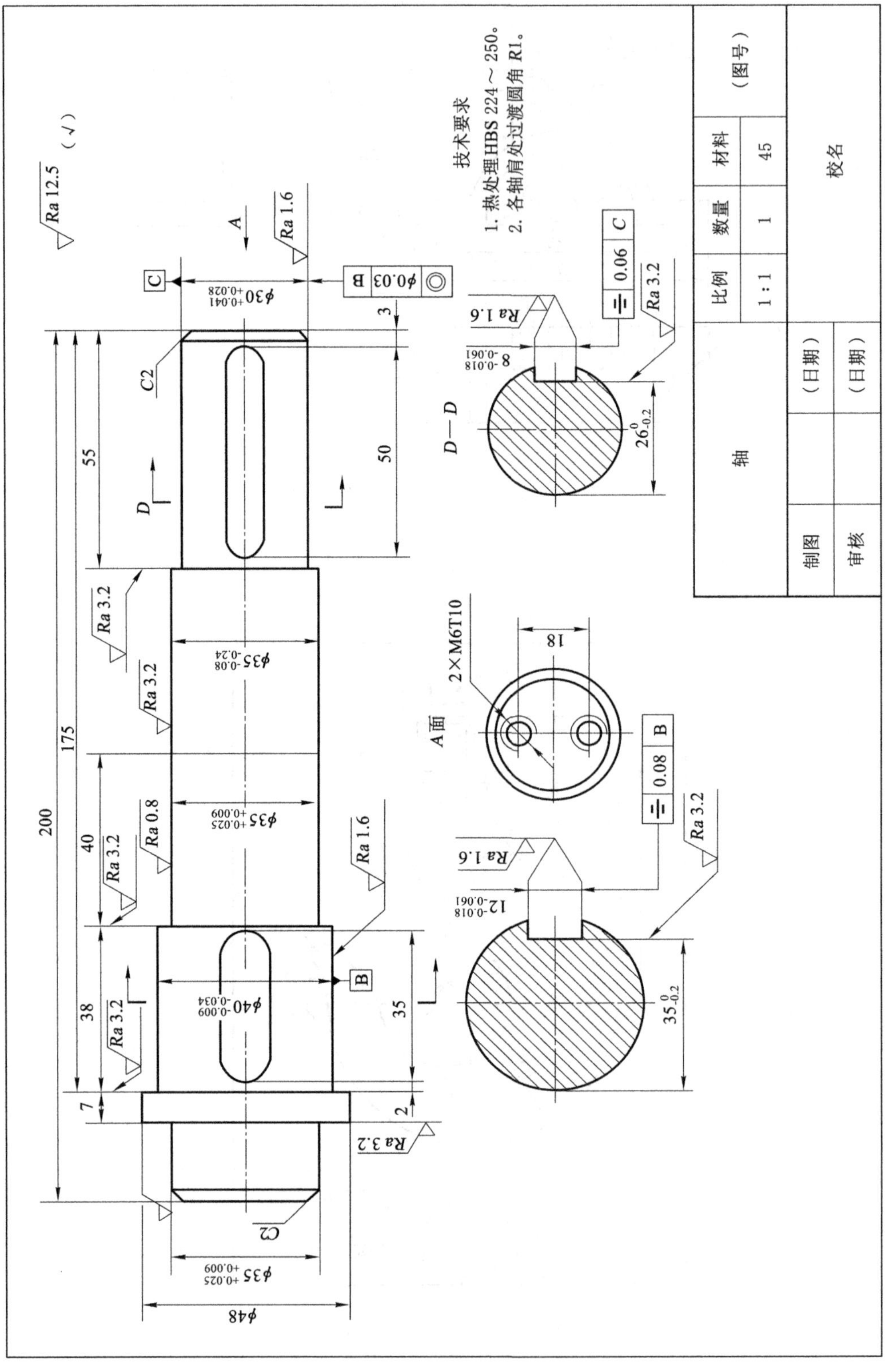

图 7-107 练习题十七题

容放置于带有练习题十三中标题栏(图 7-103)的 A2 图幅图框内部,并进行必要布置调整,使图面美观紧凑、符合规范。

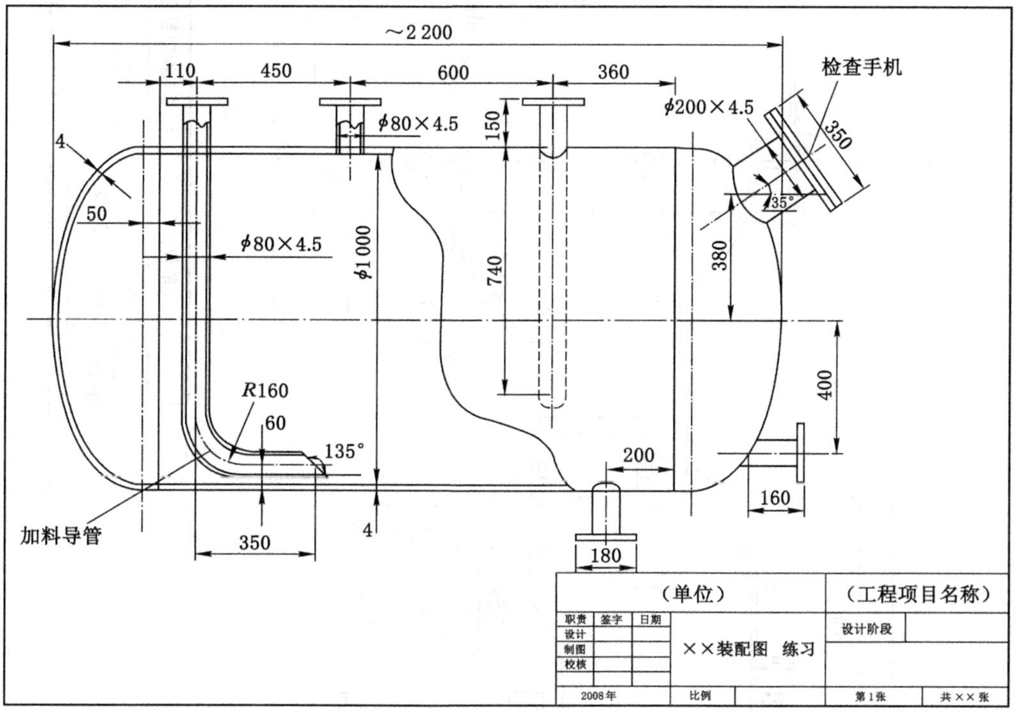

图 7-108 练习题十八图

7.9.2.19 练习题十九[设备图绘制(二)]

选用 A1 幅面图纸,按要求完成图 7-109 所示图纸。

要求:根据表达对象特点新建至少 5 个有意义名称的图层,并根据化工制图规范或需要对图层进行颜色(不同线宽应采用不同颜色)、线型、线宽进行设定;同时,根据需要或按化工制图相关规范设置创建合适的文字样式、尺寸标注样式,并进行必要注释、标注;将绘制图形内容放置于带有练习题十三中标题栏(图 7-103)的 A1 图幅图框内部,并进行必要布置调整,使图面美观紧凑、符合规范。

7.9.2.20 练习题二十(工艺流程图绘制)

绘制图 7-110 所示图纸(某甲醇合成工段 PID 图)。

要求:选用 A1 幅面,结合图 7-110 表达内容和特点,对图层、颜色、线宽、文字样式等进行必要修改、设置,对标题栏内容进行必要修改。

参照化工制图(工艺流程图)相关规范要求,结合工艺流程具体内容和表达特点,进行必要布置规划后绘制图纸相关内容,并进行必要的注释、标注、布局调整等。

图形绘制完毕后进行相关打印设置,并打印生成 dwf(或 PDF)格式文档。

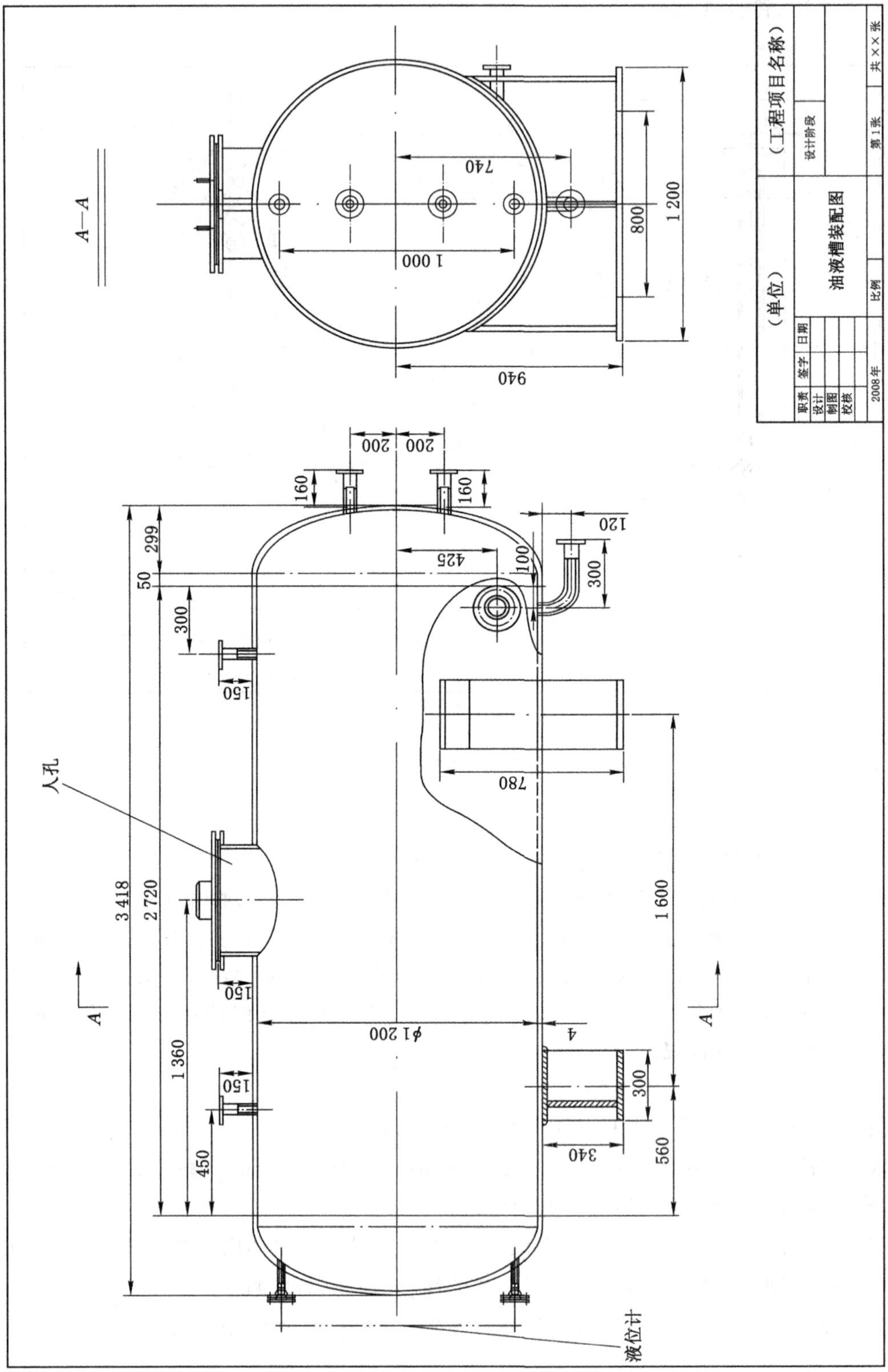

图 7-109 练习题十九图